·电磁工程计算丛书·

输电线路塔线系统力学分析与应用

阮江军　张　力　杜志叶　著

国家自然科学基金委员会联合基金重点支持项目
“电力设备热点状态多参量传感与智能感知技术”
（U2066217）资助

科 学 出 版 社
北　京

内 容 简 介

全书共 8 章，主要内容包括：输电线路在自然灾害下的力学破坏介绍及研究现状、输电线路塔线系统建模方法、输电杆塔力学弱点定位分析方法、输电线路覆冰力学模拟分析与应用、输电杆塔地基沉降力学模拟分析与应用、基于应变监测的塔线系统失稳预警技术研究、特高压直流线路短路工况下间隔棒向心力动态分析、基于电磁激振的输电线路自适应舞动试验系统。本书融入近年来国内外在超、特高压输电线路力学数值计算、在线监测及失稳预警等方面所积累的经验和研究成果。

本书内容所涉及的工程算例来源于作者所在研究团队多年来从事输电线路教学、科研以及工程评价积累的资料。本书可供电力系统设计、运行及电工装备制造部门工程技术人员使用，亦可作为高等院校电气工程、结构工程等相关专业的研究生和教师的教学参考书。

图书在版编目（CIP）数据

输电线路塔线系统力学分析与应用 / 阮江军，张力，杜志叶著. —北京：科学出版社，2024.2

（电磁工程计算丛书）

ISBN 978-7-03-078131-4

Ⅰ. ①输…　Ⅱ. ①阮…　②张…　③杜…　Ⅲ. ①输电线路－线路杆塔－结构设计　Ⅳ. ①TM753

中国国家版本馆 CIP 数据核字（2024）第 037173 号

责任编辑：吉正霞　李　娜 / 责任校对：胡小洁
责任印制：彭　超 / 封面设计：苏　波

科学出版社出版
北京东黄城根北街 16 号
邮政编码：100717
http://www.sciencep.com
武汉精一佳印刷有限公司印刷
科学出版社发行　各地新华书店经销
*
2024 年 2 月第　一　版　开本：787×1092　1/16
2024 年 2 月第一次印刷　印张：14 3/4
字数：348 000

定价：165.00 元

（如有印装质量问题，我社负责调换）

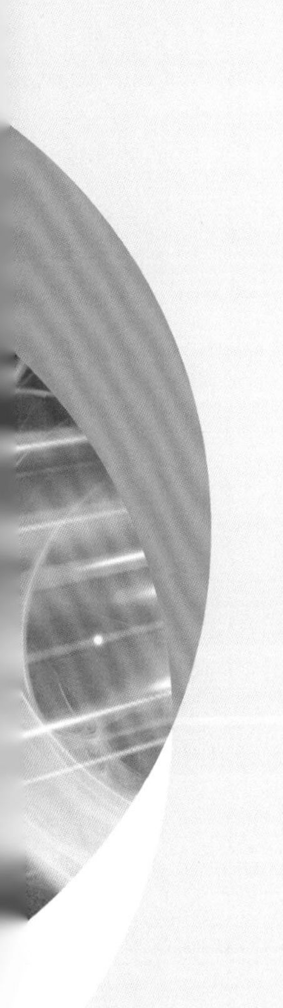

“电磁工程计算丛书”编委会

丛 书 序

电磁场作为一种新的能量形式，推动着人类文明的不断进步。电力已成为“阳光、土壤、水、空气”四大要素之后的现代文明不可或缺的第五要素。与地球环境自然赋予的四大要素所不同的是，电力完全靠人类自我生产和维系，流转于各类电气与电子设备之间，其安全可靠性时刻受到自然灾害、设备老化、系统失控、人为破坏等各方面影响。

电气设备用于电力的生产、传输、分配与应用，涵盖各个电压等级，种类繁多。从材料研制、结构设计、产品制造、运行维护至退役的全寿命过程中，电气设备都离不开电磁、温度/流体、应力、绝缘等各种物理性能的考核，它们相互耦合、相互影响。绝缘介质中的电场由电压（额定电压、过电压等）产生，受绝缘介质放电电压耐受值的限制。铁磁材料中的磁场由电流（工作电流、励磁电流等）产生，受铁磁材料的磁饱和限制。电流在导体中产生焦耳热损耗（铜耗），磁场在铁磁材料及金属结构中产生涡流损耗（铁耗），电压在绝缘介质中产生介质损耗（介损），这些损耗产生的热量通过传导、对流、辐射等方式向大气扩散，在设备中形成的温度场受绝缘介质的最高允许温度限制。电气设备在结构自重、外力（冰荷载、风荷载、地震）、电动力等作用下在设备结构中形成应力场，受材料的机械强度限制。绝缘介质在电场、温度、应力等作用下会逐渐老化，其绝缘性能不断下降，影响电气设备的使用寿命。由此可见，电磁-温度/流体-应力-绝缘等多种物理场相互耦合、相互作用，构成电气设备的多物理场。在电气设备设计、制造过程中如何优化多物理场分布，在设备的运行与维护过程中如何感知各种物理状态，多物理场的准确计算成为共性关键技术。

我的博士生导师周克定教授是我国计算电磁学的创始人。在周老师的指导下，我开始从事电磁场计算方法的研究，1995 年，我完成了博士学位论文《三维瞬态涡流场的棱边耦合算法及工程应用》的撰写，提出了一种棱边有限元-边界元耦合算法，应用于大型汽轮发电机端部涡流场和电动力的计算，并基于此算法开发了一套计算软件。可当我信心满满地向上海电机厂、北京重型电机厂的专家推介这套软件时，专家们中肯地指出：发电机端部涡流损耗、电动力的计算结果虽然有用，但不能直接用于端部结构及通风设计，需要进一步结合端部散热条件计算温度场，结合绕组结构计算应力场。

1996 年，我开始博士后研究工作，师从原武汉水利电力大学（现武汉大学）高电压与绝缘技术专业知名教授解广润先生，继续从事电磁场计算方法与应用研究，先后完成了高压直流输电系统直流接地极电流场和温度场耦合计算、交直流系统偏磁电流计算、输电线路绝缘子串电场分布计算、输电线路电磁环境计算、工频磁场在人体中的感应电流计算等研究课题。1998 年，博士后出站后，我留校工作，继续从事电磁场计算方法的研究，在柳瑞禹教授、陈允平教授、孙元章教授、唐炬教授、董旭柱教授等学院领导和同事们的支持与帮助下，历经 20 余年，针对运动导体涡流场、直流离子流场、大规模并行计算、多物理场耦合计算、状态参数多物理场反演、空气绝缘强度预测等计算电磁学研究的热点问题，和课题组研究生同学们一起攻克了一个又一个的难题，构建了电气设备电磁多物理场计算与状态反演的共性关键技术体系。研究成果“电磁多物理场分析关键技术及其在电工装备虚拟设计与状态评估的应用”获 2017 年湖北省科学技术进步奖一等奖。

电气设备电磁多物理场数值计算在电气设备设计制造及状态检测中正发挥着越来越重要的作用，电气设备研制单位应积极引进电磁多物理场计算方面的人才，提升设计制造水平，提升我国电气设备在国际市场的竞争力。电网企业应积极推进以电磁多物理场计算为基础的电气设备智能感知方面的科技成果转化，提升电气设备的智能运维水平。更为关键的是，应加快我国具有自主知识产权的电磁多物理场分析软件平台建设，适度摆脱对国外商业软件的依赖，激发并保持科技创新活力。

本丛书的编委全部是课题组培养的博士研究生，各专题著作的主要内容源自他们的博士学位论文。尽管还有部分博士和硕士生的研究成果没有被本丛书收编，但他们为课题组长期坚持电磁多物理场研究提供了有力的支撑和帮助，在此一并致谢！还应该感谢长期以来国内外学者对课题组撰写的学术论文、学位论文的批评、指正与帮助，感谢国家科技部、国家自然科学基金委员会，以及电力行业各企业单位给课题组提供相关科研项目资助，为课题组开展电磁多物理场研究与应用提供了必要的支持。

编写本丛书的宗旨在于：系统总结课题组多年来关于电气设备电磁多物理场的研究成果，形成一系列有关电气设备优化设计与智能运维的专题著作，以期对从事电气设备设计、制造、运维工作的同行们有所启发和帮助。在丛书编写过程中虽然力求严谨、有所创新，但不足之处也在所难免。“嘤其鸣矣，求其友声”，诚恳读者不吝指教，多加批评与帮助。

谨为之序。

阮江军

2023 年 9 月 10 日于武汉珞珈山

前 言

输电线路是我国电网中重要的生命线工程，负责电能的传输、调节和分配等重要任务，其安全稳定运行对供电的可靠性和安全性至关重要。我国输电线路网络遍布全国各地，具有点多、线长、面广等特点，天气变化多端，自然灾害严重。输电线路覆冰、脱冰、地基沉降、舞动等现象时有发生，极端情况下会对输电杆塔、绝缘子串、间隔棒等输电线路相关部件带来严重的力学破坏，不但危害输电线路的安全运行，而且给社会造成了巨大的经济损失。目前，随着力学数值计算理论的完善和计算水平的提高，国内外学者针对输电线路塔线系统在各种极端天气及工况下的力学特性进行了分析，并应用于工程实际，取得了很多有益的成果。本书论述作者所在课题组在输电线路塔线系统的力学有限元分析、输电杆塔在线监测、失稳智能预警、短路工况下间隔棒承载力分析、输电线路舞动试验系统设计等方面取得的研究成果，对输电线路及杆塔安全评估、结构优化设计和运维管理具有重要意义。

本书是“电磁工程计算丛书”之一，全书共 8 章。第 1 章介绍自然灾害对输电线路的力学破坏问题，综述线路覆冰、舞动工况数值分析的国内外研究现状。第 2 章阐述输电线路塔线系统有限元建模方法，以及有限元模型非线性静、动力分析的相关力学理论。第 3 章介绍输电杆塔力学弱点定位分析方法，包含单塔薄弱钢构精准定位以及耐张段薄弱杆塔、钢构的定位，对薄弱位置进行补强措施，分析补强前后杆塔强度的变化。第 4 章就输电线路覆冰工况开展力学有限元数值分析，介绍力学模拟分析在线路覆冰、不均匀覆冰及脱冰工况研究中的应用手段，提出输电线路安全裕度计算与风险评估。第 5 章计算分析输电杆塔地基沉降工况塔线系统力学模拟方法及应变监测结果。第 6 章提出基于杆塔薄弱点应变监测的塔线系统实时失稳预警技术，通过光纤布拉格光栅应变监测实时获取杆塔薄弱点应变监测数据，建立应变时间序列预测模型，结合有限元仿真结果对输电杆塔进行实时失稳分级预警。第 7 章提出特高压直流线路短路工况下间隔棒向心力动态变化分析方法，计算极端工况下实际特高压输电线路短路电流曲线，分析实际短路工况下间隔棒向心力变化过程。第 8 章介绍一种输电线路舞动研究新技术，设计基于可控自适应电磁机械激振的输电线路舞动试验系统，并开展相关试验对自适应激振下试验线路舞动响应进行分析。

本书包含输电线路力学分析相关理论、实际工程应用案例等，不仅介绍覆冰、地基沉降、应变监测、失稳预警等线路力学热点问题，也介绍短路工况下间隔棒承载力分析、自适应舞动激振系统等线路力学新技术及应用。理论联系实际，可供相关领域科技人员和电力系统运行维护人员参考。

本书在编写过程中得到了国网电力科学研究院有限公司、中国电力科学研究院有限公司、华中电网有限公司、国网河南省电力公司电力科学研究院、国网湖北省电力有限公司、中国南方电网有限责任公司超高压输电公司检修试验中心、武汉黉门电工科技有限公司等单位的大力支持，书中相关科研项目、现场试验数据的来源离不开这些相关科研单位的帮助，在此一并致以衷心的感谢。

限于作者水平，书中难免存在不妥之处，恳请读者批评指正。

作　者

2022 年 12 月于武汉

目 录

第1章 绪　　论

1.1 自然灾害对输电线路的力学破坏

电网系统规模的不断增大对输电线路的安全可靠运行提出了更高的要求[1]。但受恶劣天气、地质变化等自然灾害的影响，输电线路运行过程中会因自然条件的作用而发生多种灾害事故[2]，给电网的安全稳定运行带来了极大的危害和挑战。因此，研究自然灾害对输电线路的力学破坏与防治具有重要的工程实用意义。

1.1.1 线路覆冰危害

我国是世界上输电线路严重覆冰的地区之一，线路冰害事故发生的概率较高。自 20 世纪 70 年代以来，我国就十分关注覆冰对输电线路的危害。

导线覆冰首先是由气象条件决定的，是由温度、湿度、冷暖空气对流、环流及风等因素决定的综合物理现象。覆冰按形成条件及性质可分为 A、B、C、D、E 五种类型[3]。

（1）A 型称雨凇覆冰，是在冻雨期发生在低海拔地区的覆冰，持续时间一般较短，环境温度接近冰点，积冰透明，在导线上的附着力很强，冰的密度很高，雨凇覆冰是混合凇覆冰的初级阶段。冻雨持续期一般较短，所以导线覆冰为纯粹的雨凇覆冰的情况相对较少。

（2）B 型称混合凇覆冰，当温度在冰点以下，风力较大时，形成混合凇。在混合凇覆冰条件下，水滴冻结比较弱，积冰有时透明，有时不透明，冰在导线上的附着力很强。导线长期暴露于湿气中，便形成混合凇。混合凇是一个复合覆冰过程，密度较高，生长速度快，对导线的危害特别严重。

（3）C 型称软雾凇覆冰，软雾凇是由山区低层云中含有的过冷水滴，在极低温度与风速较小情况下形成的。这种积冰呈白色、不透明、晶状结构，密度小，在导线上的附着力弱。最初为单向结冰，由于导线机械失衡，逐渐围绕导线均匀分布，在此情况下，这种冰对导线一般不构成威胁。

（4）D 型和 E 型分别为白霜覆冰、雪覆冰。白霜是空气中湿气与 0℃以下的物体接触时，湿气在冷物体表面凝合形成的，白霜在导线上的附着力十分微弱，即使是轻轻地振动，也可以使白霜脱离附着导线的表面，与其他类型的覆冰相比，白霜基本不对导线构成危害。空气中的干雪或冰晶很难附着到导线表面。只有当空气中的雪为“湿雪”时，导线才会出现积雪现象。当有强风时，雪片易被风吹落，导线覆雪不可能发生，所以导线覆雪受风速制约。平原地区或低地势无风地区，导线覆雪现象较山区常见。

导线覆冰一般发生在严冬或初春季节。当气温下降至−5～0℃，风速为 3～15 m/s 时，如遇大雾或毛毛雨，首先将在导线上形成雨凇，这时如果气温再升高，雨凇开始融化，如果天气继续转晴，那么覆冰过程停止；这时如果天气骤然变冷，出现雨雪天气，那么冻雨和雪在黏结强度较高的雨凇面上迅速增长，形成较厚的冰层；如果温度继续下降至−15～−8℃，那么原有冰层外积覆雾凇。在该过程中，出现多次晴到冷变化天气，短暂的融化增大了冰的密度，如此往复发展将形成雾凇和雨凇交替重叠的混合冻结物，即混合凇。

覆冰对电力系统所产生的危害是多方面的，近年来气候的异常导致输电线路破坏事故屡有发生。由于输电线路塔线系统是由塔架和导线组成的耦合体系，受地理条件的影响，输电杆塔必然存在档距差、高差、转角等。若架空线路设计不合理，线路前后档距差、高差过大，则导致杆塔承受的张力不平衡，遇到大风、冰冻等恶劣天气，受覆冰影响，导线不平衡张力过大，易诱发杆塔倾倒、导线断线等恶性事故，给人们的生产生活造成重大影响[4-7]。

1998 年 1 月 5 日至 10 日，一系列的冻雨波及加拿大安大略省东部、魁北克省南部和美国纽约州北部、新英格兰地区北部（包括部分佛蒙特州、新罕布什尔州和缅因州），杆塔大量倒塌，导线落地，生产生活用电中断。在重灾区魁北克省，1 000 余座杆塔被积累的重冰压倒，400 万人无电可用，一些地区整整一个月没有电，直接经济损失达 20 亿美元。

2004 年 12 月和 2005 年 2 月，我国华中地区的 500 kV 线路出现较大范围的冰闪跳闸、导线舞动和倒塔断线事故。华中地区历史上罕见的雨凇天气导致输电线路大范围覆冰，部分线段的覆冰厚度明显超出线路机械承载能力，线路杆塔倒塌情况严重，直接影响输电网的正常运行[8]。

2008 年 2 月，一场大范围的冰冻灾害袭击我国南方地区，南部电力网遭受重创，各地均出现了大面积倒塔、输电中断，严重影响人们的日常生活。

2008 年 12 月，美国东北部遭受了 30 年来最严重的一次冰灾，导致马萨诸塞州及新罕布什尔州地区大量输电线路被冰雪压倒，包括纽约州等 7 个州用电瘫痪。

2010 年，我国北部地区也遭受与南方相似的冰雪灾害天气，2 月东北某 500 kV 输电线路覆冰，个别斜拉铁索有松动现象，输电杆塔侧下横担完全损毁，引流线断开，两侧绝缘子串只靠一段角钢与塔身相连，耐张塔塔身多处螺栓松动、角钢损伤，中、下横担水平主铁索断裂，给电力安全运行带来极大隐患。

2018 年 1 月，我国华中区域受雨雪冰冻灾害天气影响，华中电网 500 kV 电网损失严重，共计 15 条 500 kV 交流线路故障跳闸 33 条次。5 条线路倒塔 12 基，4 条线路杆塔受损 6 基，7 条线路掉串 52 串，造成华中区域 3.85 万个台区、215 万用户先后出现停电事故。

输电线路冰害事故按产生的原因可分为 4 类：

（1）线路过荷载。

在覆冰积累到一定体积和重量之后，输电导线的重量倍增，弧垂增大，在风的作用下，两根导线或导线与地之间可能相碰，造成短路跳闸、烧伤甚至烧断导线的事故。如果覆冰的重量进一步增大，可能超过导线、金具、绝缘子及杆塔的机械强度，使导线从压接管内抽出，或外层铝股全断、钢芯抽出。当导线覆冰超过杆塔的额定荷载一定限度时，可能导致杆塔基础下沉、倾斜、折断甚至倒塌。

另外，覆冰过重首先直接将杆塔上的薄弱部件损坏，引起连锁反应使杆塔被压垮，这也是造成线路过荷载的原因之一。导、地线和杆塔等构件自身重量加上冰层的重量，超过了杆塔构件的实际承受能力，导致杆塔的角钢发生扭转或屈曲破坏，引起整基塔的破坏乃至坍塌，如图 1-1 所示[8, 9]。这种破坏虽然比较少，但也具有典型性，特别是在一些微地形、微气候区域，杆塔覆冰厚度远超其他地区，这种塔线失效方式容易发生，2008 年南方冰灾中部分倒塔事故便是由这种原因造成的。

图 1-1　覆冰引起输电塔架受损、倒塔现场图

（2）不均匀覆冰或不同期脱冰。

输电线路相邻档不均匀覆冰或不同期脱冰都会产生张力差，使导线在线夹内滑动，严重时导线外层铝股在线夹出口处全部断裂、钢芯抽动，造成线夹另一侧的铝股拥挤在线夹附近。邻档张力的不同还会导致直线杆塔承受张力的能力减弱，悬垂绝缘子串偏移较大，碰撞横担，造成绝缘子损坏或破裂；也可使横担转动，导线碰撞拉线，烧伤或烧断拉线，杆塔在失去拉线的支持后倒塌[10, 11]。不同期脱冰使横担折断或向上翘起，地线支架破坏。

（3）绝缘子串覆冰引起冰闪。

绝缘子串在严重覆冰的情况下，大量伞形冰凌桥接，绝缘强度降低，泄漏距离缩短。融冰过程中，冰体或者冰体表面水膜很快溶解污秽中的电解质，提高了融冰水或冰面水膜的电导率，引起绝缘子串电压分布及单片绝缘子表面电压分布的畸变，从而降低了覆冰绝缘子串的闪络电压。融冰时期通常伴有的大雾，使大气中的污秽微粒进一步增加了融化冰水的电导率，形成冰闪，闪络过程中持续电弧烧伤绝缘子串，引起绝缘子串的绝缘强度下降[12, 13]。

（4）不均匀覆冰引起导线舞动。

不均匀覆冰引起的导线舞动事故会造成金具损坏、导线断股及杆塔倾斜、倒塌等现象[14, 15]。

1.1.2 线路舞动危害

在冬季季风和雨雪冰冻等联合作用下，输电导线表面结冰后，其截面形状变为非圆形，在其气动力系数满足某种特定条件后，覆冰导线会发生一种低频率（0.1～3 Hz）、大振幅的自激舞动，其幅度能达到导线本身直径的5～300倍。

当舞动发生时，输电线路会产生竖直、水平和扭转三个方向的复杂耦合振动，风不断供给能量，导线舞动的幅度不断增大，直至由于阻尼的影响而趋于稳定。舞动一旦形成，持续时间可达几小时至几十小时[16, 17]。线路舞动的形态以单个或多个半波的竖向舞动为主，由于覆冰偏心现象以及不同运动方向间的气动耦合效应，输电线路舞动的同时往往伴随有较为显著的水平和扭转方向的运动，所以输电线路舞动轨迹形状多为在垂直线路走向平面内的椭圆[18]。

输电线路长时间、大幅度舞动容易造成混线短路、闪络跳闸、悬垂绝缘子线夹滑移、线路金具磨损、间隔棒断裂和引流线与跳线串分离，甚至可能导致导线断股断线、杆塔塔材损伤、横担扭曲破坏、倒塔等，严重威胁到电网的安全稳定运行，造成重大的经济损失。输电线路导线舞动现象最早记载于20世纪30年代，美国学者Hartog[19]在1932年发表了题为《输电线路覆冰舞动》的文章。世界上舞动发生频繁和危害较为严重的国家有加拿大、日本、俄罗斯、美国、比利时、丹麦、瑞典、挪威、英国等。我国自1957年开始有对舞动事故的记载，据不完全统计，全国范围内发生的舞动事故记录已超过100起。尤其是2000年后，我国几乎每年都发生较严重的舞动事故，损失较大[20]。例如，2018年1月24日～28日，华中地区某省电网经历了严重的输电线路舞动灾害，110 kV及以上线路累计有77条发生舞动现象，其中±800 kV线路2条，±500 kV线路5条，500 kV线路25条，220 kV线路39条，110 kV线路6条。77条舞动线路中，累计有19条线路发生跳闸、停运故障，其中18条线路发生故障跳闸。这次舞动灾害导致杆塔受损线路8条，导线受损线路9条，地线受损线路1条，相间间隔棒故障5条，损失严重。输电线路舞动造成的杆塔倒塌、螺栓脱落及绝缘子断裂现场图如图1-2所示。由此可见，输电线路舞动事故给电网系统的正常、安全运行造成了极大的威胁，也造成了重大的经济损失和严重的社会影响。

1.1.3 其他线路危害

由于架空输电线路架设在空中，经常经过气候极端、环境恶劣的区域，使其成为受大风、雷电、覆冰等灾害影响最为严重的设备。造成输电线路杆塔损坏失稳事故的原因不尽相同，统计发现，自然灾害是造成我国输电线路倒塔的首要原因，近年来造成的

(a) 舞动造成的倒塔现场图

(b) 螺栓脱落、绝缘子断裂现场图

图 1-2 输电线路舞动破坏现场图

220 kV 及以上线路倒塔基数占总倒塔基数的 88.2%，尤其是覆冰、大风造成的倒塔基数占到了总倒塔基数的 45.1%；由外力破坏造成的倒塔基数占 10.8%；由拉线锈蚀造成的倒杆数占 1%。除输电线路覆冰和舞动危害之外，大风和地质灾害也是引起输电线路体系力学破坏的重要因素[21-23]。

1. 大风

在风力作用下，输电线路导线-杆塔或导线-导线之间的空气间隙减小，当此间隙的电气强度不能耐受系统运行电压时，会发生击穿放电，即风偏闪络事故[24, 25]。在大风的作用下，特别在台风频繁出现的沿海地区，大风将造成输电导线、杆塔受到严重的力学破坏甚至倒塔[26]。此外，输电线路脱冰、舞动也离不开风的作用。

1992～1993 年，我国遭遇严重的风灾，葛双回路输电塔连续倒塌 7 基。1998 年 8 月 22 日，华东 500 kV 江南 I 线江都段共倒塌 4 基输电塔。1999 年，18 号台风在日本九州地区登陆，造成 15 基输电塔倒塌，3 条输电线路断线。2002 年，21 号台风在日本茨城县引发 10 基输电塔连续倒塌事故。2005 年，江苏省宿迁市泗阳县 500 kV 任上线路受雷暴强风袭击，一次性串倒 10 基输电塔。2008 年 9 月 17 日，东北电网 500 kV 科沙 1 号线、2 号线遭受龙卷风袭击，输电塔倾倒 4 基，局部折弯 1 基。2008 年 9 月 24 日，强台风“黑格比”袭击阳江 110 kV 平闸甲乙线，导致倒塔 24 基，倾斜变形

10基。2011年7月27日，南通110 kV园江线41号、42号塔倒塌。2011年8月17日，南通110 kV江山线9、10号塔发生倒塔事故。2016年，“莫兰蒂”“鲇鱼”台风共造成福建电网500 kV线路跳闸11条，220 kV线路跳闸51条，110 kV线路跳闸109条，10 kV线路跳闸4 246条，倒断杆数5 640基。“莫兰蒂”台风更是历史性地造成7基500 kV杆塔和15基220 kV杆塔损坏。2018年5月，湖南省岳阳市局部地区受8级阵风袭击，2基输电塔倒塌。同年6月，北京市顺义区1基输电塔在10级大风袭击下倒塌。

2. 地质灾害

地质灾害也是造成输电线路及杆塔力学破坏的重要原因，例如，杆塔倾斜是采矿、地震等引起地质沉降，导致杆塔中心偏离铅垂位置的现象。地质灾害造成输电线路故障的客观原因是：输电线路通过不良地质构造地带，输电线路通过地段的地质环境比较复杂，地质结构不稳，或者输电线路通过的地区可能年降水量比较多且集中，对山体进行频繁的冲刷，难免会导致山体滑坡。输电线路地质灾害频发的主观原因是人为施工不当：一是线路施工引起环境地质的变化；二是施工中对塔基周围的弃土处理不当[27-29]。

输电线路地质灾害的常规表现如下：

（1）滑坡与垮塌。输电线路建设中最常出现的地质灾害就是滑坡和垮塌，不仅给线路造成巨大的损失，而且难以治理。此外，根据滑坡体的深度和线路电压等级的不同，发生滑坡的大小和频率也不尽相同，例如，500 kV线路比220 kV及以下电压等级线路发生滑坡的概率要大得多，主要是由于500 kV线路的杆塔承重比220 kV及以下线路大3～10倍。另外，由于雨季等自然条件的影响和下边坡弃土不当等人为破坏，垮塌也是输电线路常见的地质灾害。

（2）其他类型的地质灾害。其他类型的地质灾害如山洪、泥石流、地质沉降也是输电线路中比较常见的地质灾害，在一定程度上给输电线路建设和运行造成影响。主要原因可能是输电线路周围地段地质环境比较复杂，也可能是输电线路处于常年降水量多且高度集中的地区，还可能是建设中破坏了环境等。

2017年3月，国网湖北省电力有限公司运检人员开展春季安全大检查设备巡查时发现，某500 kV线路18#杆塔塔材变形，基础与护面之间存在明显裂缝，后经现场勘测，该段线路所在区段存在地质崩塌、滑坡与岩溶地面塌陷等现象，18#杆塔地表10 m以下的深层地质灾害长期蠕动作用下造成1#、3#、4#基础持续位移，导致塔材受力分布发生了改变，杆塔第一横隔面钢构向上拱起，情况危急。现场实拍图如图1-3所示。

（3）地震。此外，输电线路也可能出现地震等比较严重的灾害。地震是人类面临的最严重的自然灾害之一，输电线路塔线系统兼具高耸结构和大跨度结构的共同特点，意

图 1-3　地基沉降造成地基开裂实拍图

味着其在地震中的易损性很高[30]。地震的发生具有偶然性，且破坏力巨大，因此往往难以防范，对输电线路安全稳定运行造成了极大的影响。

1971 年，美国发生 San Fernando 地震，电力系统瘫痪，自此开始重视生命线工程系统的震害调查和记录。1995 年 1 月 17 日，日本兵库县南部阪神-淡路地区发生了 7.2 级强烈地震，23 条架空输电线路破坏，11 基输电杆塔倾倒。2010 年 1 月 12 日，海地发生 7.3 级强烈地震，地震导致了输电塔的倒塌，当地电力供应受到严重的影响。国内方面，2006 年 7 月，云南省昭通市发生 5.1 级地震，共有 73 基杆塔受损。2008 年 5 月 12 日，汶川发生了 8.0 级地震，四川省的电力设施受灾尤为严重。据统计，地震及余震导致 110 kV 线路倒塔 20 多基，局部破坏受损约 16 基；500 kV 茂谭线 8 基、220 kV 茂永线 2 基杆塔损毁；另有一通过茂县山区的 220 kV 线路所经地形发生巨大变化，16 基杆塔全部损毁。2010 年 4 月 14 日，玉树地震造成 2 条 35 kV 输电线路受损，2 座光伏电站损毁严重。2013 年 4 月 20 日，四川省雅安市芦山县发生 7.0 级地震，致使三县电网全部瓦解，其中 2 座 500 kV 变电站部分受损，3 条 220 kV 输电线路停运。

1.2　输电线路覆冰受力分析研究现状

覆冰给输电线路正常运维带来了极大的破坏与挑战，线路覆冰工况的力学分析的相关研究主要针对输电杆塔在不同荷载作用下的破坏机制。近年来，国内外很多学者在梁单元有限元模型的基础上，较为系统地研究了输电杆塔在不同荷载下的力学特性，总结了自重、冰荷载或风荷载以及线路不平衡张力等因素对输电杆塔破坏模式和极限承载力的影响。

最早国外 Prasad 和 Kalyanaraman[31]考虑构件偏心、局部变形、节点转动刚度、梁柱效应和材料非线性的影响，采用有限元软件 MSC-NASTRAN 进行了输电塔的非线性分析。模型中的构件分别采用了梁单元、壳单元和梁、壳混合单元。模型中，连接位置用刚体单元来模拟，螺栓用梁单元来模拟。分析模型与试验结果进行了校核，采用得到的分析模型进行了参数研究，提出了设计建议。Kitipornchai 等[32]和 Albermani 等[33]对杆塔结构进行了系统研究，提出了非线性有限元分析模型，该模型在考虑材料和几何非线性的情况下把角钢作为梁单元来处理，采用有限元软件 ANSYS，考虑构件连续、截面非对称性、连接偏心以及材料和几何非线性，建立了有限元模型，模型中采用了 BEAM189 梁单元来模拟角钢构件，节点分为完全刚接、完全铰接和平面内铰接-平面外刚接三种情况，本构关系采用了双线性模型，用试验结果对模型进行了验证并提出了设计建议。

国内方面，国网电力科学研究院、中国电力工程顾问集团有限公司等科研设计单位及电网运行部门投入了相当多的人力和物力进行输电线路力学性能的分析和研究；国内各大高校，如清华大学、浙江大学、同济大学、华中科技大学、重庆大学等，也相继以理论分析、计算机模拟和试验研究为基础，主要对由线路覆冰、地基沉降、断线等引起的输电线路倒塔事故的发生和预防进行了长期研究，取得了大量有益的研究成果。

西宁供电公司潘兹勇等[34]利用有限元软件 ANSYS 建立了一个 330 kV 输电杆塔的桁梁混合有限元模型，分析杆塔结构在 0°大风工况下的几何、材料双重非线性，描述结构在超载作用下的破坏过程，得出结构的极限荷载为 3.11 Pd（Pd 为正常设计荷载），这为杆塔结构的可靠性分析和维修加固提供了依据。

湖南省电力试验研究院的陆佳政等[5]建立了塔线系统有限元模型，用空间梁单元离散杆塔结构，计算了导线上不同覆冰厚度对杆塔非平衡张力的影响，指出输电线路前后档距差或高差过大是引起不平衡张力的主要原因，不平衡张力是倒塔的主要原因。

湖南省电力试验研究院的刘纯等[6, 7]以五民线 352～354 号段塔线系统结构为例，应用梁单元和索单元建立杆塔、导线、地线、光缆和绝缘子整体有限元模型，分析在冰荷载下的应力和位移变化情况，计算该耐张段的极限冰荷载和分析杆塔倒塌破坏的原因，分析了均匀冰荷载下杆塔的极限承载力，对在实测不均匀冰荷载下的倒塔失效原因进行了分析，指出了输电线路中的薄弱点，对杆塔提出了提高冰厚等级改造的建议。他们指出在输电线路塔线系统的设计过程中，导线和杆塔结构是分开进行设计的，由于对杆塔的纵向不平衡张力缺乏有效的计算方法，通常根据规程取导线最大使用张力的比例进行校核。然而，不平衡张力是危害输电线路安全稳定运行的重要因素之一，精确计算由档距、高差和不均匀荷载引起的纵向不平衡张力有着重要的意义。

西安工程大学刘磊[35]以 220 kV 的实际运行输电线路中的“一塔两线制”“两塔三线制”体系有限元模型为研究对象，用自定义截面形状大小的 BEAM188 梁单元来模拟输电杆塔的杆件，用 LINK10 单元来模拟导线，用 LINK8 单元来模拟绝缘子串、地线及地线金具，采用 ANSYS 有限元仿真对塔线系统模型覆冰工况的力学特性进行分析，得到了输电杆塔各个杆件对应的最大轴向应力、最大弯曲应力随覆冰厚度的变化曲线，以及变形最大节点对应的位移-时间历程曲线。最后，对输电线路杆塔应力在线监测及破坏机理进行了分析，包括冰荷载、风荷载、导线舞动、地基沉降（采空区、地震、泥石流等）等因素对输电线路杆塔的破坏。

武汉大学杜志叶、阮江军等[36-38]考虑杆塔和导线、地线之间的力学耦合作用，针对具体线路覆冰微气候区建立整体耐张段线路模型，从系统的角度分析在各种风速、覆冰条件下的力学特性，找出塔线系统中结构薄弱杆塔并对结构薄弱处进行准确定位，得到不同风速下杆塔失效的临界覆冰厚度，对杆塔的结构进行了改进分析，并指出风向对塔线系统覆冰受力的影响要比风速更为显著。但是文章对杆塔失效的判据较模糊，薄弱点是根据其应力与屈服强度之比是否大于 1 来判断，塔线系统的失效则是依据塔材多处应力接近其最大屈服强度、杆塔发生较大的形变、局部发生大位移来判定的。

重庆大学姚陈果等[39, 40]主要针对目前我国基于有限元法的不均匀覆冰输电线路塔线系统力学特性研究的不足，对不均匀覆冰输电塔线体系力学特性进行了深入研究。以输电线路耐张区间的山顶杆塔为主要研究对象，考虑杆塔两侧导、地线不均匀覆冰工况，对短档距侧重覆冰、长档距侧重覆冰及档距中央重覆冰 3 类不均匀覆冰状态的 33 种具体运行工况下输电线路塔线系统用有限元法定量研究了不均匀覆冰的力学特性。输电塔各杆件均采用可自定义截面形状的 BEAM188 梁单元模拟，导、地线的仿真单元为 LINK10，绝缘子串采用杆单元 LINK8 模拟。分别探究了有无风荷载作用下，杆塔横担主材角钢应力随冰厚增加的变化关系。文章提出杆塔应力随运行工况特征参量（冰厚、风速等）变化的特定数学关系是覆冰塔线系统事故预测的基础，通过较高精度的仿真研究可以预先建立杆塔在多种常见工况下的运行“档案”，通过实时查询、比较给出杆塔运行中的状态，实现覆冰塔线系统事故预测。

重庆大学毕承财[41]、易文渊[42]、赵莉等[43]采用有限元法，对塔线耦合体系在断线、脱冰等情况下的动力特性进行了研究。以四川 500 kV 月普双回线典型线路和 1 000 kV 重冰区特高压同塔双回八分裂输电线路为研究对象，建立六塔七档塔线耦合体系有限元模型，其中杆塔分别采用了杆梁混合有限元模型和空间梁有限元模型，采用 ABAQUS 有限元仿真软件数值模拟塔线系统在覆冰、风、断线和地基沉降等荷载作用下杆塔的强度。文章包含塔线系统在不同覆冰和风荷载作用下进行静力分析，失效判据为材料杆件的最大 Mises 应力是否超过容许应力（即屈服强度）；同时包含塔线系统断线动力响应过程模拟，指出由于塔线系统非线性特征明显，难以通过简单地引入冲击系数，采用对单塔进行静态分析的方法确定断线时杆塔的最大应力。

此外，还有很多国内外的学者对输电线路力学仿真方面进行了大量研究，取得了许多有益的成果。可以发现，塔线系统承受的极限荷载和不平衡张力过大是输电线路倒塔的主要原因。目前，输电塔及塔线系统有限元软件主要有 ANSYS 和 ABAQUS 等，研究输电塔线结构在有限元软件中的精确快速建模方法和加载方式，是进行输电线路塔线系统有限元分析的基础。其中在用 ANSYS 建立有限元模型时，多用空间梁单元 BEAM188 来模拟杆塔的杆件，用 LINK10 索单元来模拟输电线，用 LINK8 杆单元来模拟绝缘子。有限元数值模拟具有速度快、花费低等优点，而且计算结果可以反映整个结构的变形特征。但是有限元计算模型过于简化，往往忽略了连接偏心、残余应力和初始变形等因素，加上大多数输电塔由截面特殊、连接方式和受力机制复杂的角钢构件组成，实际杆塔所受荷载也是复杂多变的，所以数值模拟结果与真实情况下的受力变形性能存在差异，难以单纯通过有限元力学仿真来对杆塔安全状况进行评估。现有研究对塔线系统失效和构件失效的判据较模糊，由于杆塔钢构力学特性较复杂，钢构实际承载能力受长细比、宽厚比和疲劳损伤等多种因素的影响，钢构实际承载能力小于其屈服强度。且输电塔架是由许多杆件组合在一起而构成的高耸结构，属于高次超静定结构体系，只有当相应的构件破坏达到一定数目时，塔架整体形成了机构才整体破坏[44]。因此，依据现有设计规范，无法准确给出严重覆冰工况下杆塔的极限承载能力，难以准确预测倒塔事故。如何依据有限元仿真结果和实际现场结果，结合相关规程和科学制定的杆塔状况评估判据，来对杆塔安全状况进行准确判断，目前仍没有较好的评估手段。

1.3 输电线路舞动数值模拟研究现状

输电线路舞动数值模拟是获取舞动响应的一种合理且高效的手段，对舞动机理的验证、舞动规律的获取和防舞设计等有重要的意义。振型叠加法和非线性有限元法是目前舞动数值模拟方法中最常用的方法[45]。

振型叠加法的本质是从覆冰导线振动微分方程出发，采用 Galerkin 积分的方式对描述舞动的偏微分方程进行振型截断和离散，并结合数值方法对舞动进行求解。Biswas 等[46]基于竖向单自由度舞动模型，利用振型叠加法求解了覆冰导线的舞动响应，并在此基础上进一步研究了阻尼装置的防舞效果。郝淑英等[47]、严波等[48-52]分析了导线档距、初始风攻角、风速和覆冰厚度等因素对舞动幅值和动态张拉力的影响。基于罚函数法引入子导线间的运动约束条件，结合振型叠加法并利用 Hamilton 变分原理建立了覆冰四分裂导线的运动方程。振型叠加法计算效率往往较高，但在模态截断的过程中难以考虑振型间的耦合作用。

非线性有限元法的本质是从变分原理出发，考虑导线系统的几何非线性，构建随导线位移变化的系统刚度矩阵，采用动力时间积分对导线舞动响应进行求解。Desai 等[53-55]提出了一种三节点抛物线索单元，并建立了用于单导线舞动分析的非线性有限元法。与商业有限元软件提供的索单元不同的是，Desai 等提出的索单元具有扭转自由度，同时亦能考虑偏心覆冰对舞动的影响。后续学者提出的舞动有限元模型大多借鉴了 Desai 等提出的三节点抛物线索单元模型。刘小会等[56-59]基于该索单元和二节点欧拉梁单元，通过节点自由度扩张的方式建立了覆冰分裂导线舞动有限元模型，并研究了子导线尾流干扰效应对舞动的影响。郭应龙等[60, 61]依据输电线路舞动机理，对 ADINA 软件进行二次开发，嵌入气动力模块，开发了输电线路舞动响应的计算程序。

高鹏[62]根据架空光缆的结构特点，考虑初始应变对初始状态进行建模，并对光缆在风载、覆冰及风载覆冰同时加载情况下的光缆进行了动力学分析，得到动力学分析的位移时间图。通过仿真分析了不同覆冰厚度和风载条件下光缆舞动的理论模型及影响导线振动的主要因素。

华中科技大学李黎等[63, 64]提出了一种具有扭转自由度的二节点索单元用于导线有限元模拟，并通过非线性数值模拟方法建立了多档距覆冰输电线路的舞动响应计算模型，采用龙格-库塔法进行覆冰导线的舞动求解。Braun 等[65]基于流固耦合方法，建立了考虑竖向、水平和扭转耦合的分裂导线三自由度质点模型，分别求解了舞动过程中的结构域和流体域，探究了分裂导线类型及风速对导线舞动响应的变化影响。天津大学刘富豪[66]建立了两自由度的输电线路非线性模型，开展了非线性分岔和混沌分析，得到了覆冰分裂导线系统的最简规范形，从理论上证明了覆冰分裂输电导线系统在铅垂方向上的振动属于强非线性振动系统，而在扭转方向上的振动属于弱非线性系统。

哈尔滨工业大学刘玥君[67]采用松耦合算法，结合动网格模型来实现覆冰导线和流场的非线性耦合作用，对覆冰导线的舞动机理和气动力特性进行了数值分析；基于弹性悬链线解析理论，开发了一种空间两节点悬链线索单元，在该单元中组装抗弯刚度和抗扭刚度，求解了不同风速下覆冰导线的舞动方程，得出了舞动的临界风速。引入分裂导线刚度，分析计算了分裂导线的子导线舞动特征。潘宇[68]采用 FLUENT 软件计算了覆冰导线气动力参数，研究了不同风速和攻角下气动负阻尼的变化规律，同时分析了竖向-扭转耦合舞动的形成规律。研究发现竖向舞动是竖向气动负阻尼引发的竖向自激振动，而竖向-扭转耦合舞动容易在临界风速以上的风速下发生，属于扭转方向气动负阻尼诱发的舞动。文献[69]～[72]针对实际线路建立了有限元模型，分别采用覆冰分裂导线中各个子导线的气动力系数和整体气动力系数进行模型的加载，分析了有限元仿真计算结果的差异。采用考虑子导线扭转效应的分裂导线舞动非线性有限元法分别分析和比较了新月形和 D 形覆冰输电线路在均匀流场、一维脉动风速场和三维瞬态风场下的动力响应，在此基础上讨论风场湍流成分对舞动的影响机制。文献[73]～[75]利用 ABAQUS 用户自定义子程序，开发模拟具有扭转自由度的覆冰导线索单元，该单元可以针对各个自由度方向分别定义阻尼比，同时可以方便地施加随导线运动状态变化的气动荷载。采用非线性有限元法对不同导线分裂数、不同覆冰形状下的舞动进行模拟，对舞动过程中的振幅和张力等特征进行了分析。

综上所述，目前国内外学者针对各种覆冰截面下导线的气动力特性、风攻角、风速、导线截面等开展了大量的导线舞动数值模拟计算，对于舞动影响因素的分析、舞动特性的分析及防舞装置的设计和验证等方面具有重要的工程意义。但鉴于输电线路舞动是一类典型的自激振动，而影响输电线路舞动的自然环境因素具有很强的随机性，在覆冰导线的气动力分析中无法模拟真实覆冰形状，因此无法确定真实覆冰导线的气动力特性，将导致舞动响应数值分析与实际存在出入。

1.4 本章小结

自然灾害是造成我国输电线路倒塔的首要原因。本章主要介绍了输电线路常见自然灾害的表现形式和形成原因，综述了输电线路覆冰、舞动等工况下力学分析的研究现状。

（1）常见自然灾害对输电线路的力学破坏主要包括线路覆冰、舞动、大风、地质灾害等。输电线路覆冰过厚、不均匀覆冰或不同期脱冰将可能导致导线、杆塔承受过大的荷载及不平衡张力，易造成杆塔倾倒、导线断线等事故。输电线路舞动的破坏主要体现在持续时间长、幅度大，易造成混线短路、闪络跳闸、悬垂绝缘子线夹滑移、线路金具磨损、间隔棒断裂，甚至可能导致导线断股断线、杆塔塔材损伤、横担扭曲破坏、倒塔等。

（2）输电线路覆冰力学分析方面，近年来国内外很多学者在梁单元有限元模型的基础上，较为系统地研究了输电塔在不同荷载下的破坏机制，总结了自重、冰荷载或风荷载及线路不平衡张力等因素对输电塔破坏模式和极限承载力的影响，但由于杆塔结构失稳判据的模拟，现有数值计算难以准确给出严重覆冰工况下杆塔的极限承载能力，并准确预测倒塔事故。

（3）输电线路舞动数值分析方面，国内外学者在索单元和梁单元的基础上，考虑导线结构的非线性，开展了大量数值模拟计算，对舞动特性和防治等方面的研究具有重要的工程意义。但受限于真实覆冰过程的气动力特性模拟，以及冰、风的随机性，舞动响应数值分析结果与实际工况可能存在出入。

参考文献

[1] 周孝信，鲁宗相，刘应梅，等. 中国未来电网的发展模式和关键技术[J]. 中国电机工程学报，2014，34（29）：4999-5008.

[2] 黄新波，曹雯. 输电线路灾害机理研究进展[J]. 西安工程大学学报，2017，31（5）：589-605.

[3] 吴剑霞. 输电线路覆冰灾害的防护[J]. 农村电气化，2008，253（6）：21-23.

[4] 李娜. 拉线V型铁塔的有限元分析和结构优化[D]. 西安：西安理工大学，2008.

[5] 陆佳政，刘纯，陈红冬，等. 500 kV输电线路覆冰有限元计算[J]. 高电压技术，2007，3（10）：167-169.

[6] 刘纯，陆佳政，周卫华，等. 倒V型绝缘子串荷载的有限元分析[J]. 高电压技术，2008，34（3）：569-572.

[7] 刘纯，陆佳政，陈红冬. 湖南 500 kV 输电线路覆冰倒塔原因分析[J]. 湖南电力，2005，25（5）：1-3，11.

[8] 胡毅. 输电线路大范围冰害事故分析及对策[J]. 高电压技术，2005，31（4）：14-15.

[9] 谭晓，明安持. 重冰区 500 kV 大跨越导线选择[J]. 电力建设，2000，21（5）：16-18.

[10] 周文武，张小力，江岳，等. 单档不均匀覆冰下架空线路不平衡张力及形变特性研究[J]. 电网与清洁能源，2021，37（9）：45-50.

[11] 龙小乐，鲍务均，郭应龙. 输电导线覆冰研究[J]. 武汉水利电力大学学报，1996，29（5）：102-107.

[12] 李静，杨小娟，刘树鑫，等. 污秽覆冰绝缘子动态闪络特性分析[J]. 科学技术与工程，2021，21（22）：9378-9383.

[13] 宿志一，范建斌. 复合绝缘子用于高压及特高压直流输电线路的可靠性研究[J]. 电网技术，2006，30（12）：16-23.

[14] 王丽新，杨文兵，杨新化，等. 输电线路舞动的有限元分析[J]. 华中科技大学学报（城市科学版），2004，21（1）：76-80.

[15] XIAO X H，WU J. Simulation and effects evaluation of anti-galloping devices for overhead transmission lines[C]. IEEE Computer Society，4th IEEE Conference on Automation Science and Engineering，Washington D. C.，2008：808-813.

[16] 李宏男，白海峰. 高压输电塔-线体系抗灾研究的现状与发展趋势[J]. 土木工程学报，2007，40（2）：39-47.

[17] 李新民，朱宽军，李军辉. 输电线路舞动分析及防治方法研究进展[J]. 高电压技术，2011，37（2）：484-490.

[18] 郭应龙，李国兴，尤传永. 输电线路舞动[M]. 北京：中国电力出版社，2003.

[19] HARTOG D. Transmission line vibration due to sleet[J]. AIEE Transmission，1932，51（4）：1074-1086.

[20] 万启发. 输电线路舞动防治技术[M]. 北京：中国电力出版社，2016.

[21] 刘勇军. 山区输电线路地质灾害问题及防治措施[J]. 科技创新与应用，2020（20）：112-113.

[22] 陈鹏云，曹波，罗弦，等. 中国电网主要自然灾害运行数据及特征分析[J]. 中国电力，2014，47（7）：57-61.

[23] 王昊昊，罗建裕，徐泰山，等. 中国电网自然灾害防御技术现状调查与分析[J]. 电力系统自动化，2010，34（23）：5-10.

[24] 黄新波，陶保震，赵隆，等. 采用无线信号传输的输电线路导线风偏在线监测系统设计[J]. 高电压技术，2011，37（10）：2350-2355.

[25] 肖东坡. 500 kV 输电线路风偏故障分析及对策[J]. 电网技术，2009，33（5）：99-102.

[26] 钟岱辉，李荣帅，王文明. 输电塔-线体系灾变机理研究综述[J].四川建筑科学研究，2020，46（3）：37-45.

[27] 余风先，谭光杰，潘峰，等. 输电线路地质灾害危险性评估中需要注意的几个问题[J]. 电力勘测设计，2010（2）：20-22.

[28] 赵有余，王永忠，聂文波. 西南山区某高陡斜坡输电线路塔基地质灾害的预防与治理[J]. 土工基础，2014，27（6）：108-111.

[29] 李宏男，李钢，郑晓伟，等. 工程结构在多灾害耦合作用下的研究进展[J]. 土木工程学报，2021，54（5）：1-14.

[30] 尹之潜. 地震灾害及损失预测方法[M]. 北京：地震出版社，1995.

[31] PRASAD R N，KALYANARAMAN V. Nonlinear behaviour of lattice panel of angle towers [J]. Journal of Constructional Steel Research，2001，57（12）：1337-1357.

[32] KITIPORNCHAI S，ALBERMANI F，Chan S L. Elastic-plastic finite element models for angle steel flames [J]. ASCE Journal of Structural Engineering，1990，116（10）：2567-258l.

[33] ALBERMANI F，KITIPORNCHAI S. Nonlinear analysis of transmission towers [J]. Engineering Structures，1992，14（3）：139-151.

[34] 潘兹勇，胡海舰，周筱君. 输电塔架结构的极限承载力分析[J]. 建筑与结构设计，2009（11）：26-29.

[35] 刘磊. 基于不同覆冰状态的输电塔线体系倒塔力学特性研究[D]. 西安：西安工程大学，2015.

[36] 杜志叶，张宇，阮江军，等. 500 kV 架空输电线路覆冰失效有限元仿真分析[J]. 高电压技术，2012，38（9）：2430-2436.

[37] 刘超，阮江军，甘艳，等. 覆冰条件下架空输电线路薄弱点分析[J]. 电瓷避雷器，2016（2）：1-5.

[38] 王燕，皇甫成，杜志叶，等. 覆冰情况下输电线路有限元计算及其结构优化[J]. 电力系统保护与控制，2016，44（8）：99-106.

[39] 姚陈果，毛峰，许道林，等. 不均匀覆冰输电塔线体系力学特性[J]. 高电压技术，2011，37（12）：3084-3092.

[40] 姚陈果，毛峰，许道林，等. 利用关键构件力学特性的覆冰塔线体系事故预测方法[J]. 高电压技术，2011，37（2）：476-483.

[41] 毕承财. 输电塔线耦合体系中杆塔的强度研究[D]. 重庆：重庆大学，2015.

[42] 易文渊. 特高压输电塔线体系脱冰动力响应数值模拟研究[D]. 重庆：重庆大学，2010.

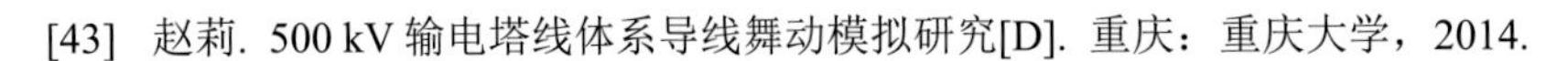

[43] 赵莉. 500 kV 输电塔线体系导线舞动模拟研究[D]. 重庆：重庆大学，2014.

[44] 董黛，侯建国，肖龙，等. 输电杆塔结构体系主要失效模式识别的计算程序研发[J]. 工程力学，2013，30（8）：180-185.

[45] 杨伦. 覆冰输电线路舞动试验研究和非线性动力学分析[D]. 杭州：浙江大学，2014.

[46] BISWAS S K，RIAZ H，AHMED N U. Modal dynamics and stabilizer design for galloping transmission lines[J]. Electric Power Systems Research，1987，12（3）：175-182.

[47] 郝淑英，周坤涛，刘君，等. 考虑多种因素的覆冰输电线舞动的有限元分析[J]. 天津理工大学学报，2010，26（6）：7-11.

[48] 严波，李文蕴，周松，等. 覆冰四分裂导线舞动数值模拟研究[J]. 振动与冲击，2010，29（9）：102-107.

[49] 杨威，崔伟，严波，等. 双分裂导线相间间隔棒防舞效果数值模拟研究[J]. 计算力学学报，2013，30（S1）：100-104.

[50] 严波，胡景，周松，等. 覆冰四分裂导线舞动数值模拟及参数分析[J]. 振动工程学报，2010，23（3）：310-316.

[51] 刘小会，严波，张宏雁，等. 随机风场中覆冰四分裂导线舞动数值模拟[J]. 振动与冲击，2012，31（13）：16-21.

[52] 李文蕴，严波，刘小会. 覆冰三分裂导线舞动的数值模拟方法[J]. 应用力学学报，2012，29（1）：9-14.

[53] DESAI Y M，SHAH A H，POPPLEWELL N. Galloping analysis for two-degree-of-freedom oscillator[J]. Journal of Engineering Mechanics，1990，116（12）：2583-2620.

[54] DESAI Y M，SHAH A H，POPPLEWELL N. Perturbation-based finite element analyses of transmission line galloping[J]. Journal of Sound and Vibration，1996，191（4）：469-489.

[55] DESAI Y M，YU P，POPPLEWELL N，et al. Finite element modelling of transmission line galloping[J]. Computers & Structures，1995，57（3）：407-420.

[56] 刘小会，严波，张宏雁，等. 分裂导线舞动非线性有限元分析方法[J]. 振动与冲击，2010，29（6）：129-133.

[57] 刘小会，韩勇，陈世民，等. 连续档覆冰导线舞动数值模拟及参数分析[J]. 力学与实践，2014，36（1）：37-41.

[58] 刘小会，张路飞，严波，等. 连续档覆冰导线舞动模态分析[J]. 系统仿真学报，2016，28（11）：2647-2654.

[59] 刘小会，张路飞，严波，等. 多跨悬索面内动态特性分析[J]. 应用基础与工程科学学报，2017，25（4）：854-868.

[60] 郭应龙，恽俐丽，鲍务均，等. 输电导线舞动研究[J]. 武汉水利电力大学学报，1995，28（5）：506-509.

[61] 于俊清，郭应龙，肖晓晖. 输电导线舞动的计算机仿真[J]. 武汉大学学报（工学版），2002，35（1）：40-43.

[62] 高鹏. 架空线路舞动的有限元分析[D]. 西安：西安电子科技大学，2013.

[63] 李黎，陈元坤，夏正春，等. 覆冰导线舞动的非线性数值仿真研究[J]. 振动与冲击，2011，30（8）：107-111.

[64] 李黎，曹华锦，罗先国，等. 输电塔线体系的舞动及风振控制[J]. 高电压技术，2011，37（5）：1253-1260.

[65] BRAUN A L，AVMICH A M. Aerodynamic and aeroelastic analysis of bundled cables by numerical simulation[J]. Journal of Sound and Vibration，2005，284（1）：51-73.

[66] 刘富豪. 覆冰分裂输电导线舞动的强非线性动力学研究[D]. 天津：天津大学，2012.

[67] 刘玥君. 输电塔-线耦合结构体系覆冰舞动机理及其响应研究[D]. 哈尔滨：哈尔滨工业大学，2015.

[68] 潘宇. 覆冰导线舞动风洞试验及数值模拟研究[D]. 哈尔滨：哈尔滨工业大学，2015.

[69] 楼文娟，姜雄，杨伦. 三维瞬态风场下覆冰导线舞动响应研究[J]. 振动与冲击，2016，35（22）：1-9.

[70] 林巍. 覆冰输电导线气动力特性风洞试验及数值模拟研究[D]. 杭州：浙江大学，2012.

[71] 楼文娟，余江，姜雄，等. 覆冰导线三自由度耦合舞动稳定性判定及气动阻尼研究[J]. 土木工程学报，2017，（2）：59-68.

[72] LOU W J，HUANG M F，LV J，et al. Aerodynamic force characteristics and galloping analysis of iced bundled conductors[J]. Wind and Structures，2014，18（2）：135-154.

[73] HU J，YAN B，ZHOU S，et al. Numerical investigation on galloping of iced quad bundle conductors[J]. IEEE Transactions on Power Delivery，2012，27（2）：784-792.

[74] YAN B，LIU X，LV X，et al. Investigation into galloping characteristics of iced quad bundle conductors[J]. Journal of Vibration and Control，2016，22（4）：965-987.

[75] CAI M，YAN B，LU X，et al. Numerical simulation of aerodynamic coefficients of iced-quad bundle conductors[J]. IEEE Transactions on Power Delivery，2015，30（4）：1669-1676.

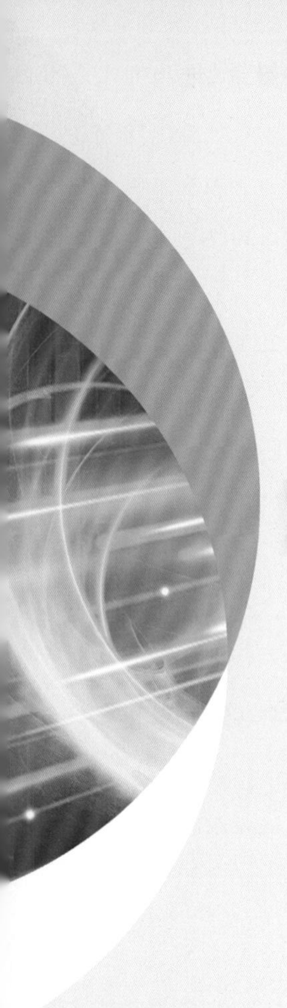

第 2 章

输电线路塔线系统建模方法

2.1　杆塔参数化建模

输电杆塔是由许多杆件组合在一起而构成的高耸结构。输电线路塔线系统静力和动力特性均可以利用有限元法进行仿真分析。输电线路杆塔薄弱点精准定位的研究与分析，也就是对输电线路（塔线结构系统）承受冰荷载和其他荷载条件下的力学稳定性进行计算，对杆塔薄弱钢构进行校核。仿真建模时需要精确模拟杆塔钢构的结构特性以及外部荷载的准确加载方法。根据有限元力学分析的建模要求，要选取正确的杆塔有限元单元，设定贴近实际的材料特性，建立精细的仿真模型，进而根据力学有限元计算来分析杆塔受力情况。因此，必须首先了解和分析构建杆塔钢构的钢材料的力学特性，这是正确选择有限元模型单元，进行后续塔线系统建模和有限元分析计算的前提，也是杆塔在外荷载作用下可靠性分析评估工作的基础。

2.1.1　常见杆塔钢构参数介绍

杆塔是支撑架空输电线路导线和架空地线，并使它们之间以及它们与大地之间保持一定距离的杆形或塔形构筑物。世界各国线路杆塔大多采用钢结构、木结构和钢筋混凝土结构。通常将木和钢筋混凝土的杆形结构称为杆，塔形的钢结构和钢筋混凝土烟囱形结构称为塔[1, 2]。

输电线路杆塔分类方法较多。按杆塔制造材料性质分类，可分为钢筋混凝土杆、钢管杆、角钢塔和钢管塔。其中，角钢塔是采用角钢型材制成的构件组成的格构式杆塔结构，具有强度高、制造方便的优点，广泛应用于 110 kV 及以上输电线路之中。

杆塔按受力性质分类，可分为以下几种。

（1）直线杆塔。它的作用仅是线路中悬挂导线和架空地线的支承结构。

（2）耐张杆塔。它是除支承导线和架空地线的重力和风力外，还承受导、地线张力的杆塔。导、地线在耐张杆塔处开断，且被定位在导线和架空地线呈直线的线段中，用来减小线路沿纵向的连续档的长度，以便于线路施工和维修，并控制线路沿纵向杆塔可能发生串倒的范围。因此，耐张杆塔起到了导线张力的隔绝作用，其强度相对直线杆塔往往更高[3]。

（3）转角杆塔。它是支撑导线和架空地线的张力，使线路改变走向形成转角的杆塔。走向带转角的导、地线开断直接张拉于杆塔上时，称为耐张转角杆塔，不开断的称为悬垂转角杆塔。

（4）终端杆塔。它是线路起始或终止的杆塔。

杆塔按形式及外观结构分类，可分为猫头塔、酒杯塔、干字形塔、拉 V 塔、门形塔、羊角塔、鼓形塔、桥形塔、正伞形塔、倒伞形塔、田字形塔、王字形塔、上字形塔、鸟骨形塔等[4]。猫头塔、酒杯塔和干字形塔通常是 220 kV 及以上电压等级输电线路的常用塔形，有良好的施工运行经验，部分塔形实物图如图 2-1 所示。

(a) 酒杯塔

(b) 猫头塔

图 2-1 杆塔实拍图

本书对输电线路杆塔的力学分析以角钢塔为主。角钢塔杆件主要由单根等边角钢或组合角钢组成，材料一般使用 Q235（A3F）和 Q345（16Mn）两种，部分特高压输电杆塔采用了强度更高的 Q420 角钢。杆件间的连接采用粗制螺栓，靠螺栓受剪力连接，整个塔由角钢、连接钢板和螺栓组成，个别部件如塔脚等由几块钢板焊接成一个组合件，因此热镀锌防腐、运输和施工架设极为方便[5, 6]。

以某 500 kV 干字形直线塔为例，列出其图纸中采用的角钢型号，如表 2-1 所示。

表 2-1 某 500 kV 干字形直线塔采用的角钢型号

材质	规格	材质	规格
Q345（16Mn）	∟70×6	Q235（A3F）	∟40×4
	∟80×7		∟45×4
	∟90×7		∟50×4
	∟90×8		∟56×5
	∟100×8		∟63×5
	∟125×8		∟70×5
	∟125×10		∟75×6
	∟140×10		∟80×7
	∟140×12		∟90×7
	∟160×14		∟90×8
	∟160×16		∟100×10
	∟200×14		∟125×8
	∟200×18		∟125×10
	∟200×20		∟140×10
	∟200×24		∟140×12
			∟160×12

由表 2-1 可知，该输电塔由屈服强度分别为 345 MPa 和 235 MPa 的两种材料的角钢组成，角钢的截面形状均为等边的 L 形。其中，Q345 角钢型号最小为∟70×6，即角钢宽度为 70 mm，厚度为 6 mm，最大为∟200×24。该种材料角钢由于强度较高，一般用作杆塔主材及斜材部分。Q235 角钢型号最小为∟40×4，最大为∟160×12，主要用于横担及塔头等部位的辅材及部分斜材。

2.1.2　杆塔构件的梁单元模型

一般采用梁单元来模拟输电杆塔的构件。不同有限元分析软件中，对梁单元的命名不同，以 ANSYS 为例，模拟杆塔构件的梁单元通常为 BEAM188，是一种两节点三维线性有限应变单元。每个单元节点有六个或七个自由度，包括三个转动自由度 ROT_X、ROT_Y、ROT_Z 和三个平动自由度 U_X、U_Y、U_Z 以及翘曲自由度，具有承受拉、压、弯、扭和剪的能力[7]。

该单元基于铁摩辛柯梁理论，该理论是一阶剪切变形理论，横向剪切应力在横截面是不变的，也就是说变形后横截面保持平面不发生扭曲，能支持弹性、徐变和塑性材料模型，而且能通过定义截面和截面方向实现截面模拟，其功能可以很好地模拟多种材料的截面，如钢拱截面及其加劲肋，适合于分析从细长到中等粗短的梁结构。BEAM188 在模型坐标系中是由节点 I 和节点 J 来定义的，节点 K 是必需的元素方向点定义，见图 2-2。①～③分别表示三个方向上的轴向力，④和⑤分别表示节点 I 和节点 J 所受弯矩。

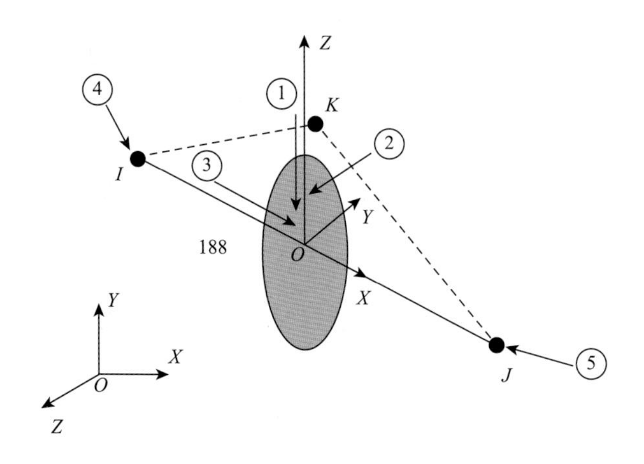

图 2-2　BEAM188 梁单元

BEAM188 单元默认以直线方式显示，也可以通过设置使其显示实体形式。BEAM188 单元模拟单根角钢及输电杆塔如图 2-3 所示。

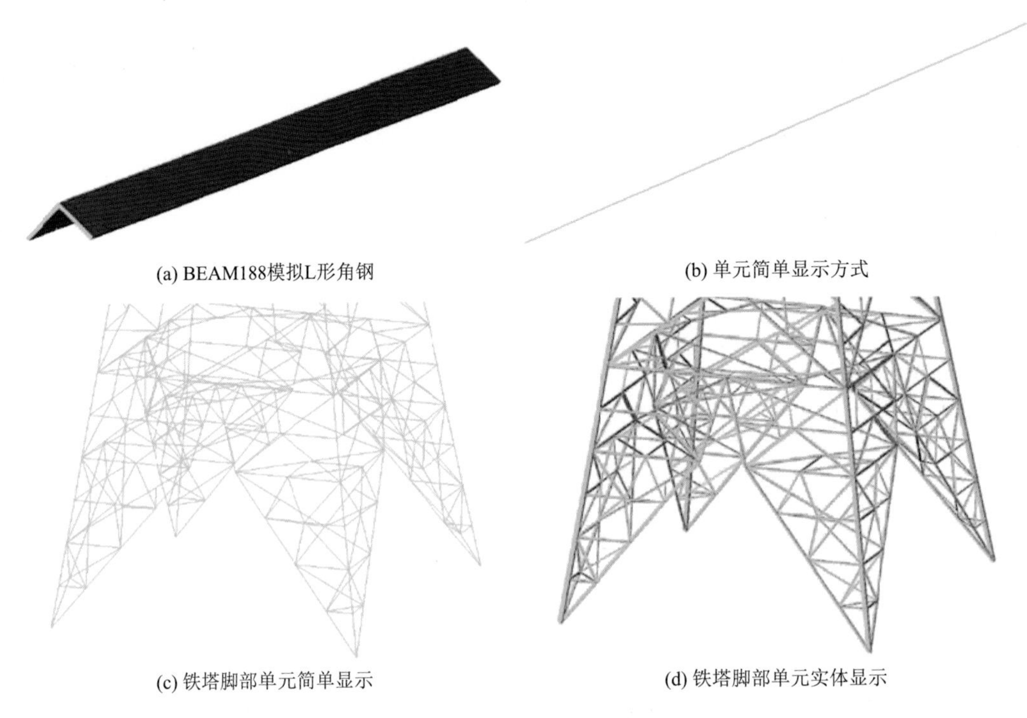

图 2-3　梁单元的显示方式

2.1.3　杆塔建模流程

根据所给材料和所用单元，建立用于数值计算的输电杆塔三维有限元模型。杆塔以每根角钢的长度为一个单元。建模时充分利用塔的平面对称特点，每基塔先建立 1/4 模型，然后镜像复制得到塔的 1/2 模型，最后将得到的模型镜像复制为塔的全模型。复制过程中要特别注意重合的节点和孤立的节点处理，这两类节点都会因为无约束，在求解过程中产生大位移使计算出错，前者必须将节点进行合并，后者则要将其删除。

在力学分析中，单元材料属性主要包括弹性模量、质量密度和泊松比，还必须知道单元的截面特性，以定义单元的实常数。对单个杆塔建模的流程如图 2-4 所示。

建模时，首先建立总体坐标系：以横担方向为 X 轴，以高度方向为 Y 轴，以导线方向为 Z 轴。杆塔以分段方式构成，对应图纸将每一段独立建模，规定每段的局部坐标系及其原点，并给出各局部坐标系的偏移量。其中，局部坐标系与总体坐标系是平移关系，且每一节局部坐标系的坐标原点都在 XOY 平面上。

在每一节的建模过程中，对每个平面分开建模，然后合成，其中平面建模步骤如下：

（1）确定主钢段端点坐标。

（2）根据各节点间距的比值确定主钢各节点坐标。

（3）同样利用比值确定次钢各节点坐标。

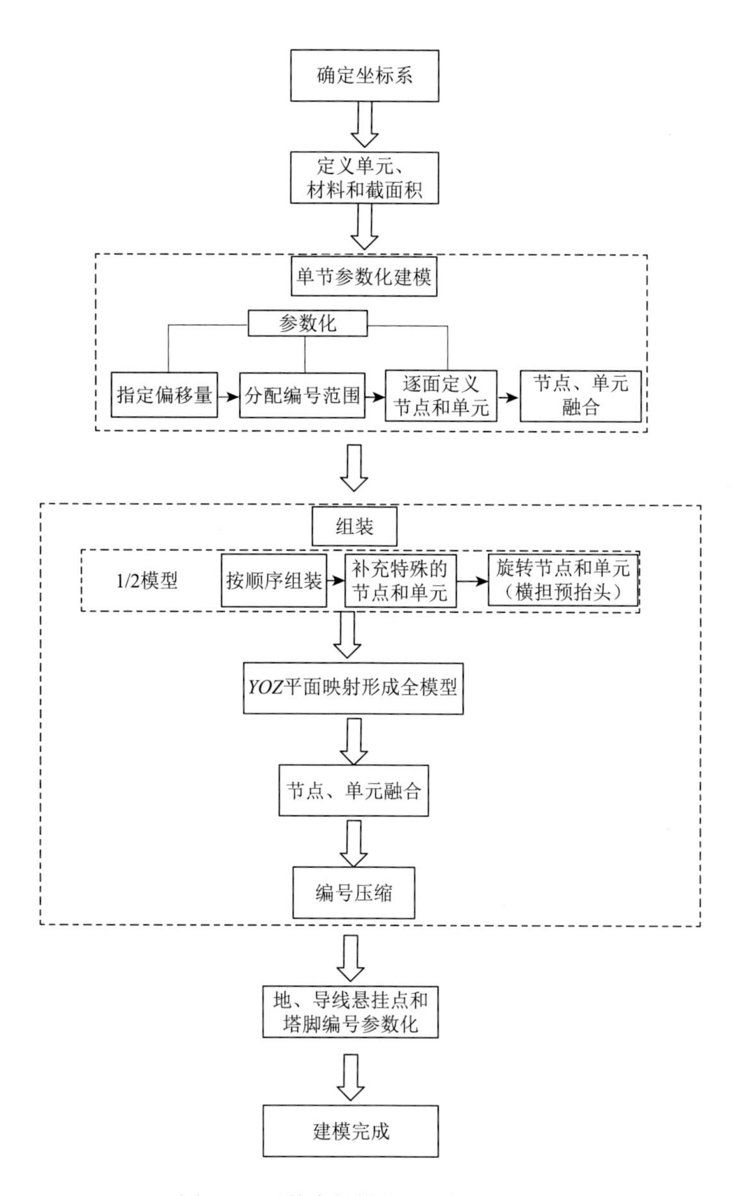

图 2-4　对单个杆塔进行建模的流程图

（4）确定节点编号。节点编号起点为 Node n，n 为平面编号，节点编号如 Node $n+1$，Node $n+2$，以此类推。在图纸上标注局部节点编号 1、2 等，以备检查。

（5）连接节点建立单元，赋予单元属性，单元编号自动生成。若平面之间存在对称关系，则可以通过平移或镜像方法生成节点及单元。

完成各平面建模后，设定一个偏差量，将偏差范围内的节点和单元融合，编号重排，该节杆塔建模结束。将各节组合在一起即可完成杆塔建模。输出地、导线悬挂点和塔脚编号，方便后续建模计算和边界条件的设置。

采用上述建模方法建立的某 500 kV 输电杆塔有限元模型如图 2-5 所示。

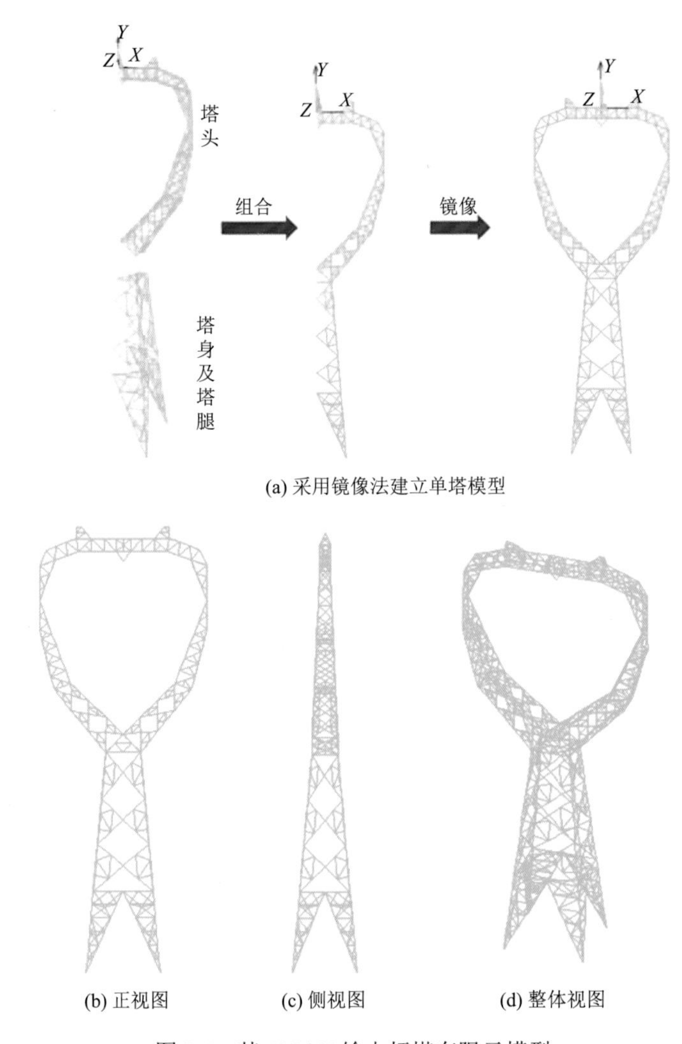

(a) 采用镜像法建立单塔模型

(b) 正视图　　(c) 侧视图　　(d) 整体视图

图 2-5　某 500 kV 输电杆塔有限元模型

2.2　导线与绝缘子串建模

2.2.1　索单元

导、地线作为一种柔性构件，其特点是不承受弯矩和压力，只承受拉力，可以按照单索结构进行精确的处理，索的截面尺寸与索的长度相比十分微小，截面抗弯刚度很小，可以忽略，索的材料符合胡克定律，在自重作用下其几何形状为一悬链线[8,9]。与一般的索网结构和桥梁拉索相比，导、地线的刚度较小，跨度、挠度均较大，其非线性程度更高。索的有限元模拟可以分为直线、二次抛物线、多节点曲线等多种形式。其中，直线索单元要求将单元上的荷载全部集中到两端的节点上，这种方法需要将悬索划分成足够多的单元才能获得精确解。抛物线索单元则是基于小挠度索理论推导得出的，它假定单元受到的均布荷载与单元的弦向相垂直，当整根索的挠度很大或索的两端有很大高差时就会产生较大的误差。有限元法计算索结构，需要把索离散为一系列相互连接的单元，经离散后，索单元的矢跨比远远小于整个索链的矢跨比，从而采用小挠度模型的计算理论来分析各个索单元。

有限元建模可选用的索单元很多，概括而言可分为两类：①直线形单元，如预应力杆单元；②曲线形单元，如五节点曲线元、四振型自由度索单元等。以有限元软件 ANSYS 为例，其中可以模拟导线拉索的单元主要有 LINK8 和 LINK10[10, 11]，如图 2-6 所示。LINK8 单元有着广泛的工程应用，可以用来模拟桁架、缆索、连杆、弹簧等，杆轴方向的拉压单元，每个节点具有三个自由度 U_X、U_Y、U_Z，该单元不承受弯矩，具有塑性、蠕变、膨胀、应力刚化、大变形、大应变等功能。LINK10 单元的双线性刚度矩阵特性使其成为一个轴向仅受拉或仅受压杆单元，当使用只受拉选项时，如果单元受压，刚度就消失，以此来模拟缆索的松弛或链条的松弛，LINK10 单元具有非线性、应力刚化、大变形功能，两个单元都不包括弯曲刚度。输电导地线只具有拉伸刚度，受压后刚度消失性能决定了使用 LINK10 单元进行模拟最理想[12, 13]。

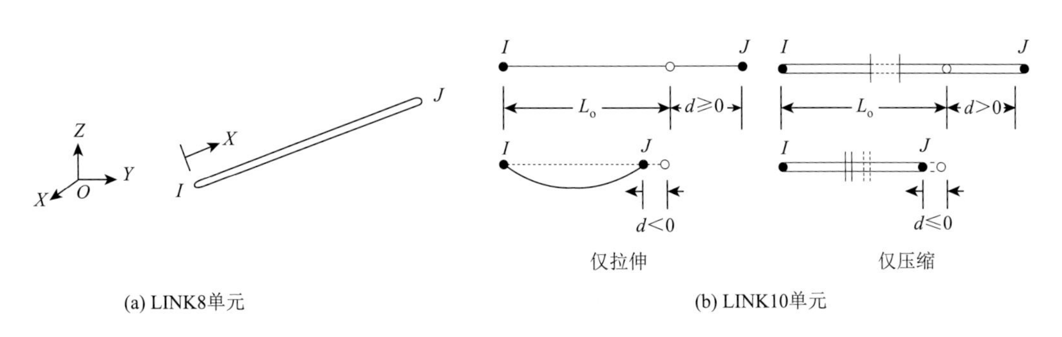

(a) LINK8单元　　(b) LINK10单元

图 2-6　索单元

绝缘子串和地线连接金具的尺寸相比于杆塔导、地线系统十分小，对于塔线结构力学分析的影响较小，可以采用杆单元代替，如 LINK8，具有拉伸和压缩的刚度，但必须对杆塔和导、地线进行耦合连接，该单元无法达到这一点。忽略绝缘子和连接金具的重力荷载影响下用刚性连接单元 MPC184 模拟能够很好地解决该问题，可通过该单元施加扭矩，具有三节点，三个或六个自由度，当 KEYOPT (1) = 0、1、5、6、7、8 时，节点 I、J 起作用，可分别用于链接、梁、球形、铰、环球和插槽；当 KEYOPT (1) = 3 时，节点 I、J、K 均起作用，可模拟圆柱。同时 KEYOPT (1) = 0、3、5，具有 U_X、U_Y、U_Z 三个自由度；当 KEYOPT (1) = 1、6、7、8 时，具有 U_X、U_Y、U_Z、ROT_X、ROT_Y、ROT_Z 六个自由度。

2.2.2　导、地线建模

塔线系统为典型的单索体系，具有大位移、小应变的几何特性。在研究时有两种理论可模拟导线形状，一种为抛物线理论，另一种为悬链线理论，通常认为悬链线理论计算单索结构更精确。

文献[14]中提到导线作为一种单索结构，满足索结构的一般假设，即：

（1）结构是理想柔性的，既不能抗弯，也不能受压。由于索的截面积与其长度相比十分微小，在计算中可以不考虑截面的抗弯强度。

（2）材料特性符合胡克定律，即在很大范围内，钢索的应力与应变关系是线性的。

通过以上两条假设，可以推导出悬索的基本方程[15, 16]如下：

$$y=\frac{\sigma_0 h}{\gamma L_{h=0}}\left[\sinh\frac{\gamma l}{2\sigma_0}+\sinh\frac{\gamma(2x-l)}{2\sigma_0}\right]-\frac{2\sigma_0}{\gamma}\sinh\frac{\gamma x}{2\sigma_0}\sinh\frac{\gamma(l-x)}{2\sigma_0}\sqrt{1+\left(\frac{h}{L_{h=0}}\right)^2} \quad (2\text{-}1)$$

式中：

$$L_{h=0}=\frac{2\sigma_0}{\gamma}\sinh\frac{\gamma l}{2\sigma_0} \quad (2\text{-}2)$$

其中：l——两悬挂点的水平距离；h——两悬挂点的垂直距离；γ——单位长度导线所受重力与导线截面的比值；σ_0——导线最低点的应力（导线单位截面所受的张力）。

根据式（2-1）可以得到悬链线上各离散节点的坐标，通过调节γ和σ_0值的大小，可调整线路的弧垂。

在对塔线系统进行力学分析时，为简化建模，可将多分裂导线等效为一根导线，等效过程中保证导线截面积与各子导线总的截面积相等。

导、地线建模时，需预先定义单元材料属性，主要包括弹性模量、质量密度和泊松比等，还必须依据导线等效后的直径定义单元的截面特性以及截面积等。

2.2.3 节点连接关系的确定及整体有限元模型

完成了杆塔、导线、地线和绝缘子串等输电塔线体系主要组件的建模之后，需要将各个部分有序组合形成塔线系统整体有限元模型，其关键是各种不同单元之间连接关系的确定。杆塔建模采用梁单元，各梁单元之间为刚性连接；绝缘子串由悬式绝缘子串接而成，各杆单元之间为铰接；导线及地线各杆单元之间也为铰接，与悬索结构的特性相吻合；绝缘子串与杆塔横担、绝缘子串与导线连接处为铰接接触，符合工程实际情况。

某 500 kV 输电线路某个耐张段架空输电线路塔线系统整体有限元模型如图 2-7 所示，其中图 2-7（a）为耐张段整体有限元模型，图 2-7（b）为耐张段有限元模型的局部放大，图 2-7（c）为构件连接模型。

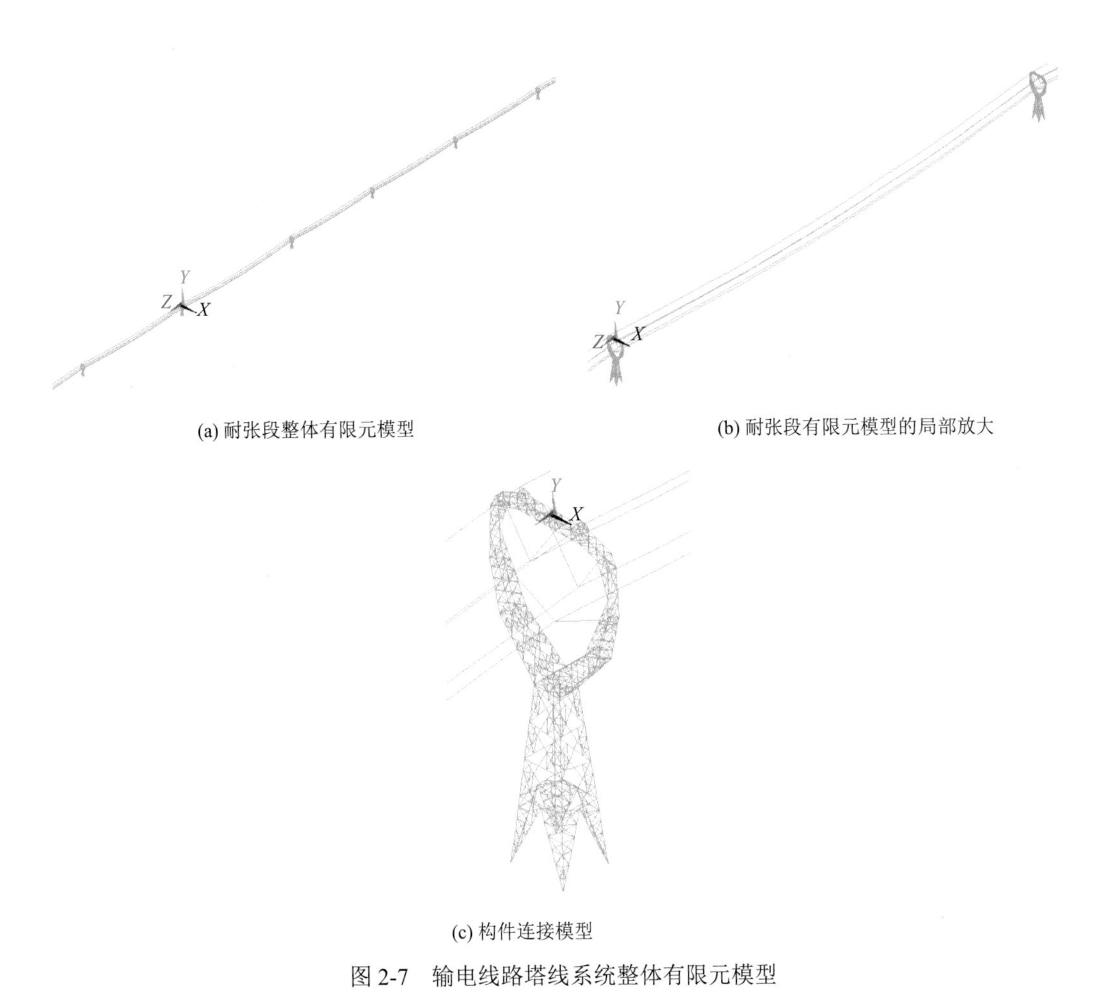

(a) 耐张段整体有限元模型

(b) 耐张段有限元模型的局部放大

(c) 构件连接模型

图 2-7　输电线路塔线系统整体有限元模型

2.3　导线系统找形方法

在正常工作情况下，导线内部的应力主要取决于它自身重力荷载的作用。当导、地线承受风荷载、冰荷载或者同时承受两种荷载的共同作用时，除由自身重力引起的位移和变形外，将会产生更大的位移和更加严重的变形，使得受力之后的形状和初始形状相差极大。当变形达到或超过一定范围时，导线会出现永久性形变，甚至破坏或断裂。导线在自重荷载的作用下形成的初始形状和应力状态，对于后期加其他形式荷载的作用后的形状和应力状态影响极大。因此，需要对导线系统进行初始找形分析，即通过调整导线建模时的初始构形，来使自重荷载作用下导线的构形、弧垂、应力状态等与预设值相同。

2.3.1　导线系统找形流程

国内外相关文献对找形方法的研究主要有两种：一种称为零位移法，这种方法通过反复更改模型的几何结构，并进行非线性静力分析，获得导、地线的最大位移矢量，当其值接近为零，并且方向一致时，该状态下的模型形态为施加外部荷载前的初始形态。但由于这种方法涉及非线性分析，塔线系统的几何不稳定性会产生结构的刚度奇异导致生成的刚度矩阵难以收敛，实现效率较低[17]。

第二种方法借鉴力密度法的思想[18]，通过给定单元原长，对松弛的悬索体系进行找形。该法从单索特性分析入手，直接推导外荷载与各节点坐标之间的关系，构建它们的基本方程，避免了刚度矩阵的建立，解决了计算的收敛性问题，但是该法针对的是曲线索单元而非直线杆单元。

在前人的研究基础上，作者提出了第三种找形方法——迭代修正法。图 2-8 为迭代修正法的流程图。

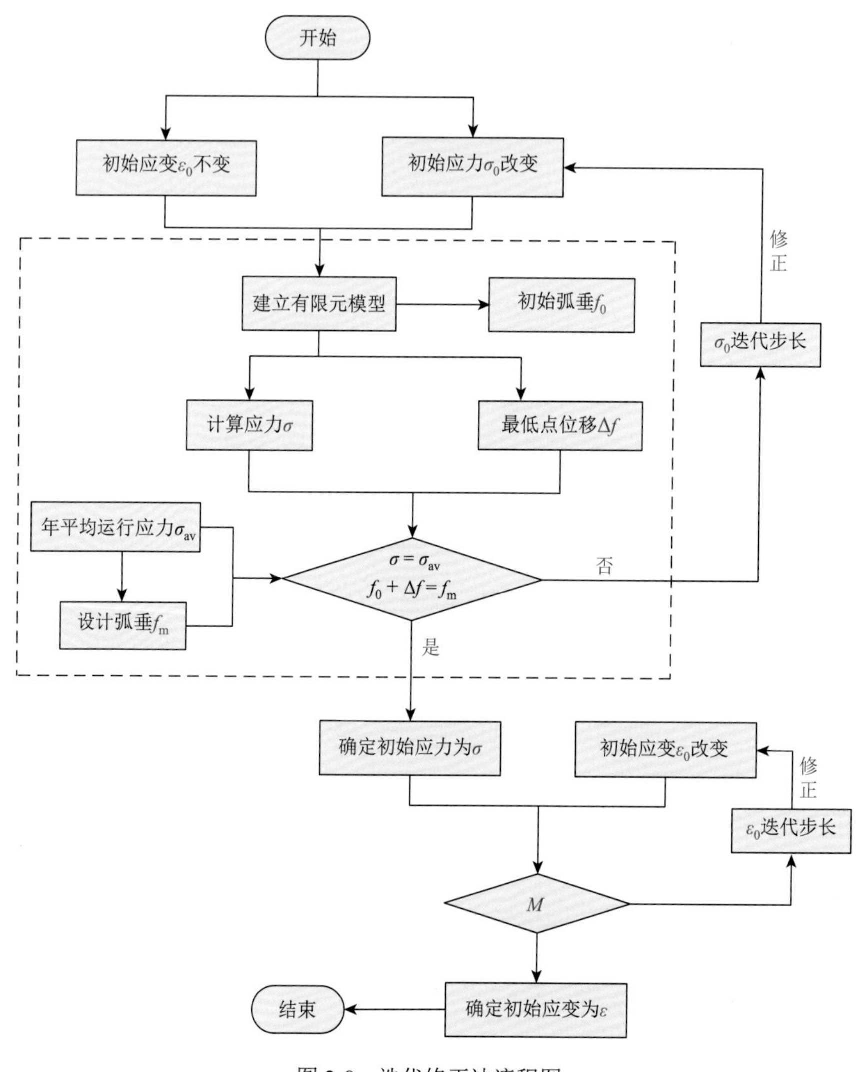

图 2-8　迭代修正法流程图

具体计算流程简述如下：

（1）给定水平档距和悬挂点高差，根据导、地线型号，以运行规范和实际经验为标准确定年平均运行应力σ_{av}；

（2）把年平均运行应力代入悬链线方程式中，计算出设计弧垂f_m；

（3）建立塔线系统的初始模型，设定合理的初始应变ε_0并定为恒值，以初始应力σ_0为变量，并假设此时弧垂为f_0；

（4）设定σ_0的迭代步长，对该初始模型进行重力求解，得出求解之后导线最低点位移Δf和导、地线应力值σ；

（5）通过对σ和σ_{av}、$\Delta f+f_0$与f_m的大小进行比较对初始应力σ_0进行修正，相差很大时则继续对σ_0进行迭代修正，直至σ和ζ_0、$\Delta f+f_0$与f_m之间的误差控制在合理的范围内，σ_0的迭代修正结束，此时重力求解后的导线应力和弧垂均与实际运行状态相差不大；

（6）更改模型的σ_0为修正后的σ，以初始应变ε_0为变量，设定ε_0的迭代步长，继续上述步骤，对ε_0进行修正，进一步减小导线应力和弧垂的计算误差，直至ε_0确定，整个迭代修正过程完毕，塔线系统的初始状态得到确定。

迭代修正法采用线性静力求解，不仅避免了刚度矩阵的奇异性，还适用于曲线索单元和直线杆单元，求解控制简单，实现容易。初始形态确定了的塔线系统在重力求解后能够最大限度地模拟线路实际运行状态，考虑了塔线之间的耦合作用，减小了其他工况下（存在冰荷载、风荷载等）有限元计算的误差。

2.3.2　找形计算示例

在正常工作情况下（无大风、无覆冰、正常温度），导线竖直方向上只承受重力荷载，为了保证导线将拥有良好的机械性能和满足电气要求，要求导线最低点的应力$\sigma_{h=0}$刚好等于导线的年平均运行应力σ_{av}，即$\sigma_{h=0}=\sigma_{av}$。

确定了$\sigma_{h=0}$之后，又已知导线的自重荷载，若给定档距和高差，将$\sigma_{h=0}$代入悬链线方程式中，就能确定导线上任一点的y方向位移，包括弧垂f_m。

导线型号选取 LGJ-340/35，则导线的年平均运行应力σ_{av}为 61.08 MPa，导线比载γ为31.09×10^3 N/m，档距为 400 m 时，对应最低点弧垂为 10.194 m。这里设置初始应力为 60 MPa，模型档距为 400 m，经计算得到最低点弧垂为 10.37 m，根据这个参数进行建模，预设导线的初始位置，激活重力，进行计算求解，可以获得重力下的导线位置和应力，根据计算获得的导线位移同实际弧垂之间的差异修正初始应力，重新计算最低点弧垂的位置，然后修正导线的轨迹，重新计算，以此类推，最终获得导线的初始位置，计算过程如表 2-2 所示。

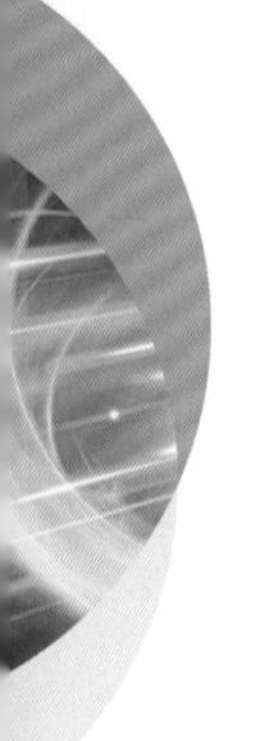

表 2-2　不同初始应力下初始最大弧垂计算表（$\gamma = 31.09\times10^3$ N/m，$\sigma_{av} = 61.08\times10^6$，$f_m = 10.194$）

计算步数	初始应力 σ_0 /MPa	初始最低点弧垂/m	最终应变 ε	应力 σ /MPa	最低点弧垂/m	应力误差/%
1	60	10.370	$7.778\,2\times10^{-4}$	50.550	12.431	−17.231
2	70	8.889	8.501×10^{-4}	55.250	11.417	−9.535
3	100	6.220	9.718×10^{-4}	63.168	9.842	3.420
4	90	6.911	9.382×10^{-4}	60.984	10.196	−0.157
5	91	6.836	9.419×10^{-4}	61.226	10.155	0.239
6	90.5	6.873	9.401×10^{-4}	61.105	10.175	0.0423

由表 2-2 可以看出，循环计算第 6 步即可实现收敛，找形计算结果为：最大弧垂误差为 0.186%，最大应力误差为 0.042 3%。

塔线系统的初始参数确定以后，就可以针对具体的线路结构，建立塔线系统精确的有限元力学仿真模型。根据塔线系统在特定自然环境下所承受的覆冰厚度、风速，转换为相应的冰荷载、风荷载，施加在杆塔和导线的节点上，设定边界条件，进行力学计算，获得塔线系统各个节点的应力、位移的计算结果。对这些结果进行提取和分析，就可以得出塔线系统在该覆冰厚度、风速的条件下，应力最大的部位，以及是否发生断线（导线应力大于拉断力）、杆塔损毁（钢结构材料屈服，发生大应变）的情况。

2.4　导线荷载等效加载方法

作用在塔线体系上的力统称为荷载。输电塔线体系最主要的组件包括杆塔和导、地线，这部分构件除受固有荷载（即自身重力荷载）的作用外，还要承受附加荷载（冰荷载、风荷载等）的作用，在进行仿真研究时必须准确施加荷载才能保证计算结果的精确性、有效性。

2.4.1　固有荷载施加

杆塔和导、地线处在重力场中，通过设置材料密度和重力加速度来模拟自重，工程中均取我国标准重力加速度 $g = 9.8$ m/s^2。

2.4.2　附加荷载施加

输电线路力学分析之中不可避免地需要考虑导线覆冰及风的作用。文献[19]指出，在研究输电线路覆冰时，均会遇到风荷载问题，覆冰越严重，风荷载越大。因此，本书的计算主要考虑冰荷载和风荷载，荷载均以集中力的形式加载到塔线系统的节点上。铁塔角钢、绝缘子和导、地线荷载的计算公式采用线路设计手册中的公式。

1. 导、地线风荷载计算

风作用于导、地线上产生的风荷载，并非简单的风压与电线受风面积的乘积，还要考虑到与风速大小和电压等级有关的风载调整系数，与导、地线平均高度相关的风速高度变化系数，风向与导线轴向间的夹角，与风速大小有关的风压不均匀系数，以及导、地线的体型系数等相关因素的影响[20-23]。导、地线水平档距为 l_H时，风荷载的计算公式表示如下：

$$W_x = 0.625\alpha\mu_{sc}\beta_c\mu_z(d+2\delta)l_H v^2 \times \sin^2\theta \times 10^{-3} \tag{2-3}$$

式中：W_x ——垂直于导线轴线的水平风荷载；α ——风压不均匀系数；μ_{sc}——导线体型系数；β_c——导线风荷载调整系数；μ_z ——风压高度变化系数；d——导线外径，mm；δ——导线覆冰厚度，mm；l_H——导线的水平方向距离，m；v ——线路规定基础高为 h_s 处的设计风速，m/s；θ ——风向与导线轴向间的夹角，(°)。

本书中将导线离散成单元形式进行数值计算，对导线风荷载宜采用单位荷载进行施加，当导线上有覆冰时，水平风向产生的垂直于导线方向上的单位风荷载用式（2-4）计算：

$$g_{1x} = 0.625\alpha\mu_{sc}\beta_c\mu_z(d+2\delta)v^2 \times \sin^2\theta \times 10^{-3},\quad \text{N/m} \tag{2-4}$$

类似地，沿导线方向上的单位风荷载用式（2-5）计算：

$$g_{1x} = 0.625\alpha\mu_{sc}\beta_c\mu_z(d+2\delta)v^2 \times \cos^2\theta \times 10^{-3},\quad \text{N/m} \tag{2-5}$$

上述式子中，与风速大小有关的风压不均匀系数α，导线风荷载调整系数 β_c，与导、地线平均高度相关的风压高度变化系数 μ_z，导线的受风体型系数 μ_{sc} 等取值参照《110 kV～750 kV 架空输电线路设计规范》（GB 50545—2010）[24]和《建筑结构荷载规范》（GB 50009—2012）[25]等相关标准和规程[26]，部分参数取值如表 2-3～表 2-6 所示。

表 2-3　电线风压不均匀系数 α

基准高度的风速 v/(m/s)	＜20	20≤v＜27	27≤v＜31.5	≥31.5
计算杆塔所受张力的风荷载时	1.0	0.85	0.75	0.7
校验电气间隙计算张力和风荷载时	1.0	0.75	0.61	0.61

表 2-4　电线受风体型系数 μ_{sc}

表面状况	无涂层时		有涂层时
电线外径 d/mm	d＜17	d≥17	不论 d 的大小
μ_{sc}	1.2	1.1	1.2

表 2-5　导线风荷载调整系数 β_c

基准高度的风速 v/(m/s)	<20	20≤v<30	30≤v<35	v≥35
β_c	1.0	1.1	1.2	1.3

表 2-6　风压高度变化系数 μ_z

离地面或海平面高度/m	地面粗糙度类别			
	A	B	C	D
5	1.09	1.00	0.65	0.51
10	1.28	1.00	0.65	0.51
15	1.42	1.13	0.65	0.51
20	1.52	1.23	0.74	0.51
30	1.67	1.39	0.88	0.51
40	1.79	1.52	1.00	0.60
50	1.89	1.62	1.10	0.69
60	1.97	1.71	1.20	0.77
70	2.05	1.79	1.28	0.84
80	2.12	1.87	1.36	0.91

对于平坦或稍有起伏的地形，风压高度变化系数应根据地面粗糙度类别按表 2-6 确定。地面粗糙度可分为 A、B、C、D 四类：A 类指近海海面和海岛、海岸、湖岸及沙漠地区；B 类指田野、乡村、丛林、丘陵以及房屋比较稀疏的乡镇和城市郊区；C 类指有密集建筑群的城市市区；D 类指有密集建筑群且房屋较高的城市市区。

因为地线较导线高，地线不带电，且地线比导线细而更容易覆冰，所以计算时地线覆冰取值比导线覆冰厚，一般取 4～6 mm 为宜。

2. 绝缘子风荷载计算

绝缘子的风荷载 F_J 按式（2-6）计算，即

$$F_J = n_1 n_2 A_p k_z \frac{v^2}{1.6}, \mathrm{N} \tag{2-6}$$

式中：n_1——单相导线所用的绝缘子串数；n_2——每串绝缘子的片数，其金具零件按加一片绝缘子后的受风面积计算；A_p——每片绝缘子的受风面积；k_z——风压高度变化系数；v——计算风速，m/s。

3. 杆塔风荷载计算

根据资料可知，与风向相垂直的结构物表面相作用的风荷载可使用式（2-7）进行计算，即

$$F_{\mathrm{t}} = kk_Z k_{\mathrm{T}} A_{\mathrm{c}} \frac{v^2}{1.6}, \mathrm{N} \tag{2-7}$$

式中：k——风荷载体型系数；k_Z——风压高度变化系数；k_{T}——杆塔风荷载调整系数；A_{c}——杆塔挡风面积；v——计算风速，m/s。

4. 导、地线冰荷载计算

单位长度导、地线覆冰重力单位荷载计算按式（2-8）计算：

$$g_3 = 9.8 \times 0.9\pi\delta(d+\delta) \times 10^{-3}, \mathrm{N/m} \tag{2-8}$$

式中：δ——导线覆冰厚度，mm；d——导线外径，mm。覆冰密度取标准密度 0.9 g/cm^3。地线覆冰重力单位荷载计算方式与导线相同。

计算时，导、地线覆冰厚度应取不同的值。按照规程要求，地线覆冰厚度比导线覆冰厚度大 5 mm。

5. 杆塔冰荷载计算

输电杆塔节点 i 上的冰荷载为

$$F_i = \frac{1}{2}\sum_{j=1}^{n} \rho g \left(\frac{\pi}{4} h_Z D^2\right) l_j, \mathrm{N} \tag{2-9}$$

式中：n——构件连接点处所连接的构件数目；ρ——覆冰的密度；g——重力加速度；h_Z——覆冰直径随高度变化系数，本节考虑均匀覆冰，即取 $h_Z = 1$；D——覆冰的直径；l_j——单个构件的长度。

2.4.3　自由度约束

在输电线路塔线系统力学计算中，一般假设杆塔底部四点与基础稳固连接，杆塔腿部与基础连接点的位移在线路运行中不发生变化。因此，在有限元分析中，需固定三个坐标方向上的全部平动和转动自由度。此外，对于一个耐张区段，耐张塔起到了导线张力的隔绝作用，因此需对两侧导、地线和耐张段连接处节点全部自由度进行约束。

某耐张段有限元模型导线冰、风荷载施加及自由度约束示意图如图 2-9 所示。

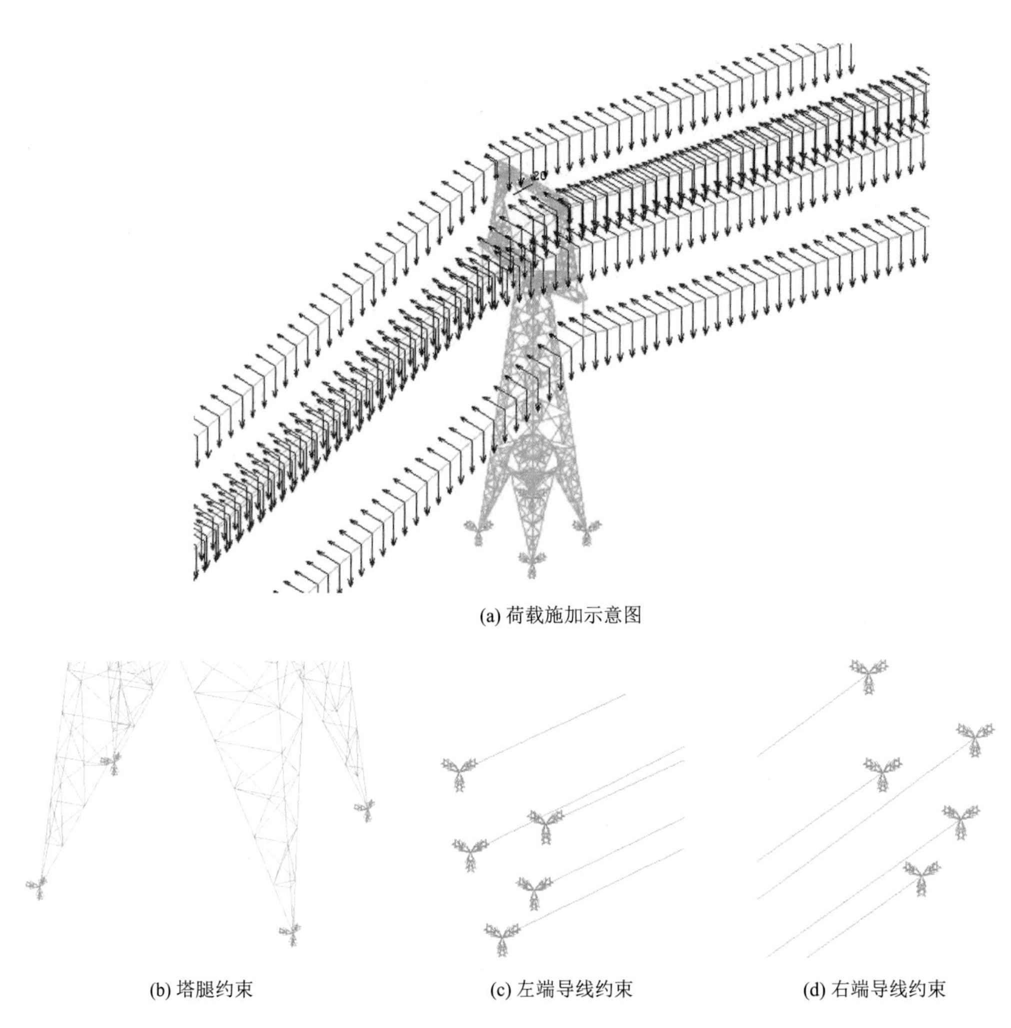

(a) 荷载施加示意图

(b) 塔腿约束　(c) 左端导线约束　(d) 右端导线约束

图 2-9　输电线路塔线系统荷载及自由度约束示意图

2.5　塔线系统非线性静力分析方法

2.5.1　结构非线性分析理论

结构分析分为线性分析与非线性分析，线性分析认为结构的位移与荷载呈线性关系，荷载消失后结构将恢复到初始状态。对于线性运动的结构，建立平衡方程时可以依据原来的初始位置和几何形状，并应用叠加原理。但对于输电导线体系，它属于典型的悬索结构，具有很强的结构非线性特点[27, 28]。对于像输电线路这样的结构，在激振力或外界风荷载作用下，不会出现很大的应变，但结构的变形往往较大，特别是对于档距较大的高压输电线路，覆冰、舞动过程中位移较大，导线的伸长量与导线内拉力不成正比，大变形问题也更加突出。因此，导线静、动力分析中的几何非线性问题属于大位移小应变问题，而材料的应力应变关系可以认为是线性的[29-31]。

考虑结构几何非线性的有限元计算方法是工程分析中的热点。现有的商用有限元软件，如 ANSYS 和 ABAQUS 等，在结构有限元静、动力结构仿真领域都有大量的应用，在计算的可靠性和准确性上得到了广泛的认可。塔线系统非线性有限元理论的研究已经越来越成熟，计算机技术的不断发展及其与有限元理论的结合，使得工程实践中的大量非线性问题的求解变得相对简单。在平衡方程、本构方程、几何方程的力学理论的基本方程中，如果其中的任何一个方程存在非线性项，最终都有可能产生非线性现象。在对很多实际工程中复杂模型的分析过程中，只考虑结构的线性理论有时并不能完全解决工程结构的刚度问题，必须通过非线性理论的相关知识来解决这些问题。对输电杆塔力学特性分析是基于不断增加外荷载的作用，以分析杆塔产生的很大变形，杆塔也由弹性阶段转换为塑性阶段。因此，对输电杆塔体系只有进行非线性有限元分析才能保证塔线系统力学特性分析的准确性。

输电线路杆塔受力分析属于结构强度问题，满足弹性力学基本方程。弹性力学也称为弹性理论，主要研究弹性体在外力作用或温度变化等外界因素下所产生的应力、应变和位移，从而解决结构或机械设计中所提出的强度或刚度问题，弹性力学控制方程包括平衡微分方程组（2-10）和材料本构方程组（2-11）。

$$\begin{cases}\dfrac{\partial \sigma_x}{\partial x}+\dfrac{\partial \tau_{yx}}{\partial y}+\dfrac{\partial \tau_{zx}}{\partial z}+X=0\\[2mm]\dfrac{\partial \tau_{xy}}{\partial x}+\dfrac{\partial \sigma_y}{\partial y}+\dfrac{\partial \tau_{zy}}{\partial z}+Y=0\\[2mm]\dfrac{\partial \tau_{xz}}{\partial x}+\dfrac{\partial \tau_{yz}}{\partial y}+\dfrac{\partial \sigma_z}{\partial z}+Z=0\end{cases} \tag{2-10}$$

$$\begin{cases}\varepsilon_x=\dfrac{1}{E}\left[\sigma_x-\upsilon(\sigma_y+\sigma_z)\right]\\[2mm]\varepsilon_y=\dfrac{1}{E}\left[\sigma_y-\upsilon(\sigma_x+\sigma_z)\right]\\[2mm]\varepsilon_z=\dfrac{1}{E}\left[\sigma_z-\upsilon(\sigma_x+\sigma_y)\right]\\[2mm]\gamma_{yz}=\dfrac{2(1+\upsilon)}{E}\tau_{yz}\\[2mm]\gamma_{xz}=\dfrac{2(1+\upsilon)}{E}\tau_{xz}\\[2mm]\gamma_{xy}=\dfrac{2(1+\upsilon)}{E}\tau_{xy}\end{cases} \tag{2-11}$$

式中：σ_x、σ_y、σ_z、τ_{yz}、τ_{xz}、τ_{xy}——应力分量；X、Y、Z——单位体积的体力在3个坐标方向的分量；ε_x、ε_y、ε_z、γ_{yz}、γ_{xz}、γ_{xy}——应变分量，表示物体受力形变后，其内任一点位移与应变的关系；E 和 υ——弹性模量和泊松比，满足胡克定律。针对具体的塔线结构体系，基于以上两组方程，采用有限元法建立实体模型，定义材料属性，以系统直接受力和初始应变为已知量，得到各节点的受力、位移、应力等未知变量，依次判断系统的可靠性。

输电线路杆塔结构几何非线性所具有的共同特点是：杆塔在外荷载作用下发生了大变形，导致力学状态改变。它的基本特征是：在考虑杆塔大变形后，使得变形机构的位移和应变出现非线性关系，需要在变形后的位置上建立平衡方程。输电线路杆塔构件在不同的荷载作用下，构件的某些节点将发生位移的变化，从而引起构件荷载移动的变化，也就是说，与该构件节点相互连接的构件作用方向的变化是由于构件荷载的移动而产生的；与此同时，构件荷载的变化会产生输电杆塔其他相互作用的节点间的弯矩、位移等物理量参数的变化。构件节点位移的大变化会引起荷载对有限元模型结构的应力、应变的产生，因此研究输电线路塔线系统有限元模型的几何非线性对静、动力学的分析是至关重要的。输电铁塔的构件为钢材，在钢材屈服时材料会由线性阶段进入非线性区，钢构应力与应变关系不再满足胡克定律，所以在铁塔荷载的分析过程中需要考虑到钢构材料的塑性，进行非线性分析。

输电杆塔属于柔性的高耸结构，其刚度较小，在正常的设计荷载作用下，其塔顶结构的几何形状变化非常显著。从有限元的角度来说，节点坐标随荷载的增量变化较大，各单元的长度、倾角等几何特性也相应产生较大的改变，结构刚度矩阵成为几何形变的函数，因此平衡方程不再是线性关系，小变形理论中的叠加原理已不再适用。解决问题的途径是在计算应力及反力时考虑节点位移的影响，即位移理论。平衡方程是根据变形后的空间坐标得到的，荷载与节点位移不再保持线性关系，结构内力与外荷载之间的正比关系也不再适用。由于结构的大变形，杆件上产生了与荷载增加量不成正比的附加应力。根据结构初始几何状态，采用线性分析的方法求出结构内力和节点位移，然后对节点空间坐标和各单元的刚度矩阵加以修正，再用杆件变形后的刚度矩阵和节点位移求出端点的作用力。杆件变形前后刚度发生变化，在节点上会产生不平衡荷载，将此不平衡荷载作为外荷载作用于节点上重新计算节点位移，反复迭代直到不平衡荷载小于允许范围为止[32]。若在迭代过程中不平衡荷载逐渐发散，则表示输电杆塔结构到达破坏极限。

2.5.2 非线性方程求解

输电线路塔线系统非线性问题的求解通常分为三个操作级别：子步（substep）、荷载步（load step）、平衡迭代（equilibrium iteration），图2-10说明了一段用于非线性分析的典型的荷载时间曲线。

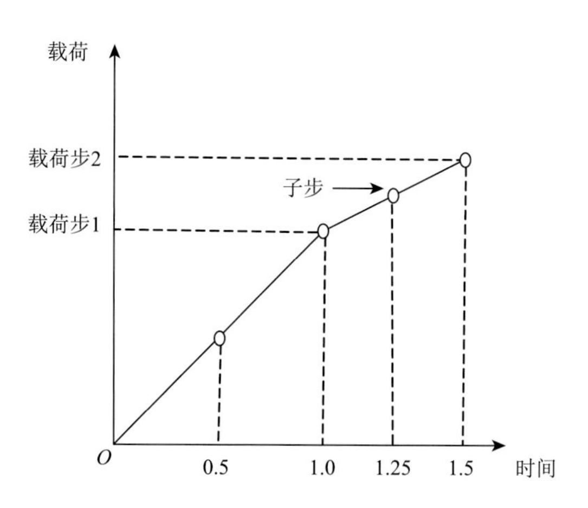

图 2-10　时间、子步及荷载步典型图

考虑输电导线系统的几何非线性，其静、动力平衡方程都应建立在结构变形后的构形上，因此结构刚度矩阵随导线节点位移的变化而变化，无法直接进行计算。在每一步计算中需要依据节点位移计算结果对刚度矩阵进行修正和迭代，即平衡迭代过程。一般采用牛顿-拉弗森（Newton-Raphson，N-R）算法进行非线性平衡方程的求解。

首先将外荷载 P 加载到结构上，采用结构变形前的切线刚度计算节点位移，依据位移计算结果更新节点坐标，计算系统内力。由于变形前后的结构刚度发生了变化，系统内力与外荷载出现差值，将不平衡荷载作为节点荷载施加在导线节点上，计算出相对于变形后的节点位移，反复迭代使得导线节点位移逐渐逼近真实值，当计算结果满足收敛准则时，停止迭代[33]。收敛准则可以选择位移、力矩、力等单项或组合，根据选择的不同提供相对容量和绝对容量，设定其收敛的容许值。非线性分析时通常采用三种收敛准则：位移收敛准则、能量收敛准则和不平衡力收敛准则。若单独使用一种收敛准则，则容易出错。

N-R 算法迭代示意图如图 2-11 所示。R 为每次迭代产生的不平衡荷载，P 为外荷载，K 为每次迭代的切线刚度矩阵。

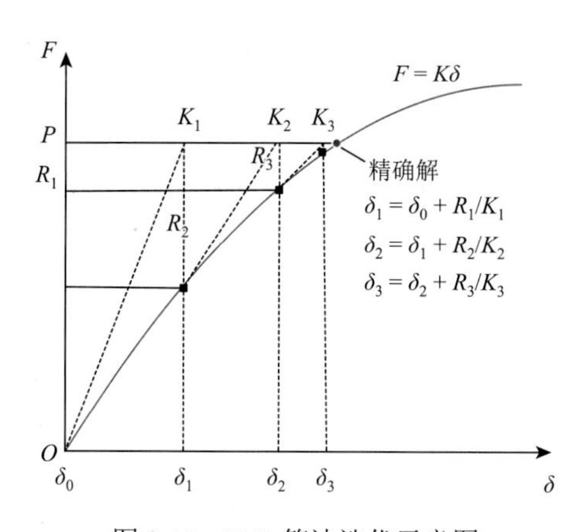

图 2-11　N-R 算法迭代示意图

2.6 塔线系统非线性动力分析方法

2.6.1 塔线系统动力分析基本理论

简单地说，在基本概念上，塔线系统动力仿真分析与静力有限元法类似，但此时不仅要考虑结构所受的外荷载，还要考虑由结构运动引起的惯性力和阻尼力。运动状态中各节点的动力平衡方程如下：

$$M\ddot{\delta}(t)+C\dot{\delta}(t)+K\delta(t)=F(t) \tag{2-12}$$

因此在对导线系统进行动力响应分析时，除了要考虑结构刚度矩阵 K，还需要考虑系统的质量矩阵 M 和阻尼矩阵 C。

对于刚度矩阵 K，仍与静力分析中的刚度矩阵一致，由单元刚度矩阵按常规方法组合而成，单元刚度矩阵为弹性刚度矩阵与应力刚度矩阵之和：

$$\left[K\right]^{\mathrm{e}}=\left[K\right]_0^{\mathrm{e}}+\left[K\right]_\sigma^{\mathrm{e}} \tag{2-13}$$

对于质量矩阵 M，由单元质量矩阵按常规方法组合而成。一般采用一致质量矩阵（也称为协调质量矩阵），表达式为

$$\left[M\right]^{\mathrm{e}}=\int_{V_{\mathrm{e}}}\rho N^{\mathrm{T}}N\mathrm{d}V \tag{2-14}$$

式中：ρ——材料密度；N——插值函数。其导出原理及采用的位移插值函数与导出刚度矩阵时一致，因而称为一致质量矩阵。

对于阻尼矩阵 C，动力学方程中的阻尼项代表系统在运动中耗散的能量。产生阻尼的原因是多方面的，通常用等效黏滞阻尼来代替各种阻尼力，假定的黏滞阻尼在振动一周所产生的能量耗散与实际阻尼相同。认为固体材料的阻尼与黏滞流体中的黏滞阻尼相似，阻尼力与运动速度或应变速度呈线性关系。一般采用瑞利（Rayleigh）阻尼来描述覆冰导线的阻尼，即在一定频率范围内，阻尼可以分解为两部分，分别与刚度矩阵和质量矩阵成比例，即

$$C=\alpha_{\mathrm{d}}M+\beta_{\mathrm{d}}K \tag{2-15}$$

式中：α_{d} 和 β_{d}——质量阻尼系数和刚度阻尼系数，一般是与材料和结构有关的常数。具体数值通过式（2-16）计算：

$$\alpha_{\mathrm{d}}=\frac{2\omega_i\omega_j(\zeta_i\omega_j-\zeta_j\omega_i)}{\omega_j^{\ 2}-\omega_i^{\ 2}},\quad \beta_{\mathrm{d}}=\frac{2(\zeta_j\omega_j-\zeta_i\omega_i)}{\omega_j^{\ 2}-\omega_i^{\ 2}} \tag{2-16}$$

式中：ω_i、ω_j——结构的第 i 阶和第 j 阶固有频率；ζ_i、ζ_j——对应的第 i 阶和第 j 阶振型的阻尼比。对于输电线路舞动问题，前几阶振型的贡献最为明显，因此一般可取线路前两阶模态频率和阻尼比计算，即 $i=1$，$j=2$。本章根据文献[34]和[35]的结果，认为裸导线的阻尼为临界阻尼的 2%，覆冰导线则取临界阻尼的 10%。

通常，静力分析只研究问题的终态，而动力分析研究系统的动力学过程。不同于结构动力学，多体系动力学常需要考虑结构大范围运动和结构柔性变形的耦合，在计算和试验上都有一定的难度。

输电线路塔线系统中的静力分析可以理解为塔线系统受不变力时分裂导线静平衡构形和张力分布计算，以及杆塔的压应力及由此产生的形变，运用解析计算和数值计算方法，可为线路防覆冰过荷载设计提供一定的理论依据[36]。

动力分析理解为塔线系统受变力作用时导线舞动或导线脱冰、断线时导线杆塔的动力响应问题，塔线动力受到风振系数、线路结构参数和温度等的影响，属于非线性时变分析。导、地线的应力增大，间接影响弧垂和线长；当温度发生变化时，直接导致线长胀缩，引起应力变化，导致弧垂、线长发生变化；风速和覆冰又影响绝缘子的偏斜大小，挂点间的档距大小和高差，而这又直接影响导、地线的弧垂和线长。总而言之，导、地线的受力状况和形状是时刻发生变化的，当某参数发生改变时，其他参数值也会重新分布。

2.6.2　时间积分算法

结构运动方程（2-12）的求解方法有振型叠加法和直接积分法两大类[37]。振型叠加法是以各阶振型为广义坐标，逐个求出各阶模态坐标的响应、叠加结构的各阶响应，从而得到总响应。但若在模拟中存在非线性，则分析中固有频率会发生明显的变化，振型叠加法将不再适用，因而其无法应用于具有强几何非线性的输电导线系统。

在这种情况下，需要对动力平衡方程直接进行积分。直接积分法的基本思路是：在相隔 Δt 的一些离散点上而不是在任何时刻 t 下满足运动方程，在每一个时间区域内假定位移、速度和加速度的变化规律来得到运动方程的解。直接积分法依据差分格式的不同又分为隐式差分法和显式差分法。显式差分法就是可以由前一时刻 t 的计算结果直接求得下一时刻 $t+\Delta t$ 的结果，最具代表的是中心差分法。隐式差分法则必须在每一时刻都求解方程，威尔逊（Wilson）θ 法和纽马克（Newmark）β 法属于隐式差分法[38]。

隐式差分法的特点是：

（1）对于线性问题无条件稳定，容易收敛，但对于非线性问题可能出现迭代不收敛；

（2）时间步长取决于模型的最高频率，没有稳定时间增量限制；

（3）可能占用大量磁盘空间和内存；

（4）适合静力问题、低频动力问题及特征值分析。

显式差分法的特点是：

（1）方程非耦合，可以直接求解，但容易发散，需要复杂算法选择来控制；

（2）能够分析各种复杂的接触问题；

（3）时间步长取决于单元尺寸和波速，因此取值往往很小，有稳定时间增量限制；

（4）不需要求解线性方程组，所以所需磁盘空间和内存较小；

（5）适合求解冲击、穿透等高频非线性动力响应问题。

本书分别介绍一种隐式差分法和显式差分法进行导线振动计算过程中的时间积分，其中隐式差分法采用常规的纽马克 β 法，显式差分法采用四阶龙格-库塔（Runge-Kutta，R-K）法[39]。

1. 纽马克 β 法计算结构动力响应

纽马克 β 积分格式可以看作线性加速度方法的推广。纽马克 β 法所采用的假设为

$$\dot{\delta}_{t+\Delta t}=\dot{\delta}_t+\left[(1-\beta)\ddot{\delta}_t+\beta\ddot{\delta}_{t+\Delta t}\right]\Delta t \tag{2-17}$$

$$\delta_{t+\Delta t}=\delta_t+\dot{\delta}_t\Delta t+\left[\left(\frac{1}{2}-\alpha\right)\ddot{\delta}_t+\alpha\ddot{\delta}_{t+\Delta t}\right]\Delta t^2 \tag{2-18}$$

式中：δ_t、$\dot{\delta}_t$、$\ddot{\delta}_t$——t 时刻下系统的位移、速度和加速度列向量；$\delta_{t+\Delta t}$、$\dot{\delta}_{t+\Delta t}$、$\ddot{\delta}_{t+\Delta t}$——$t+\Delta t$ 时刻下系统的位移、速度和加速度列向量。参数 α 和 β 依据积分的精度和稳定性要求来确定，当取 $\alpha=0.25$，$\beta=0.5$ 时，该算法无条件稳定，称为平均加速度法。

式（2-18）可写为

$$\ddot{\delta}_{t+\Delta t}=\frac{1}{\alpha\Delta t^2}(\delta_{t+\Delta t}-\delta_t)-\frac{1}{\alpha\Delta t}\dot{\delta}_t-\left(\frac{1}{2\alpha}-1\right)\ddot{\delta}_t \tag{2-19}$$

将式（2-17）和式（2-19）代入 $t+\Delta t$ 时刻下系统的运动方程，可得

$$\begin{aligned}\left(\frac{1}{\alpha\Delta t^2}M+\frac{\beta}{\alpha\Delta t}C+K\right)\delta_{t+\Delta t}=F_{t+\Delta t}&+\left[\left(\frac{1}{2\alpha}-1\right)M+\frac{\Delta t}{2}\left(\frac{\beta}{\alpha}-2\right)C\right]\ddot{\delta}_t\\&+\left[\frac{1}{\alpha\Delta t}M+\left(\frac{\beta}{\alpha}-1\right)C\right]\dot{\delta}_t+\left(\frac{1}{\alpha\Delta t^2}M+\frac{\beta}{\alpha\Delta t}C\right)\delta_t\end{aligned} \tag{2-20}$$

因此对于每一时间步，已知 δ_t、$\dot{\delta}_t$、$\ddot{\delta}_t$，首先形成 t 时刻下的刚度矩阵 K、质量矩阵 M 和阻尼矩阵 C，计算有效刚度矩阵 $\bar{K}$：

$$\bar{K}=K+\frac{M}{\alpha\Delta t^2}+\frac{\beta C}{\alpha\Delta t} \tag{2-21}$$

依据 $t+\Delta t$ 时刻下的外荷载，形成有效载荷向量 $\bar{F}_{t+\Delta t}$：

$$\bar{F}_{t+\Delta t}=F_{t+\Delta t}+\left[\frac{\delta_t}{\alpha\Delta t^2}+\frac{\dot{\delta}_t}{\alpha\Delta t}+\left(\frac{1}{2\alpha}-1\right)\ddot{\delta}_t\right]M+\left[\frac{\beta\delta_t}{\alpha\Delta t}+\left(\frac{\beta}{\alpha}-1\right)\dot{\delta}_t+\frac{\Delta t}{2}\left(\frac{\beta}{\alpha}-2\right)\ddot{\delta}_t\right]C \tag{2-22}$$

对于线性结构体系，可直接求解 $t+\Delta t$ 时刻的位移列向量：

$$\delta_{t+\Delta t}=\bar{K}^{-1}\bar{F}_{t+\Delta t} \tag{2-23}$$

但对于输电导线系统，系统内力 R 不能简单地由刚度矩阵 K 与位移 $\delta_{t+\Delta t}$ 相乘得到，因此式（2-23）改写为

$$R+\frac{M}{\alpha\Delta t^2}\delta_{t+\Delta t}+\frac{\beta C}{\alpha\Delta t}\delta_{t+\Delta t}=\bar{F}_{t+\Delta t} \tag{2-24}$$

式中，导线系统内力 R 依据 CR 列式法进行计算，左端第 2 项和第 3 项分别为系统质量等效力项 F_M 和阻尼等效力项 F_C。刚度矩阵 K、质量矩阵 M 和阻尼矩阵 C 都随着节点位移变化而变化，因此式（2-24）的求解过程需采用 N-R 算法进行迭代求解。迭代计算收敛后，依次依据式(2-17)和式(2-18)计算 $t+\Delta t$ 时刻下加速度向量 $\ddot{\delta}_{t+\Delta t}$ 和速度向量 $\dot{\delta}_{t+\Delta t}$，即可完成 $t+\Delta t$ 时刻求解。

基于纽马克 β 法的输电线路塔线系统动力分析计算流程如图 2-12 所示。

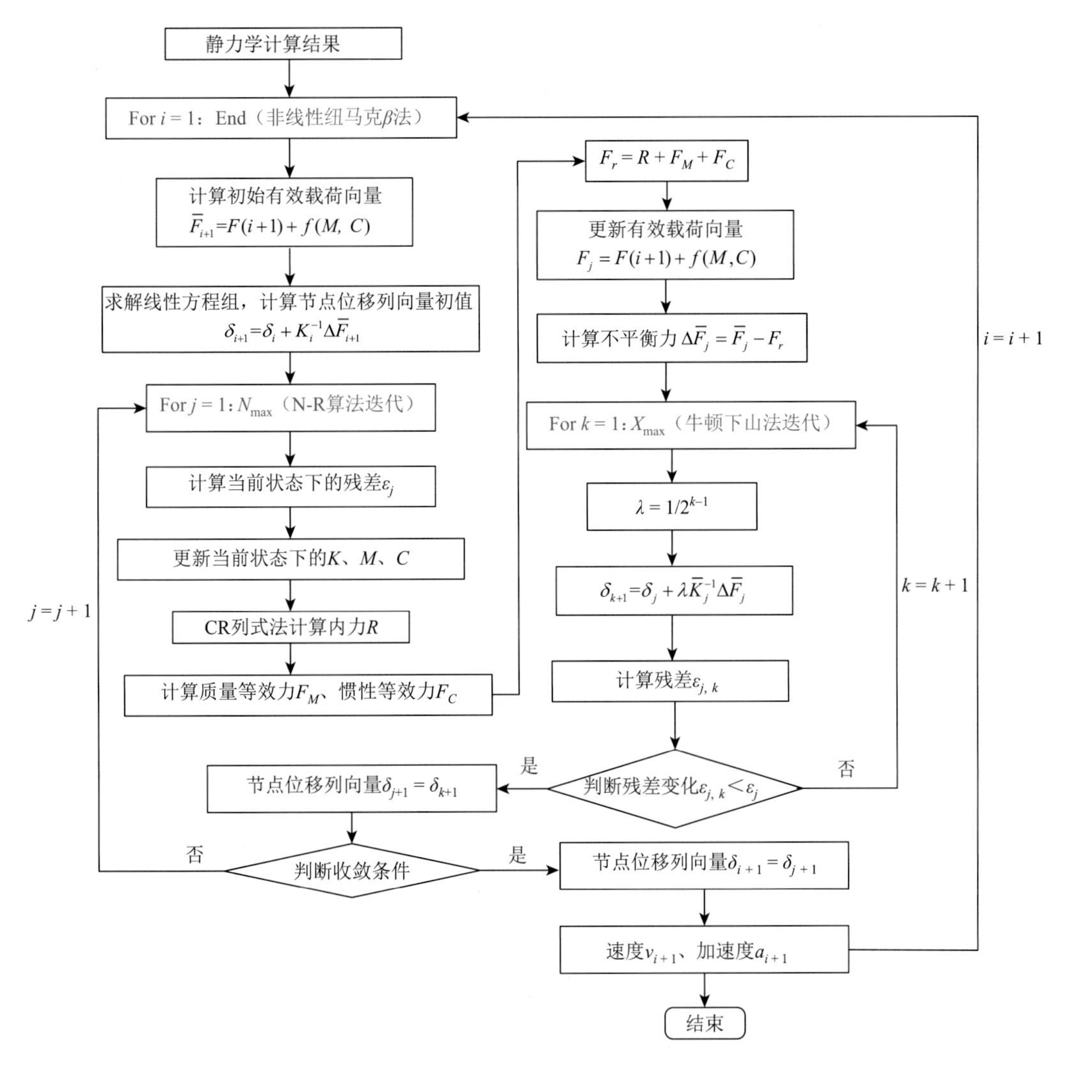

图 2-12　基于纽马克 β 法的输电线路塔线系统动力分析计算流程

2. 四阶 R-K 法计算结构动力响应

R-K 法属于显式时间积分，容易收敛，适用于求解冲击性的非线性动力问题，通过

选择合适的时间步长可得到较高的计算精度。

针对动力方程式，可将二阶微分方程组降为一阶微分方程组：

$$\dot{\delta} = v \tag{2-25}$$

$$\dot{v} = M^{-1}(F - Cv - K\delta) \tag{2-26}$$

令待求列向量为

$$\boldsymbol{Y} = \begin{bmatrix} \delta \\ v \end{bmatrix} \tag{2-27}$$

右端项 $f(t, \boldsymbol{Y})$ 由方程（2-25）和式（2-26）右端的各项计算。

基于四阶 R-K 法的输电线路塔线系统动力计算流程如图 2-13 所示。

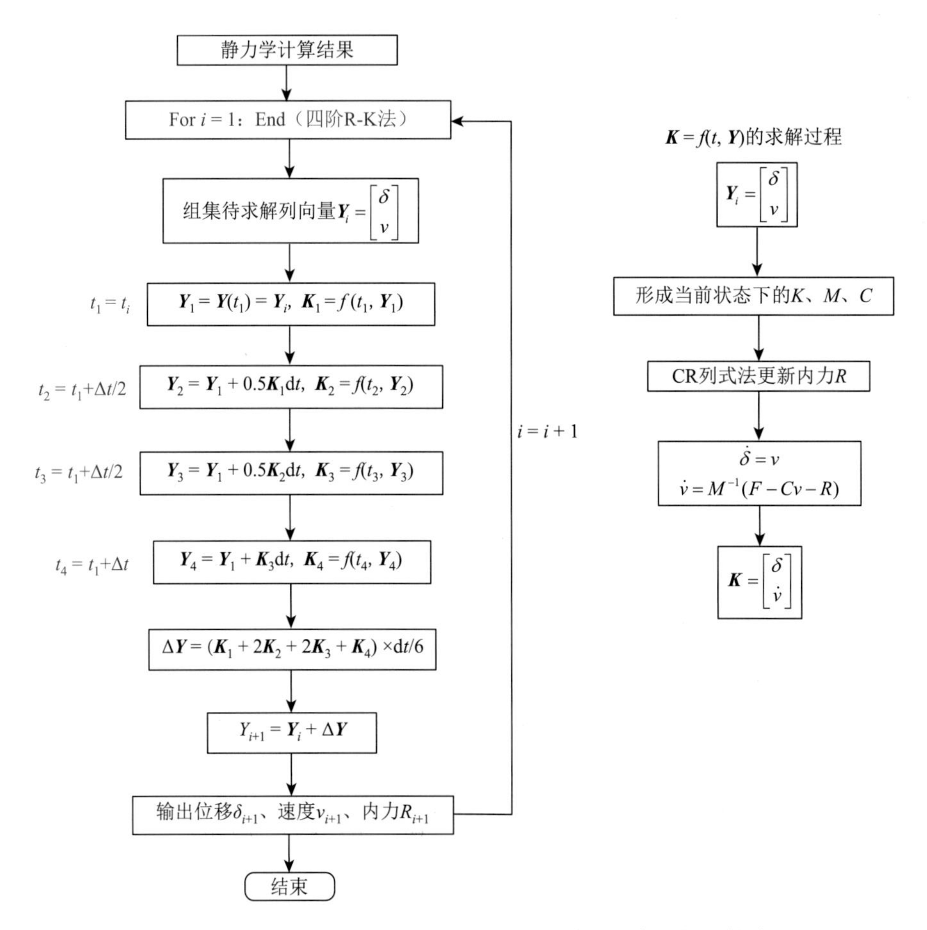

图 2-13　基于四阶 R-K 法的输电线路塔线系统动力分析计算流程

基于四阶 R-K 法的输电线路塔线系统动力分析计算流程可简述如下：

（1）将输电导线系统静力学计算结果作为 0 时刻的输入参数，以固定时间步长 dt 开始时间积分计算。

（2）对于第 i 步时间积分，将当前时刻 t 各节点的位移和速度组集为列向量 $\boldsymbol{Y}_1$。依据位移将有限元模型各个节点从建模位置更新到当前迭代步位置，更新系统总体刚度矩阵 K、质量矩阵 M 和阻尼矩阵 C。采用 CR 列式法计算导线系统节点内力列向量 R。代入式（2-25）和式（2-26）计算节点位移和速度的一阶导数，组集为列向量 $\boldsymbol{K}_1$。

（3）计算列向量 $\boldsymbol{Y}_2$：

$$\boldsymbol{Y}_2 = \boldsymbol{Y}_1 + 0.5\boldsymbol{K}_1 \mathrm{d}t \tag{2-28}$$

依据 $\boldsymbol{Y}_2$ 计算节点位移和速度的一阶导数，并组集为列向量 $\boldsymbol{K}_2$，过程与步骤（2）相同。

（4）计算列向量 $\boldsymbol{Y}_3$：

$$\boldsymbol{Y}_3 = \boldsymbol{Y}_1 + 0.5\boldsymbol{K}_2 \mathrm{d}t \tag{2-29}$$

依据 $\boldsymbol{Y}_3$ 计算节点位移和速度的一阶导数，组集为列向量 $\boldsymbol{K}_3$，过程同上。

（5）计算列向量 $\boldsymbol{Y}_4$：

$$\boldsymbol{Y}_4 = \boldsymbol{Y}_1 + \boldsymbol{K}_3 \mathrm{d}t \tag{2-30}$$

依据 $\boldsymbol{Y}_3$ 计算节点位移和速度的一阶导数并组集为列向量 $\boldsymbol{K}_4$，过程同上。

（6）计算 t 时刻至 $t+\mathrm{d}t$ 时刻位移和速度的增量 $\Delta\boldsymbol{Y}$，并叠加至列向量 $\boldsymbol{Y}_1$ 即可得到 $t+\mathrm{d}t$ 时刻导线各节点的位移和速度：

$$\boldsymbol{Y}_{i+1} = \boldsymbol{Y}_i + \frac{\mathrm{d}t}{6}(\boldsymbol{K}_1 + 2\boldsymbol{K}_2 + 2\boldsymbol{K}_3 + \boldsymbol{K}_4) \tag{2-31}$$

（7）输出当前时刻各节点的速度、位移、单元内力等，返回步骤（2）继续进行时间积分计算直至时间达到设定值，循环终止，计算完成。

2.7　本 章 小 结

输电线路塔线系统有限元模型的建立是开展线路力学分析的基础。本章主要介绍了输电杆塔、导线及绝缘子串的建模方法和流程，提出了导线系统找形分析方法及荷载等效加载方法，最后介绍了塔线系统非线性静、动力有限元分析方法及原理。

（1）一般采用梁单元来模拟输电杆塔的构件。输电导、地线只具有拉伸刚度，受压后刚度消失性能决定采用具有非线性、应力刚化、大变形功能的杆单元进行模拟最理想。

（2）提出了基于迭代修正法的输电线路找形分析方法。迭代修正法以重力求解后的导、地线应力与其年平均运行应力之差、初始弧垂加上位移之和与设计弧垂之差为判据，通过迭代法来修正导、地线的初始应力和初始应变，从而使塔线系统在重力求解后的状态与线路正常运行状态一致。

（3）导线系统静、动力分析中的几何非线性问题属于大位移、小应变问题，小变形问题中的叠加原理不再适用，因此一般采用 N-R 算法进行非线性平衡方程的迭代求解。输电线路动力分析不仅要考虑结构所受的外荷载，还要考虑由结构运动引起的惯性力和阻尼力。本章分别介绍了基于纽马克 β 法的输电线路塔线系统动力分析计算方法和基于四阶 R-K 法的输电线路塔线系统动力分析方法。

参 考 文 献

[1] 陈祥和，刘在国，肖琦. 输电杆塔及基础设计[M]. 北京：中国电力出版社，2008.

[2] 中国电力科学研究院. 架空输电线路杆塔覆冰破坏及防治[M]. 北京：中国电力出版社，2013.

[3] 刘树堂. 输电杆塔结构及其基础设计[M]. 北京：中国水利水电出版社，2005.

[4] 祝贺，王德弘. 输电杆塔结构设计[M]. 北京：中国电力出版社，2018.

[5] 刘洪义，李正良，黄祖林. 输电塔角钢构件受压稳定承载力研究[J]. 建筑钢结构进展，2021，23（12）：47-55.

[6] 郭勇，沈建国，应建国. 输电塔组合角钢构件稳定性分析[J]. 钢结构，2012，27（1）：11-16.

[7] 黄忠文. 弹塑性力学有限元法及 ANSYS 应用[M]. 武汉：湖北科学技术出版社，2011.

[8] 吴剑霞. 输电线路覆冰灾害的防护[J]. 农村电气化，2008，253（6）：21-23.

[9] 刘纯，胡彬. 输电线路覆冰失效分析[J]. 湖南电力，2008，28（1）：6-8.

[10] 李义强，张彦兵，杨丽. ANSYS 中准确施加斜拉桥索力方法的研究[J]. 研究与设计，2006（1）：23-25.

[11] 高飞，陈淮，杨磊，等. 部分斜拉桥力学性能分析[J]. 郑州大学学报（工学版），2005，26（1）：54-56.

[12] 张琳琳，谢强，李杰. 输电线路多塔耦联体系的风致动力响应分析[J]. 防灾减灾工程学报，2006，26（3）：261-267.

[13] 李雪，李宏男，黄连壮. 高压输电线路覆冰倒塔非线性屈曲分析[J]. 振动与脉冲，2009，28（5）：111-114.

[14] 沈世钊，徐崇宝，赵臣，等. 悬索结构设计[M]. 北京：中国建筑工业出版社，2006.

[15] 彭迎，阮江军. 模拟电荷法计算特高压架空线路 3 维工频电场[J]. 高电压技术，2006，32（12）：69-74.

[16] 严跃成，龚守远，邱秀云. 输电线路覆冰对电力网的影响及危害分析[J]. 水力发电，2008，34（11）：

95-97.

[17] 刘云，钱振东，夏开全，等. 鼓型塔输电线路绝缘子破坏非线性动响应分析[J]. 振动工程学报，2009，22（1）：6-13.

[18] 邓华，姜群峰. 松弛悬索体系几何非稳定平衡状态的找形分析[J]. 浙江大学学报（工学版），2004，38（11）：1456-1460.

[19] 冯径君. 环境荷载下输电塔的可靠性分析[D]. 大连：大连理工大学，2011.

[20] 王杨. 风荷载下输电塔体系动力可靠性分析[D]. 大连：大连理工大学，2008.

[21] 中国电力企业联合会. 1000 kV 架空输电线路设计规范：GB 50665—2011[S]. 北京：中国电力出版社，2011.

[22] 汪延寿. 风荷载作用下输电塔体系可靠度分析[D]. 重庆：重庆大学，2009.

[23] 石少卿，童卫华，姜节胜，等. 极值型风荷载作用下大型结构可靠性分析[J]. 应用力学学报，1997，14（4）：142-146.

[24] 中国电力企业联合会. 110 kV～750 kV 架空输电线路设计规范：GB 50545—2010[S]. 北京：中国电力出版社，2010.

[25] 中华人民共和国住房和城乡建设部. 建筑结构荷载规范：GB 50009—2012[S]. 北京：中国建筑工业出版社，2012.

[26] 国家能源局. 架空输电线路杆塔结构设计技术规定：DL/T 5154—2012[S].北京：中国计划出版社，2012.

[27] 刘海英. 基于几何强非线性覆冰分裂导线模型动力学行为研究[D]. 天津：天津大学，2013.

[28] 苏文章. 悬索结构的非线性有限元分析[D]. 重庆：重庆大学，2005.

[29] 胡思磊. 覆冰导线舞动的非线性数值分析及稳定性研究[D]. 北京：华北电力大学，2015.

[30] 刘小会. 覆冰导线舞动非线性数值模拟方法及风洞模型试验[D]. 重庆：重庆大学，2011.

[31] 易文渊. 特高压输电塔线体系脱冰动力响应数值模拟研究[D]. 重庆：重庆大学，2010.

[32] 吴德伦. 非线性结构力学[D]. 重庆：重庆建筑工程学院，1990.

[33] 吴红兵. 大跨径斜拉桥非线性分析[D]. 重庆：重庆交通大学，2005.

[34] BARBIERI N，JÚNIOR O H，BARBIERI R. Dynamical analysis of transmission line cables. Part 2：damping estimation[J]. Mechanical Systems & Signal Processing，2004，18（3）：671-681.

[35] JAMALEDDINE A，MCCLURE G，ROUSSELET J，et al. Simulation of ice-shedding on electrical transmission lines using ADINA[J]. Computers & Structures，1993，47（4）：523-536.

[36] 何锃，赵高煜，李上明. 大跨越分裂导线的静力求解[J]. 中国电机工程学报，2001，21（11）：34-37.

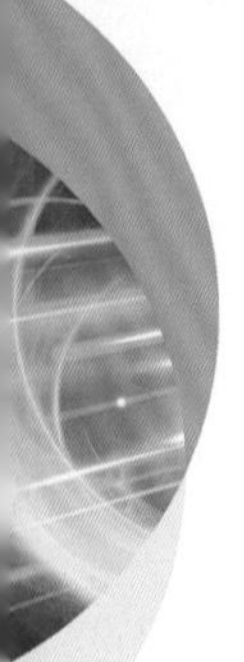

[37] 刘展. ABAQUS 6.6 基础教程与实例详解[M]. 北京：中国水利水电出版社，2008.

[38] 王新敏. ANSYS 结构动力分析与应用[M]. 北京：人民交通出版社，2014.

[39] 王励扬，翟昆朋，何文涛，等. 四阶龙格库塔算法在捷联惯性导航中的应用[J]. 计算机仿真，2014，31（11）：56-59.

第 3 章

输电杆塔力学弱点定位分析方法

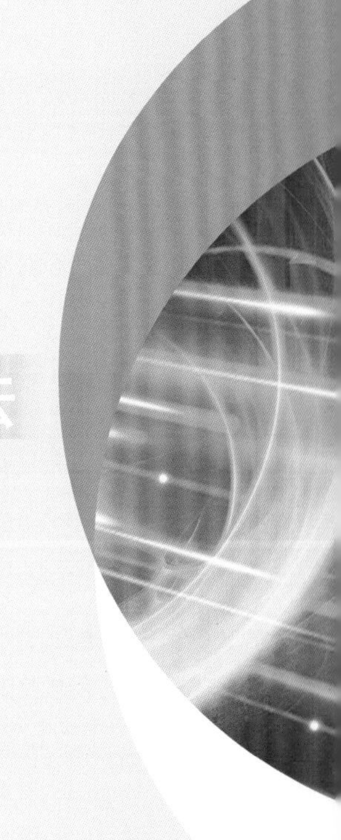

3.1 杆塔的正交加载与弱点定位方法

影响单塔薄弱位置的因素较多，如果采用循环求解，计算量过大，计算时间过长。所以，本书采用正交试验方法找到在特定条件下的局部最优解，也就能得到单塔薄弱处的分布规律。

3.1.1 正交试验设计

正交试验设计是在科研及生产实际中比较容易掌握和最具有实用价值的一种试验设计方法，通常适用于多因素试验条件的研究。根据试验的因素数和各因素的水平数，选择适当的正交表来安排试验，采用数理统计的方法处理数据，可以方便地找到诸多因素中对试验指标有显著影响的主要因素，从而确定使试验指标达到最佳的因素水平[1]。

正交试验对全体因素来说是一种部分试验（即做了全面试验中的一部分），但对其中任何两个因素来说却是带有等重复（两因素之间不同水平搭配的次数相同）的全面试验。如 3 因素水平的试验，用正交设计做 9 次即可。在图 3-1 所示立方体网络中的黑点即为正交试验点。从这 9 个试验点的分布可以看到：立方体的每个面上都恰有 3 个试验点，而且立方体的每条线上均有 1 个点，9 个试验点均衡地分布于整个立方体内，每个试验都有很强的代表性，能够比较全面地反映选优区的大致情况。试验点在选优区的均衡分布在数学上称为正交。这也是正交设计中“正交”二字的由来。

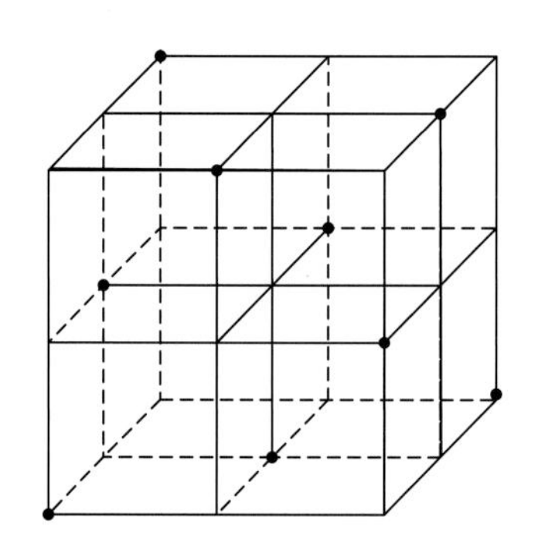

图 3-1　正交设计图

1. 试验指标、因素和水平

（1）试验指标。根据试验目的而选定角来考查或衡量试验结果好坏的特性值称为试验指标，如定量指标有产量、收率等，定性指标有颜色、光泽（也可量化）等。

（2）因素。对试验指标可能发生影响的原因或要素，称为因素，一般用 A、B、C 等表示，如反应物的配比、反应温度、反应时间等。

（3）水平。因素在试验中由于所处状态和条件的不同，可能引起试验指标的变化，因素的这些状态和条件称为水平，水平一般用 1、2、3 等表示。

首先针对试验要解决的主要问题来确定试验指标，再根据实践经验和有关专业知识，分析找出对指标有影响的一切可能因素，排除其中对指标影响不大或已掌握得较好的因素（即让它们固定在适当的水平上），选择对指标可能影响较大，但又没有掌握的因素来考察。因素确定后，根据试验的要求定出因素水平。若仅为了了解该因素是否有影响，则水平数可设为 2；若为了寻找最优试验条件，则选用的水平数可多些。水平数的上下限可根据文献值或经验估计，水平间隔要适当。

2. 正交表

正交表是正交试验设计的基础。正交表的符号为：Ln(tq)，其中字母 L 表示正交表，n 为试验次数，t 为因素的水平数，q 为试验的因素数。例如，L4(23)表示可安排 3 个因素，每个因素各有 2 个水平，试验次数为 4 次的试验。正交表的排列有两个特点：每个因素中不同水平出现的次数相同；任意两因素之间的不同水平都要进行搭配，搭配次数相同，这样可使试验点均匀分散。

正交表的选择一般是根据因素和水平的多少及试验工作量的大小而定。如果要考察的因素都要进行优化，可选择因素水平都相同的普通正交表，一般选择能够容纳下全部因素和水平而试验次数最少的正交表。实际工作中，有时有些因素间各水平相互搭配时对指标也会产生作用，即一个因素水平的影响与另一个因素水平的选取有紧密的依赖关系。因素间的相互搭配作用称为交互作用，与一般因素一样，交互作用在正交表中应占有一列，但此列不是任意的，而且不能与因素所占的列重叠，否则两者的影响会产生混杂。利用正交表中存在的交互作用列表，把因素和交互作用正确地排于正交表的各列中，这个步骤在正交试验设计中称为正交表的表头设计。应特别注意的是，一般不允许产生交互作用的混杂现象，但有时为了不增加试验次数，当混杂时，只容许交互作用混杂，而不应发生因素和交互作用的混杂[2]。

3. 正交试验结果分析

正交试验结果的分析方法有两种：一是直观分析法[3]，二是方差分析法[4]。

1）直观分析法

直观分析法较简单直接，具体步骤如下：

（1）填写试验结果，计算指标总和；

（2）计算各列的 k 和 W：

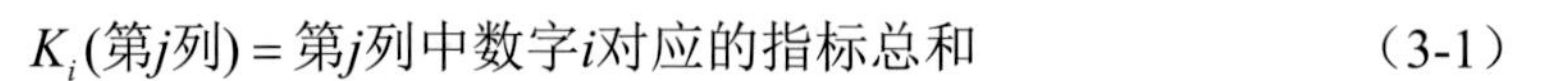

$$K_i(\text{第}j\text{列}) = \text{第}j\text{列中数字}i\text{对应的指标总和} \tag{3-1}$$

$$k_i(\text{第}j\text{列})=\frac{K_i(\text{第}j\text{列})}{\text{第}j\text{列中数字}i\text{的重复次数}} \tag{3-2}$$

$$W(\text{第}j\text{列}) = \text{第}j\text{列的}k_1, k_2, k_3, \cdots\text{中最大值减最小值的差} \tag{3-3}$$

（3）比较各因素的极差 W，排出影响因素的主次关系（W 越大的因素越重要）；

（4）选取较好的水平组合：根据 k 的大小，选取平均指标好的水平，对于 k 比较接近的水平也可选取，可通过再次试验得到最佳试验条件。

2）方差分析法

在没有重复试验、重复取样的正交试验中，总偏差平方和与各列的偏差平方和、总的自由度与各列的自由度之间，有如下关系：

$$\begin{cases} S_{\text{总}} = \text{各}S_{\text{列}}\text{之和} \\ f_{\text{总}} = \text{各}f_{\text{列}}\text{之和} \end{cases} \tag{3-4}$$

$$S_{\text{列}} = \frac{1}{n}\sum_{i=1}^{m}\left(\sum_{j=1}^{n} y_{ij}\right)^2 - \frac{T^2}{mn} = \frac{1}{n}\sum_{i=1}^{m} K_i^2 - \frac{T^2}{mn} \tag{3-5}$$

$$W(\text{第}j\text{列}) = \text{第}j\text{列的}k_1, k_2, k_3, \cdots\text{中最大值减最小值的差} \tag{3-6}$$

式中：m——此列的水平数；n——此列同水平的重复试验次数；K_i——此列同水平的试验数据之和。

$$f_{\text{列}} = \text{此列的水平数} - 1 \tag{3-7}$$

在正交试验的方差分析中，因素的偏差平方和可直接由该因素所在列的偏差平方和求得，而误差的偏差平方和可用正交试验表中未排因素的空白列的偏差平方和来计算。交互作用的偏差平方和，同样是它所占几列的偏差平方和之和。若计算的空白列的偏差平方和较大，说明试验误差较大，或者这些空白列可能混有未经考虑的交互作用，一般需要重新安排试验。

3.1.2 正交试验定位杆塔薄弱点

以某 500 kV 单回输电线路 185#杆塔为研究对象，进行正交试验的方案设计，具体包括确定试验指标、因素和水平；选择正交表，设计表头；编制试验方案，进行仿真试验获得结果；对试验结果进行统计分析，主要是直观分析，获得因素主次顺序、最优方案等信息。

185#杆塔塔形为猫头塔，杆塔结构及局部如图 3-2 所示。

1. 确定试验指标、因素和水平

对于单回线路单塔，采用集中荷载，为了更好地表示荷载的方向与大小，采用合力

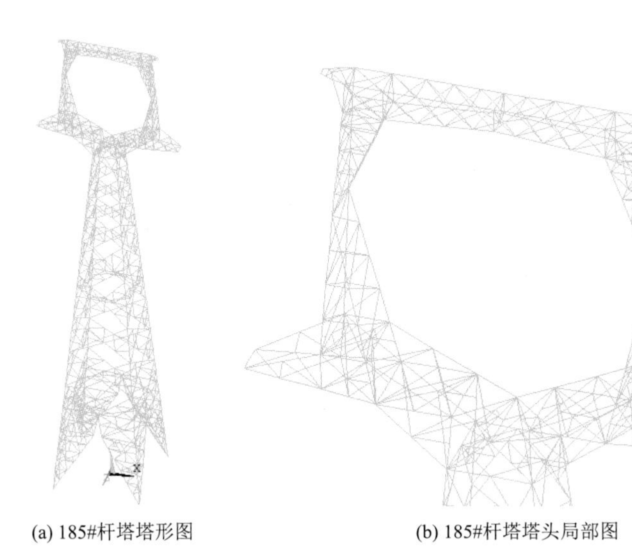

(a) 185#杆塔塔形图　　(b) 185#杆塔塔头局部图

图 3-2　杆塔模型示意图

和方向角的变量设置方法。荷载将有 6 个不同的变量（即 6 种因素），依次为：导线悬挂处合力的大小 f_n，合力的水平方向角 x，合力的竖直方向角 y；地线悬挂处合力的大小 f_d，合力的水平方向角 a，合力的竖直方向角 b。

合力和方向角的变化范围很多是为了在水平选择时能够精确地对实际情况进行模拟，所以本书先固定合力的大小对方向角的范围进行确定。

固定导、地线合力的大小和地线的方向角不变，改变导线的方向角 x、y 的变化范围为 0°～30°，每隔 5°变化一次，导线合力为 9000 kN，地线合力为 5000 kN，$a = b = 20°$。

在上述工况下改变导线的方向角时，在计算的 49 组数据中只有 22 组塔线系统稳定未失效，其余 27 组均失效。在未失效的 22 组数据中有 17 组数据的薄弱单元基本一致，其他 5 组工况下的薄弱单元有一定的差异但与上述薄弱单元有一定的交集。统计上述失效工况中薄弱单元的出现次数，如表 3-1 所示。

表 3-1　薄弱构件出现次数统计

单元编号	出现次数	单元编号	出现次数
225	18	307	16
226	18	308	13
227	22	310	16
228	22	311	17
278	18	312	16
279	18	1805	20
280	22	1806	19
281	21	1858	16
282	22	1860	16
306	14		

由表 3-1 可知，共有 19 个单元的出现次数在 13 次及以上，其中有 17 个单元的出现次数在 16 次及以上，这说明在只改变导线的方向角时，薄弱构件的分布有一定的规律。并且经过计算方向角在 30°以内变化与实际情况一致，方向角超过 30°薄弱构件的变化的分散性很大。

由此先固定合力的大小，选择 4 因素 4 水平来验证本书的假设，看是否在合力不变的情况下薄弱构件的规律是否一致，可以选取如表 3-2 所示的因素和水平：导线水平方向角 x，导线竖直方向角 y；地线水平方向角 a，地线竖直方向角 b。

表 3-2　试验因素水平表　　[单位：(°)]

水平	因素			
	导线水平方向角 x	导线竖直方向角 y	地线水平方向角 a	地线竖直方向角 b
1	5	5	5	5
2	10	10	10	10
3	15	15	15	15
4	20	20	20	20

2. 选择正交表

试验先不考虑因素的交互作用，针对上述 4 因素 4 水平的正交试验，每个因素各占 1 列，共要 4 列，采用 L16（4^4）正交表来安排试验。

正交试验方案如表 3-3 所示。

表 3-3　正交试验方案　　[单位：(°)]

试验编号	因素			
	导线水平方向角 x	导线竖直方向角 y	地线水平方向角 a	地线竖直方向角 b
1	5	5	5	5
2	5	10	10	10
3	5	15	15	15
4	5	20	20	20
5	10	5	10	15
6	10	10	5	20
7	10	15	20	5
8	10	20	15	10
9	15	5	15	20
10	15	10	20	15

续表

试验编号	因素			
	导线水平方向角 x	导线竖直方向角 y	地线水平方向角 a	地线竖直方向角 b
11	15	15	5	10
12	15	20	10	5
13	20	5	20	10
14	20	10	15	5
15	20	15	10	20
16	20	20	5	15

3. 试验结果及分析

将导线合力固定为 1000 kN，地线合力固定为 600 kN，根据表 3-3 所述的正交试验加载方式对杆塔有限元模型进行加载及仿真计算，统计各薄弱单元的出现次数，如表 3-4 所示。

表 3-4　薄弱构件出现次数统计（导线合力 100 万 N）

单元编号	出现次数	单元编号	出现次数
225	15	311	15
226	15	312	15
227	16	1120	5
228	16	1646	5
278	15	1803	6
279	15	1805	16
280	16	1806	16
281	15	1858	15
282	16	1859	15
310	15	1860	15

由表 3-4 直观分析可知，通过正交试验，在固定导、地线合力时，改变导、地线的方向角杆塔的薄弱构件分布位置较集中，其中有 5 个单元在 16 次正交试验中均出现，11 个单元出现 15 次。由以上分析可知，在合力不变时，改变导、地线的方向角杆塔的薄弱构件分布位置较集中。

为分析合力大小的改变对薄弱构件的分布是否存在影响，将上述加载的导线合力 f_n 改为 1500 kN，地线合力 f_d 仍为 600 kN，再次按照 4 因素 4 水平进行试验，试验因素表和正交试验方案表与上述一致。通过 16 次仿真计算对计算结果进行分析，如表 3-5 所示。

表 3-5　薄弱构件出现次数统计（导线合力 150 万 N）

单元编号	出现次数	单元编号	出现次数
225	14	312	14
227	16	1803	11
228	16	1805	15
278	14	1806	14
279	14	1856	11
280	15	1857	11
281	15	1858	14
282	15	1860	12
307	12	1885	11
311	14	1888	8

由表 3-5 可知，通过正交试验，在改变导、地线合力时，改变导、地线的方向角杆塔的薄弱构件分布位置较集中，其中有 2 个单元在 16 次正交试验中均出现，19 个单元出现 11 次以上。

将改变导线合力前后的薄弱单元进行对比，由表 3-4 及表 3-5 对比结果可知，共有 15 个单元均是两种情况下的薄弱构件，其余 5 个单元也均是薄弱构件周围的单元，因此在改变导线合力大小的两种情况下薄弱单元的位置是基本一致的，具有一定的集中性。

3.2　典型耐张段的薄弱点及薄弱塔分析

为提高单塔计算结果的准确度，避免模型简化带来的对力学求解结果的影响，有必要对线路整个耐张段建立模型并进行求解，通过对耐张段循环加载确定耐张段中的薄弱杆塔，从而对杆塔薄弱点进行精准定位。

3.2.1　薄弱点分析案例 1

以某 500 kV 线路 A 为研究对象，选取线路中典型耐张段开展力学计算与杆塔薄弱点定位分析。根据冰区分布情况实际统计数据，线路 A 的 5 mm 冰区的塔号为 148#～183#、196#～262#及 286#～346#，长度合计为 71.517 km，10 mm 冰区的塔号为 183#～196#和 262#～286#，长度合计为 16.366 km。考虑覆冰情况的严重性，本节以该线路 182～189#杆塔为例，建立耐张段整体模型，耐张段模型参数如表 3-6 所示。

表 3-6　耐张段模型参数

杆塔号	杆塔型号	杆塔分类	档距/m	高差/m	转角/(°)	绝缘子长度/m	导线半径/mm	地线半径/mm
182#	JG1-28	耐张	306	−63.05	0	4.36	26.82	15.08
183#	ZVM1-33	直线	520	54.1	0	4.45	26.82	15.08
184#	ZVM4-47	直线	863	−185.9	0	4.45	26.82	15.08
185#	ZVM3-33	直线	405	−43.5	0	4.36	26.82	15.08
186#	ZVM1-39	直线	225	16.3	0	4.36	26.82	15.08
187#	ZVM1-39	直线	338	32.5	0	4.36	26.82	15.08
188#	ZVM2-29	直线	681	120.9	0	4.36	26.82	15.08
189#	JG1-27	耐张	—	—	—	4.36	26.82	15.08

根据表 3-6 所列参数，建立耐张段模型，如图 3-3 所示。

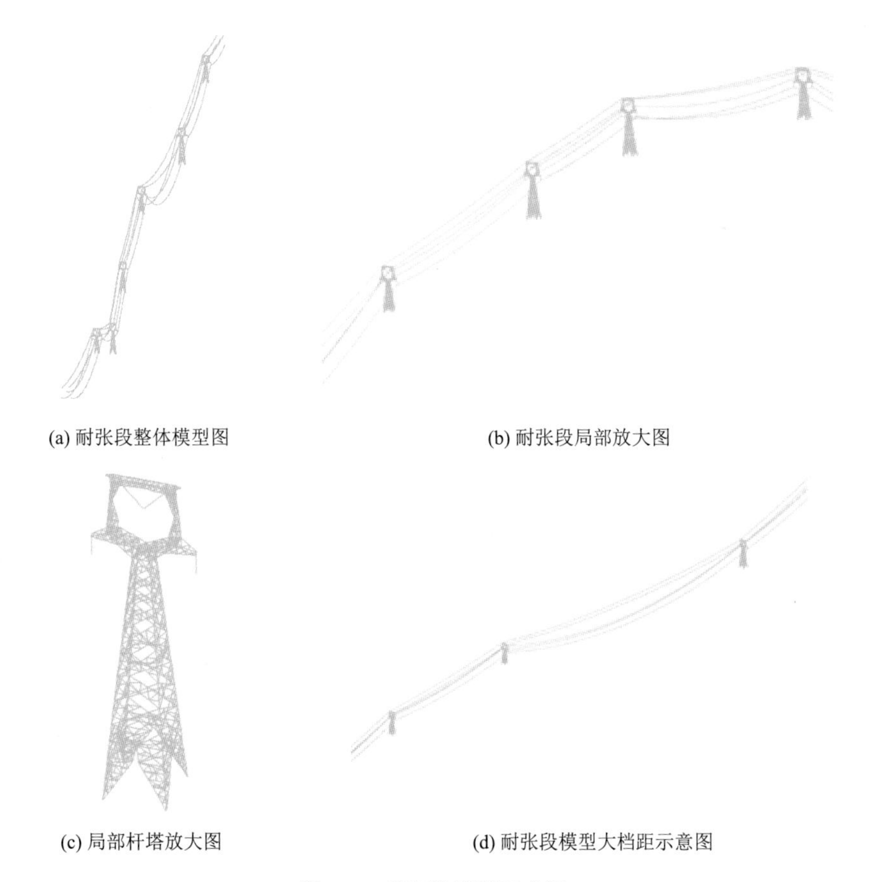

(a) 耐张段整体模型图　(b) 耐张段局部放大图

(c) 局部杆塔放大图　(d) 耐张段模型大档距示意图

图 3-3　耐张段模型示意图

由于钢材以屈服强度为判断其失效的依据，即当其所受应力超过屈服强度时，钢材将发生不可逆转的塑性变形，当处于这种情况的钢材达到一定数量时，杆塔会发生较大的位移，此时认为杆塔整体失效。在实际计算过程中，若某一处的构件轴向应力超过屈服强度，则认为杆塔已经处于危险之中[5]。

杆塔某构件在不同风速条件下，随着覆冰厚度的改变其应力变化如图 3-4 所示。选取在 4 m/s、10 m/s、16 m/s 这三种风速条件下，观察轴向应力随覆冰厚度的变化趋势。从图中可以看出，不同风速条件下，构件轴向应力随着覆冰厚度的改变而改变，变化趋势基本一致。当覆冰厚度增大时，轴向应力都先增大，后减小，然后接着增大。这是由于杆塔产生的内力与两端导、地线对杆塔的作用有直接联系，将杆塔视为一个整体，当覆冰厚度增大时，绝缘子与杆塔之间的夹角较小，地线与竖直方向的夹角也减小，这导致一方面对导、地线施加的力增大，而另一方面导、地线施加的力的力臂因施力方向的改变而减小，从而使得导、地线产生的力矩先增大，后减小，然后增大。同样地，杆塔构件产生的轴向应力必然有同样的变化趋势。在风速较大的情况下，导、地线产生的力臂相对更小，从而使得只有在更大冰厚条件下才会出现杆塔轴向应力由增大到减小的变化。同样地，当轴向应力重新增大时，在大风速条件下对应的覆冰厚度也更厚。

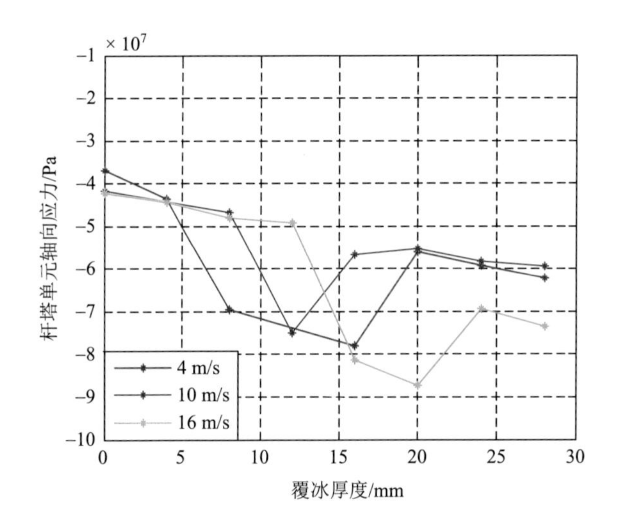

图 3-4　不同风速条件下杆塔构件轴向应力变化图

通过上述求解，可以计算得到耐张段模型中各节点的位移以及各单元所受应力情况，将结果保存并进行相关处理，选取单元应力最接近钢材屈服应力的单元，作为特定环境条件下（风速、冰厚）耐张段内最薄弱杆塔部件，进而找出最薄弱杆塔。

以风速为 24 m/s、覆冰厚度为 10 mm 情况为例，由多次计算可知，输电杆塔出现较大应力处的位置往往分布于多个区域。为了更好地分析耐张段内的应力情况，先提取耐张段内应力比值（应力与屈服应力之比）最大的 20 处单元如表 3-7 所示。

表 3-7　黄万线耐张段内薄弱构件表

耐张段区域	单元编号	所在杆塔号	应力值/Pa	应力比值
182#～189#杆塔	1195	183#	130 066 490.5	0.5535
	421	183#	129 453 342.6	0.5509
	831	183#	−139 912 181.5	0.4055
	56	183#	−135 598 084.8	0.3930
	57	183#	−134 337 356.7	0.3894
	830	183#	−130 422 385	0.3780
	1218	183#	−123 909 396.4	0.3592
	443	183#	−119 655 486.5	0.3468
	444	183#	−118 362 981.8	0.3431
	35	183#	78 421 226.11	0.3337
	1217	183#	−114 441 926.3	0.3317
	662	183#	−111 954 721.3	0.3245
	825	183#	−109 198 320	0.3165
	809	183#	73 372 085.02	0.3122
	52	183#	−106 718 536.8	0.3093
	51	183#	−100 990 814.1	0.2927
	808	183#	−67 840 329.16	0.2887
	826	183#	−98 751 814.96	0.2862
	1212	183#	−94 217 551.05	0.2731
	439	183#	− 92 418 612.39	0.2679

通过对表 3-7 的统计可以看出，在耐张段模型中存在某一基杆塔其应力出现较大时的比例较大，据此可以判断出其为最薄弱杆塔，在此种情况下为 183#杆塔。在风速为 24 m/s、覆冰厚度为 10 mm 工况下，183#杆塔应力分布如图 3-5（a）所示，183#杆塔薄弱构件位置如图 3-5（b）所示。

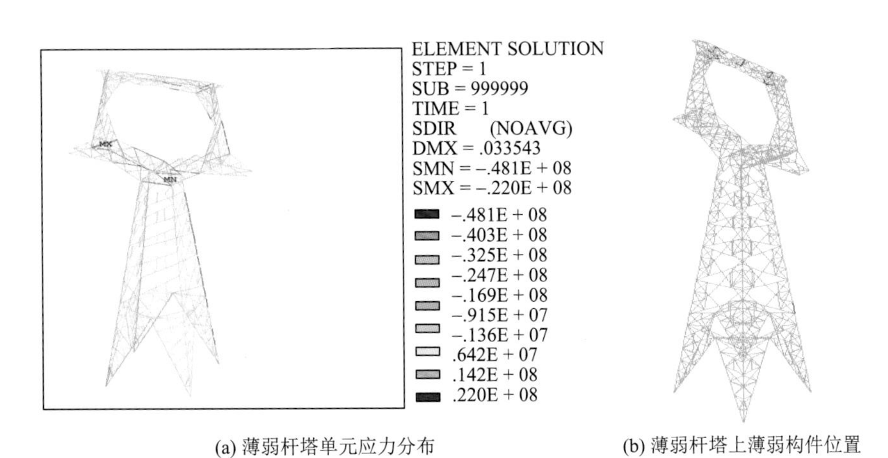

(a) 薄弱杆塔单元应力分布　　(b) 薄弱杆塔上薄弱构件位置

图 3-5　薄弱杆塔单元应力分布及薄弱构件位置

由于整个耐张段模型计算所需时间较长，为更准确地找寻薄弱杆塔的薄弱位置，通过对已知薄弱杆塔建立的一塔两线模型进行求解，加载条件和加载数值与耐张段线路模型相同，通过施加不同大小的荷载来分析 183#杆塔的力学性能。一塔两线模型单次力学计算利用高性能计算机需要 8 min，完成所有区段数据计算共需 30 h。相对于整个耐张段的计算时间，由于模型的简化，有限元计算单元和节点的大幅减少，所需计算时间较少。

根据当地实际气象条件以及计算经验，选取计算风速为 0～30 m/s、覆冰厚度为 0～30 mm 时，既能反映当地多年气象条件，同时能够最大限度地描述该路段线路受力极限情况。对导、地线及杆塔进行循环加载，并对导、地线端部及杆塔脚部施加约束。部分工况下 183#杆塔最大位移与轴向应力如表 3-8 所示。

表 3-8 部分工况下 183#杆塔最大位移与轴向应力

覆冰厚度/mm	风速/(m/s)	杆塔 X 向最大位移 $U_{X\max}$/m	杆塔 Y 向最大位移 $U_{Y\max}$/m	杆塔 Z 向最大位移 $U_{Z\max}$/m	杆塔合位移最大值 $U_{\max}$/m	杆塔轴向应力 SDIR/MPa
6	8	−0.019	−0.015	−0.016	0.025	49.1
	10	−0.052	−0.035	−0.020	0.065	57.7
	12	−0.082	−0.103	−0.064	0.134	89.6
	14	−0.066	−0.050	−0.021	0.073	147.4
	16	−0.081	−0.054	−0.022	0.084	196.9
8	8	−0.032	−0.022	−0.023	0.044	50.2
	10	−0.035	−0.022	−0.025	0.047	51.6
	12	−0.044	−0.038	−0.022	0.048	175.9
	14	−0.305	−0.315	−0.135	0.363	233.6
	16	−0.082	−0.030	−0.025	0.085	239.8
14	8	−0.019	−0.015	−0.026	0.031	53.5
	10	−0.024	−0.016	−0.026	0.035	55.5
	12	−0.031	−0.018	−0.026	0.040	56.9
	14	−0.122	−0.077	−0.034	0.145	186.2
	16	−0.062	−0.042	−0.034	0.079	235.2
20	8	−0.019	−0.015	−0.033	0.037	57.1
	10	−0.024	−0.017	−0.033	0.041	58.4
	12	−0.031	−0.019	−0.033	0.045	60.7
	14	−0.038	−0.022	−0.034	0.052	63.8
	16	−0.051	−0.081	−0.045	0.088	282.8
24	8	−0.018	−0.015	−0.037	0.041	58.8
	10	−0.023	−0.017	−0.037	0.043	60.7
	12	−0.030	−0.019	−0.038	0.048	63.2
	14	−0.037	−0.022	−0.039	0.054	66.3
	16	−0.046	−0.025	−0.039	0.062	71.9

由表 3-8 可知：在覆冰厚度为 6 mm、风速为 8～12 m/s 时，杆塔上的节点 X 向、Y 向、Z 向位移和合位移最大值是逐渐增大的；12～14 m/s 有一个减小的过程，即此时由于力矩的作用覆冰的输电线路在风荷载的作用下塔线系统的稳定性有所提高；当风速继

续增加时，位移有微弱的增大。覆冰厚度为 8 mm 和覆冰厚度为 14 mm 的趋势与覆冰厚度为 6 mm 时的趋势一样，只是杆塔上节点的 X 向、Y 向、Z 向位移和合位移最大值出现在风速为 14 m/s 时。冰厚为 20 mm 和冰厚为 24 mm 时风速从 8～16 m/s 杆塔上的节点 X 向、Y 向、Z 向位移和合位移最大值是逐渐增大的。由此可知，在覆冰厚度一定的情况下，随着风速的增加杆塔上的节点 X 向、Y 向、Z 向位移和合位移逐渐增大到一定时将会出现最大值，而随后会有一个减小的过程，此时塔线系统的稳定性有一定的提高；但当覆冰厚度继续增加时，位移会逐渐增大，直到钢材达到屈服强度塔线系统失效为止。

由于钢材失效的判断依据为屈服强度，即当其所受应力超过屈服强度时，弹性模量会急剧减小，当处于这种情况的钢材达到一定数量时，杆塔会发生形变，此时认为塔线系统整体失效。如图 3-6 所示，183#杆塔在不同风速、冰厚临界情况下的趋势基本一致，即随着荷载的增大应力值逐步增大且在 20～60、380～510、750～870 及 1150～1250 四个位置的单元应力出现大范围的较大值，这四个位置对应杆塔的塔头部分，如图 3-7 所示，说明钢构应力较大值不是单独出现的，在一定范围内钢构的应力值均较大。

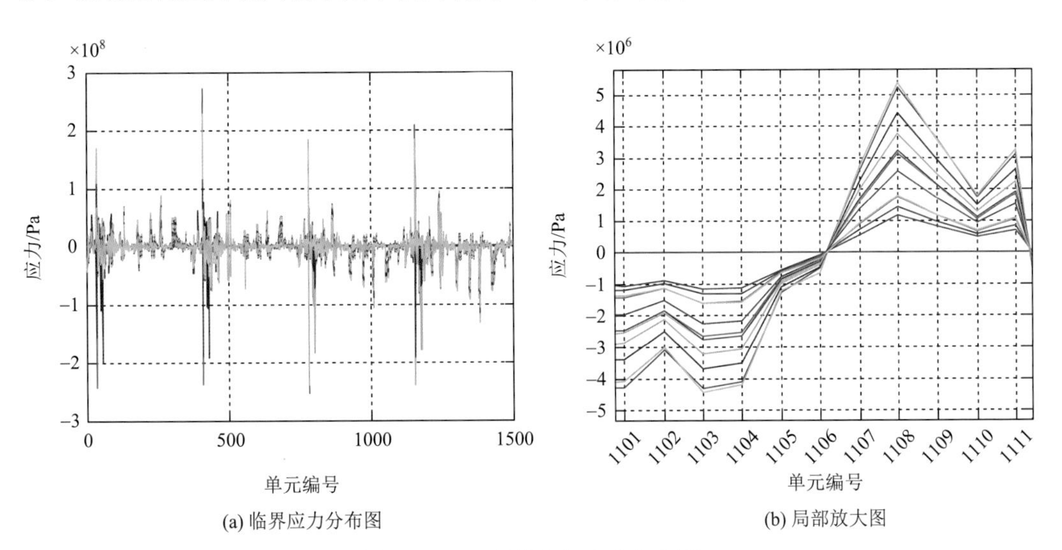

(a) 临界应力分布图　　(b) 局部放大图

图 3-6　183#杆塔临界应力分布图

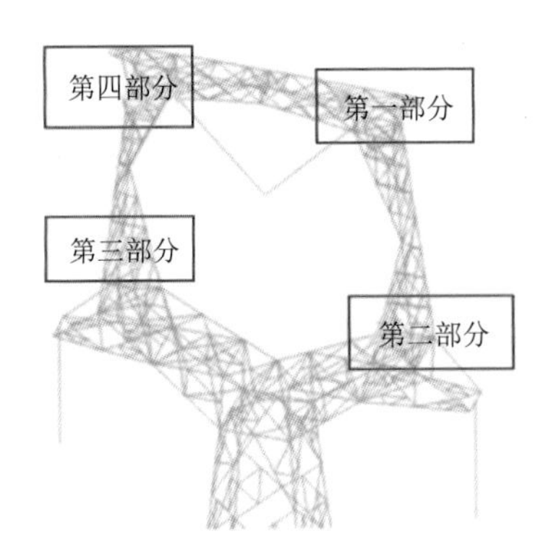

图 3-7　183#杆塔较大应力分布位置

对临界情况进行统计，得到每组数据在不同风速覆冰情况下的最大 20 组应力值，再从应力统计表的临界数据中统计出应力比值较大值出现次数较多的 10 个单元，如表 3-9 所示。这些薄弱单元表示在一定的荷载范围内此处的应力值较大，当风速、冰厚进一步增大时，此处单元将超过屈服强度甚至倒塔。

表 3-9　183#杆塔薄弱单元位置

单元编号	出现次数	出现位置
35	7	塔头顶部右上侧，对应部位一
409	8	塔头顶部右上侧，对应部位一
492	7	塔头顶部右上侧，对应部位一
496	8	塔头顶部右上侧，对应部位一
497	12	塔头顶部右上侧，对应部位一
507	11	塔头顶部右下侧，对应部位二
557	11	塔头顶部左下侧，对应部位三
1238	6	塔头顶部左上侧，对应部位四
1239	6	塔头顶部左上侧，对应部位四
1240	9	塔头顶部左上侧，对应部位四

由表 3-9 可知，薄弱处的单元基本上是成对、成群出现的，例如，35、409、492、496、497 号单元成群出现在塔头顶部右上侧，1238～1240 号单元对应塔头顶部左上侧；对应于部位二（507 号）、三（557 号）的单元虽然只有一个，但是在统计中该位置的其他单元应力值也较大，因此符合此前分析的杆塔失效并非一两个钢材超过其屈服强度就失效，而是大范围的钢材均超过屈服强度时杆塔才会失效。

3.2.2　薄弱点分析案例 2

以某 500 kV 线路 B 为研究对象，该线路为双回线路，线路总体走向由西向东。线路地形以高山大岭和山地为主，其中丘陵占 17%，山地占 45%，高山大岭占 38%。全线杆塔总计 345 基，双回路：杆塔数量（298 基）直线杆塔 213 基，耐张杆塔 85 基（30.2%），平均 2.11 基/km。单回路：杆塔数量（47 基）直线杆塔 30 基，耐张杆塔 17 基（36.2%），平均 2.47 基/km。

以 500 kV 线路 B 中的 25#～30#杆塔为例，建立耐张段整体模型，建模所需参数如表 3-10 所示。

表 3-10 该线路典型耐张段模型参数

序号	杆塔号	杆塔型号	杆塔分类	档距/m	高差/m	转角/(°)	绝缘子长度/m	导线半径/mm	地线半径/mm
1	25#	SJ3	耐张塔	290	−111.3	0	4.45	30	14.25
2	26#	SG1	直线塔	168	−144.85	0	4.45	30	14.25
3	27#	SG3	直线塔	654	−55	0	4.45	30	14.25
4	28#	SG3	直线塔	216	20.1	0	4.45	30	14.25
5	29#	SG4	直线塔	383	−130.65	0	4.45	30	14.25
6	30#	SJ1	耐张塔	—	—	—	4.45	—	—

从表 3-10 可以看出，该耐张段各基杆塔之间相对高差均较大，最大达到了 144.85 m，同时该耐张段存在大档距，最大档距达到了 654 m，该段线路所在区域地势起伏较大，地形较为复杂。根据表 3-10 所列参数及实际杆塔图纸，建立耐张段模型如图 3-8 所示。

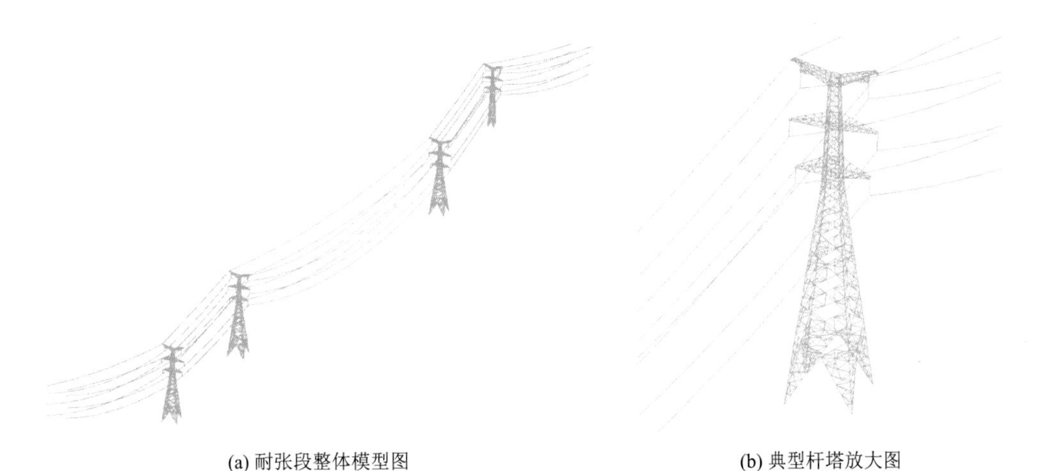

(a) 耐张段整体模型图　　(b) 典型杆塔放大图

图 3-8 同塔双回耐张段模型图

以风速为 24 m/s、覆冰厚度为 10 mm 情况为例，由多次计算可知，杆塔出现较大应力处的位置不止一个，其分布具有一定的区域性，即出现较大应力分布的区域有多处，且该区域内应力值均较大。为了更好地分析耐张段内的应力情况，先取出耐张段内的应力比值（应力与屈服应力之比）最大的 20 处单元，如表 3-11 所示。

表 3-11 张恩线耐张段内薄弱构件

耐张段区域	单元编号	所在杆塔号	应力值	应力比值
25#～30#杆塔	4339	28#	−331 188 174.3	0.96
	6938	26#	−201 795 967.6	0.8587
	6939	26#	−201 658 371.4	0.8581
	6909	26#	−199 737 597.3	0.8499

续表

耐张段区域	单元编号	所在杆塔号	应力值	应力比值
25#～30#杆塔	4337	28#	−292 544 146.3	0.848
	4336	28#	−292 240 654.6	0.8471
	6960	26#	−197 121 647.9	0.8388
	6961	26#	−197 064 297.7	0.8386
	6962	26#	−196 558 078.8	0.8364
	6963	26#	−196 365 373	0.8356
	4306	28#	−287 612 880.7	0.8337
	6911	26#	−195 682 977.4	0.8327
	6910	26#	−193 472 610	0.8233
	4338	28#	−283 936 708.1	0.823
	4307	28#	−283 630 609	0.8221
	4335	28#	−280 696 614.4	0.8136
	7916	26#	−187 903 150.7	0.7996
	7917	26#	−187 738 710	0.7989
	7887	26#	−186 348 262.6	0.793
	6874	26#	−185 117 462.4	0.7877

通过对表 3-11 的统计可以看出，在耐张段模型中，存在某一基杆塔的应力出现较大时的比例较大，据此可以判断出其为最薄弱杆塔。从薄弱单元出现次数以及应力比值的大小来看，在风速为 24 m/s、覆冰厚度为 10 mm 时，该耐张段薄弱杆塔应为 26#和 28#杆塔。26#和 28#杆塔单元应力分布计算结果如图 3-9 所示。

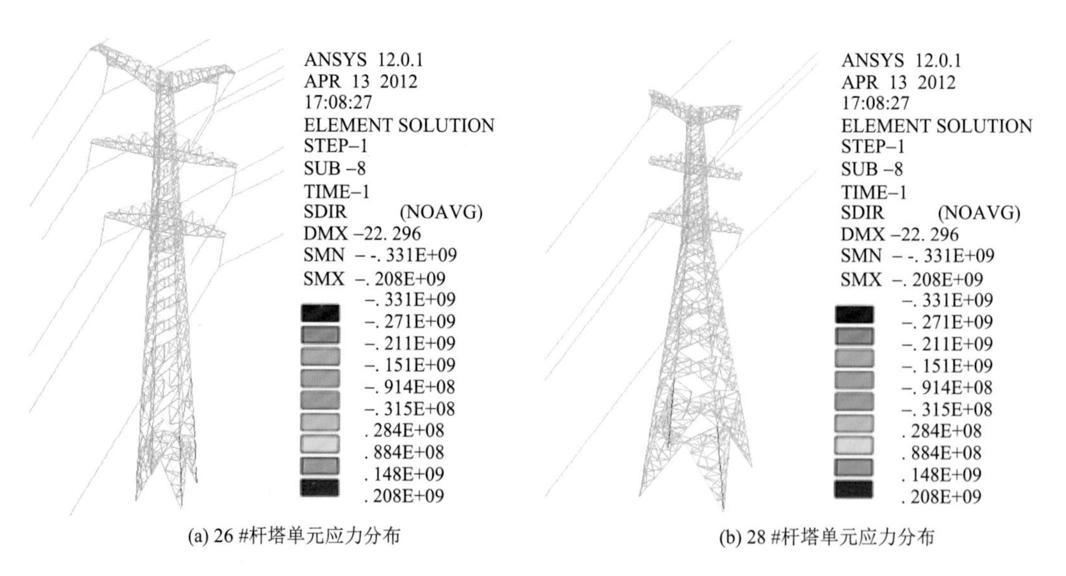

(a) 26 #杆塔单元应力分布　　(b) 28 #杆塔单元应力分布

图 3-9　薄弱杆塔单元应力分布示意图

从双回线路钢构单元应力分布示意图可以看出，双回线路薄弱位置主要位于 26#和 28#杆塔的下部塔腿位置。

确定薄弱杆塔之后，为更准确地找到薄弱杆塔的薄弱位置，通过对已知薄弱杆塔建立一塔两线模型进行求解，加载条件与加载数值和耐张段线路模型相同，通过施加不同大小的荷载来分析 26#和 28#杆塔的力学性能。以 28#杆塔为例，设置风速从 0～30 m/s、覆冰厚度从 0～30 mm 进行循环计算，对导、地线及杆塔进行循环加载，并对导、地线端部及杆塔脚部施加约束。由于计算结果很多，不可能对每一种工况进行列举，只能针对最大应力和最大应变作为输出量进行分析，只列举出部分数据进行分析研究，见表 3-12。

表 3-12 部分工况下 28#杆塔最大位移与轴向应力

覆冰厚度/mm	风速/(m/s)	杆塔 X 向最大位移 $U_{X\max}$/m	杆塔 Y 向最大位移 $U_{Y\max}$/m	杆塔 Z 向最大位移 $U_{Z\max}$/m	杆塔合位移最大值 $U_{\max}$/m	杆塔轴向应力 SDIR/MPa
6	10	0.089	0.046	0.041	0.106	89.9
	12	0.125	0.056	0.043	0.142	106.6
	14	0.168	0.069	0.045	0.185	126.5
	16	0.218	0.083	0.049	0.235	149.6
8	10	0.090	0.047	0.042	0.108	92.1
	12	0.127	0.058	0.045	0.144	109.1
	14	0.171	0.071	0.048	0.188	129.4
	16	0.222	0.085	0.052	0.241	153.1
14	10	0.094	0.051	0.049	0.115	99.2
	12	0.133	0.062	0.052	0.153	117.3
	14	0.179	0.075	0.057	0.200	138.9
	16	0.233	0.091	0.064	0.254	164.1
20	10	0.098	0.054	0.057	0.122	107.4
	12	0.139	0.066	0.062	0.163	126.7
	14	0.188	0.081	0.069	0.212	149.8
	16	0.244	0.097	0.076	0.271	176.5
24	10	0.101	0.057	0.064	0.129	113.9
	12	0.143	0.069	0.071	0.171	133.9
	14	0.194	0.084	0.078	0.221	157.5
	16	0.252	0.102	0.088	0.281	185.3

由表 3-12 可知，在风速一定时，随着覆冰厚度的增加杆塔上的节点 X 向、Y 向、Z 向位移和合位移最大值及杆塔轴向应力逐渐增大。在覆冰厚度一定时，随着风速的增加杆塔上的节点 X 向、Y 向、Z 向位移和合位移最大值及杆塔轴向应力也是逐渐增大的。如图 3-10 所示，选取两种不同风速下杆塔的应力数据（分别如图中蓝色以及红色曲线所

示)，统计显示随着荷载的增大应力值逐步增大且在465～500、1026～1060、1590～1630及2150～2190四个位置的单元应力出现大范围的较大值，这四个位置对应于杆塔的塔腿部分，如图3-11所示，可以认为杆塔应力较大位置不是单独出现的，应力较大的构件往往集中分布。

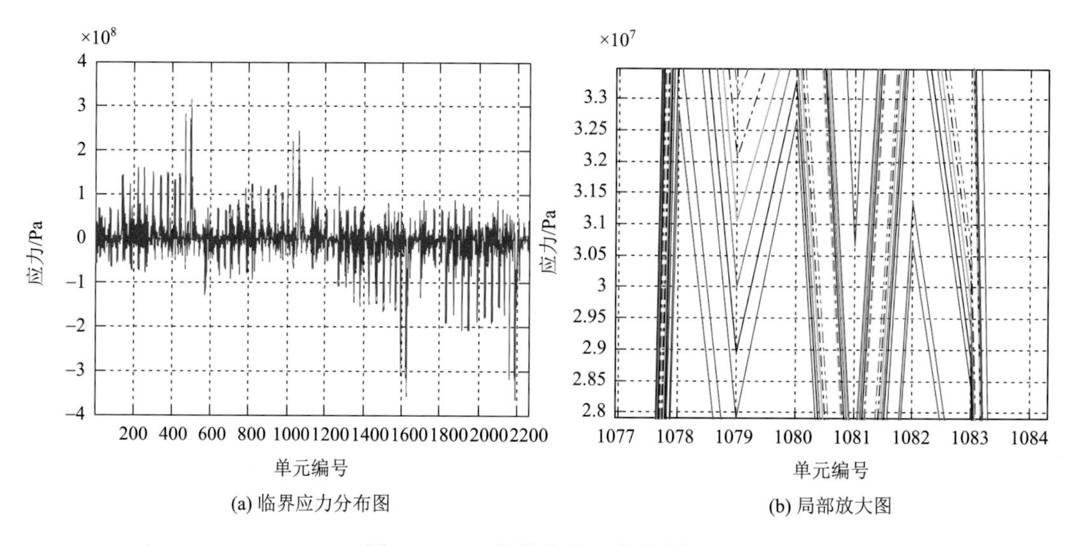

(a) 临界应力分布图　(b) 局部放大图

图3-10　28#杆塔临界应力分布图

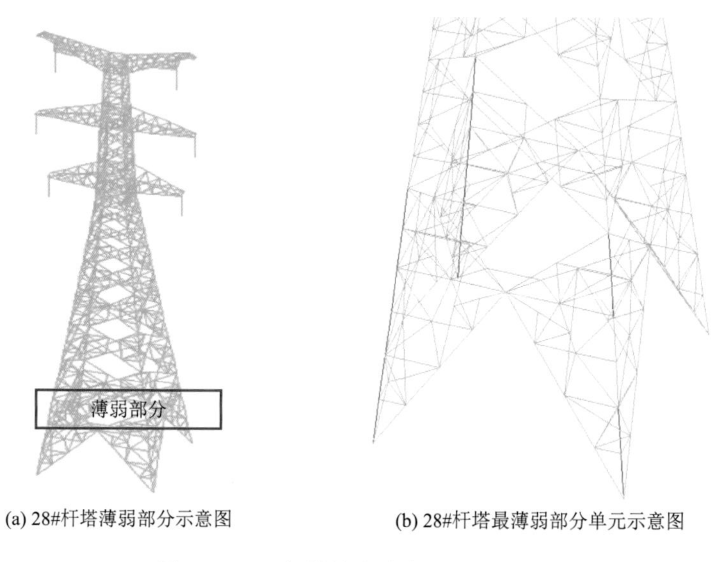

(a) 28#杆塔薄弱部分示意图　(b) 28#杆塔最薄弱部分单元示意图

图3-11　28#杆塔较大应力分布位置

与线路A单回杆塔不同，线路B中的28#杆塔薄弱处位于塔腿部分，因为线路B为双回线路，杆塔较高，施加于塔腿的力矩较大，该处构件产生的内力必然较大，所以杆塔塔腿部分承受的作用力较大，也就相对薄弱。在冰厚为4 mm、风速为26 m/s时，28#

杆塔的最大应力出现在塔腿，最大位移出现在最上层外侧横担上。

对该基杆塔薄弱位置的每个单元进行统计得到每组数据在不同风速覆冰情况下的最大 20 组应力值。再从应力统计表的临界数据中统计出出现次数最多的 16 个单元，见表 3-13。这些薄弱单元表示在一定的荷载范围内此处的应力值较大，当风速冰厚进一步增大时，这些单元所受应力往往较大。

表 3-13　28#杆塔薄弱单元位置

单元编号	出现次数	出现位置
465	15	杆塔腿部上半部
466	15	杆塔腿部上半部
496	15	杆塔腿部上半部
497	15	杆塔腿部上半部
1547	15	杆塔腿部右前侧
1548	15	杆塔腿部右前侧
1576	15	杆塔腿部左前侧
1577	15	杆塔腿部左前侧
1578	15	杆塔腿部左前侧
1579	15	杆塔腿部左前侧
2087	15	杆塔腿部右后侧
2088	15	杆塔腿部右后侧
2116	15	杆塔腿部左后侧
2117	15	杆塔腿部左后侧
2118	15	杆塔腿部左后侧
2119	15	杆塔腿部左后侧

由表 3-13 可知，薄弱处的单元基本上是集中出现的，例如，1576#～1579#单元对应杆塔腿部左前侧，2116#～2119#单元对应杆塔腿部左后侧，因此符合此前分析。杆塔在临界状态下，应力比值较大的构件往往是集中分布的。

3.3　基于弱点补强的杆塔强度提升效果

通过上述耐张段力学计算及薄弱点定位分析结果可以看出：

（1）线路杆塔结构薄弱点在实际运行情况中，往往集中在某些构件位置，这些位置应力比值较大。

（2）线路杆塔结构应力比值呈区域性分布，即应力比值较大的构件集中分布。

针对上述几点，联系运行实际，为提高线路整体抵抗覆冰风险的能力，可提出以下改造方案，并进行相关验证计算：

（1）通过耐张段力学计算的结果，找到某些气候条件下耐张段的薄弱构件；通过改变构件位置角钢的材料特性，采用更高强度的钢材，例如，原来是 Q235 钢材，变为 Q345，改善薄弱构件的力学性能，从而提高所在杆塔的力学性能，达到提高整个塔线系统承受覆冰以及风荷载能力的目的。

（2）通过分析塔线系统覆冰失效计算结果，找出最易损毁的杆塔以及该基杆塔中的薄弱钢构，选取在薄弱钢构附近区域加装辅材的方法，对杆塔进行改造，分担杆塔薄弱构件所承受的应力负荷，从而改善该基杆塔的性能，提高塔线系统的抗覆冰能力[6, 7]。

（3）通过分析塔线系统覆冰失效计算结果，找出最易损毁的杆塔，分析杆塔所在位置的地形和档距因素，以及造成该基杆塔易失效的原因，选择在相应的档距中添加新的杆塔，对线路进行改造，从而分担该基杆塔所承受的力荷载，提高塔线系统的抗覆冰能力。

结合实际施工情况以及安全性能考虑，由于第三种方案改变了原有输电线路杆塔的分布，且施工成本较高，本节主要对薄弱位置钢构替换高强度钢及增加辅材两种方式进行讨论。

3.3.1　替换高强度钢材进行改进

以 500 kV 线路 A 为研究对象。由 3.2.1 小节的分析可知，杆塔薄弱处的位置大部分位于塔头部分，其原因在于和 183#杆塔相邻的杆塔高差、档距较大，承受着两端线路水平档距和高差不同产生的不平衡张力，这就必然导致塔头部分受到很大的拉力，当应力较大时，便产生大的变形。

针对 183#杆塔的薄弱位置分布，选取耐张段最薄弱的 10 个单元进行结构改进，在冰厚 10 mm、风速 10 m/s 条件下对其进行力学计算，应力比值最大 10 个单元的信息如表 3-14 所示。这些薄弱钢材大多位于塔头上，屈服强度为 Q235，通过提高钢材的屈服强度，采用 Q345 钢材进行结构改进。如图 3-12 所示，标红的钢材为采用高强度钢材替换原有 Q235 钢材的位置。

表 3-14　典型气候条件薄弱单元统计

单元编号	单元应力/(N/m^2)	应力比值	原材料屈服强度/MPa
1240	52 903 896.67	0.225	235
557	−47 967 471.86	0.204	235
1305	−46 555 848.14	0.198	235
1245	−45 497 215.3	0.193	235
1244	−45 344 929.92	0.192	235
1384	−43 538 910.43	0.185	235
492	40 996 032.86	0.174	235

续表

单元编号	单元应力/(N/m^2)	应力比值	原材料屈服强度/MPa
497	−38 944 747.2	0.165	235
496	−38 459 193.06	0.163	235
1238	−35 592 442	0.151	235

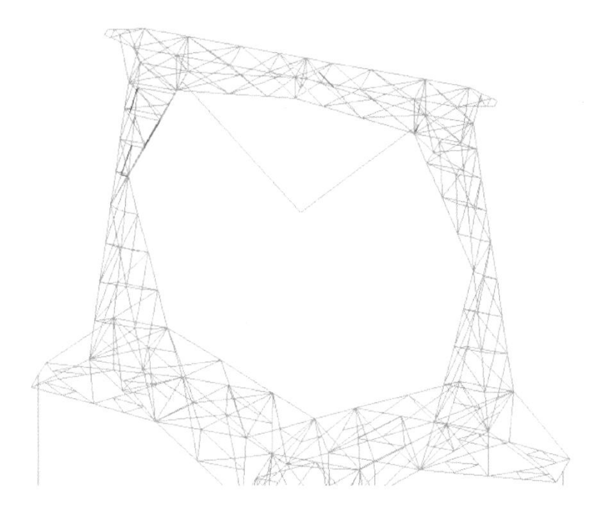

图 3-12　替换钢材位置示意图

采用与之前相同的加载求解方式，得出此种情况下耐张段薄弱位置的受力情况，将183#杆塔进行改进后，该杆塔的临界条件得到了明显优化。在冰厚 10 mm、风速 10 m/s 条件下应力比值最大 10 个单元的信息如表 3-15 所示。

表 3-15　替换钢材后杆塔薄弱位置统计

单元编号	单元应力/(N/m^2)	应力比值	原材料屈服强度/MPa
1436	−52 078 228.86	0.151	345
1282	50 848 566.54	0.1474	345
428	−34 038 686.70	0.1448	235
427	−33 102 412.41	0.1409	235
895	47 211 285.45	0.1368	345
43	31 614 217.84	0.1345	235
42	31 523 838.38	0.1341	235
41	−31 499 416.30	0.134	235
40	−31 246 092.53	0.133	235
1286	−45 126 309.95	0.1308	345

替换钢材前后杆塔薄弱单元应力比值对比如图 3-13 所示。

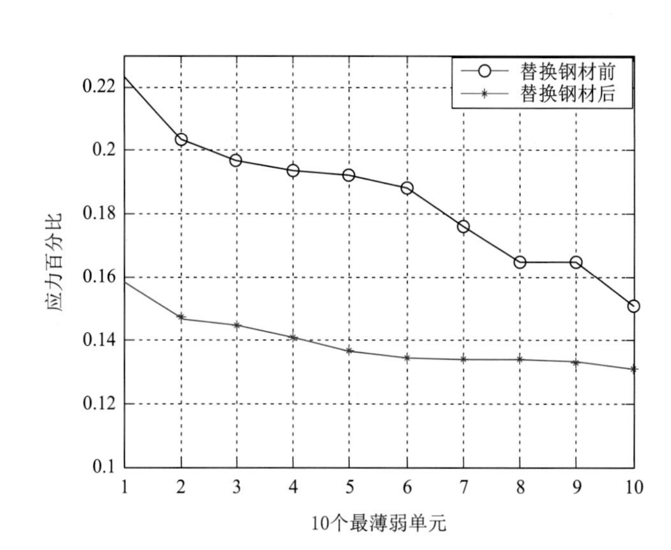

图 3-13 替换钢材前后杆塔薄弱单元应力比值对比

从表 3-15 及图 3-13 可知，通过替换局部 Q235 钢材为 Q345 钢材，杆塔的受力薄弱位置发生了变化，钢材强度提升后，薄弱位置也可能出现在材料屈服强度为 345 MPa 的区域，同时杆塔最大应力比值从 0.225 下降为 0.151，通过与替换钢材前薄弱位置应力比值对比说明提高局部钢材的强度能够改变杆塔结构的薄弱位置分布，使得较高强度的钢材承受更大的应力，从而更充分发挥高强度材料的作用。

3.3.2 增加辅材方式进行改进

针对上述薄弱位置选取耐张段最薄弱的 10 个单元进行结构改进，在冰厚 10 mm、风速 10 m/s 条件下应力比值最大 10 个单元的信息如表 3-14 所示。依据薄弱构件的位置，对 183#杆塔进行结构改进，如图 3-14 所示。即在 1241#与 1242#、1243#与 1244#、1245#与 1246#单元之间增加钢材，从而优化杆塔的承载能力。

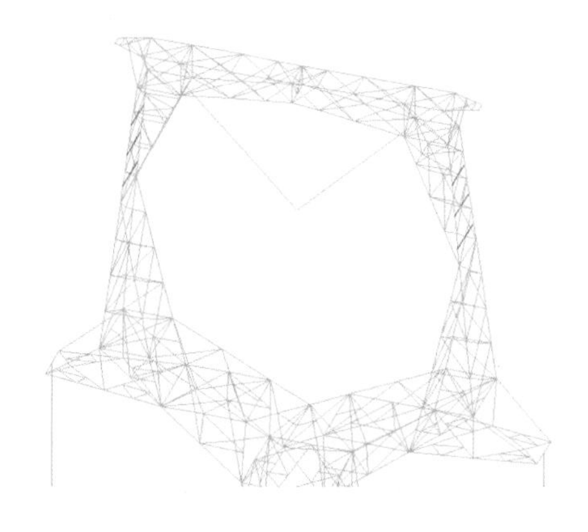

图 3-14 增加辅材示意图

采用与之前相同的加载求解方式，得出此种情况下耐张段薄弱位置的受力情况，将183#杆塔增加辅材后，该塔的临界条件有了明显的优化。在冰厚 10 mm、风速 10 m/s条件下应力比值最大 10 个单元的信息如表 3-16 所示。

表 3-16　增加辅材后杆塔薄弱位置统计

单元编号	单元应力/(N/m^2)	应力比值	原材料屈服强度/MPa
1306	49 060 469.99	0.1422	345
434	−33 109 291.92	0.1409	235
433	−32 171 165.65	0.1369	235
43	31 021 951.84	0.132	235
913	45 419 066.24	0.1316	345
42	30 908 760.91	0.1315	235
41	−30 661 639.27	0.1305	235
1460	−44 960 855.14	0.1303	345
40	−30 405 495.20	0.1294	235
1310	−44 340 919.35	0.1285	345

改进前后杆塔薄弱单元应力比值对比如图 3-15 所示。

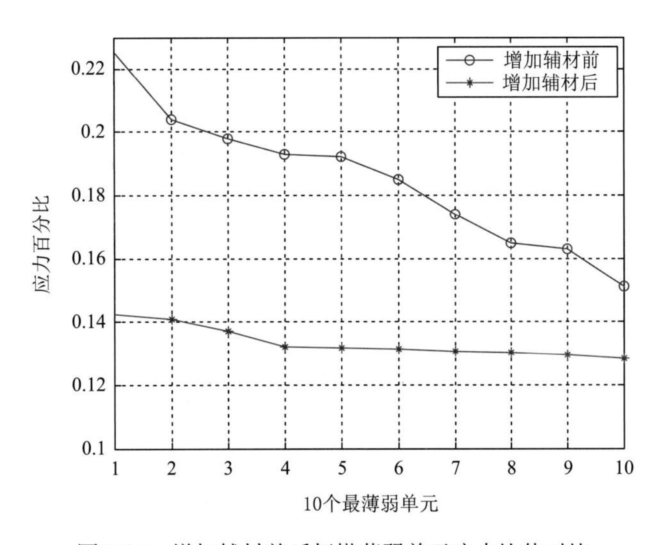

图 3-15　增加辅材前后杆塔薄弱单元应力比值对比

从表 3-16 可知，针对杆塔薄弱位置增加辅材后，杆塔的受力薄弱位置发生了变化，通过与增加辅材前薄弱位置的应力对比，杆塔最大应力比值从 0.225 下降为 0.1422，说明增加辅材能够改变杆塔结构的薄弱位置分布，提高杆塔的承载能力。

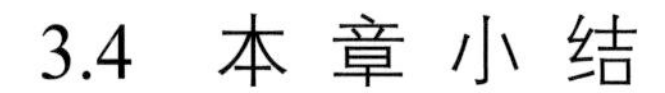

3.4 本章小结

本章分别针对单塔有限元模型和耐张段塔线系统有限元模型，开展了力学仿真计算，对薄弱杆塔及杆塔上薄弱钢构进行定位分析。

（1）提出了基于杆塔正交加载的薄弱点定位方法，主要步骤包含正交试验方案的设计，具体包括确定试验指标、因素和水平，选择正交表、设计表头，编制试验方案进行仿真试验获得结果，对试验结果进行统计分析等。以某 500 kV 单回输电线路 185#杆塔为例，制定了 4 因素 4 水平正交变，分别将导线合力固定为 100 万 N 和 150 万 N，对杆塔有限元模型进行加载及仿真计算，统计各薄弱单元出现次数，最终分析得到该杆塔薄弱位置分布。

（2）针对耐张段薄弱点定位，首先建立整个耐张段塔线系统有限元模型，计算典型风速下杆塔各单元应力随线路覆冰厚度的变化情况，确定耐张段模型中出现较大应力的杆塔，判断其为最薄弱杆塔。针对薄弱杆塔建立一塔两线精细化模型，通过对该模型循环加载冰、风荷载，分析杆塔临界应力分布情况，从应力统计表的临界数据中统计出出现次数最多的单元，将其确定为杆塔薄弱钢构。

（3）受档距、高差、外界荷载及杆塔自身结构等多种因素的影响，杆塔薄弱点出现位置多种多样。500 kV 线路 A 中的 183#杆塔薄弱点主要集中在塔头部位，而 500 kV 线路 B 中的 28#杆塔薄弱点主要集中在杆塔腿部。

（4）以 500 kV 线路 A 中的 183#杆塔为研究对象，分别提出采用高强度钢替换原有薄弱钢材及增加辅材的方式对杆塔结构进行改进，通过仿真结果可以看出，相同外荷载下弱点补强后的杆塔薄弱钢构应力比值峰值下降，杆塔承载能力得到提高。

参考文献

[1] 彭海滨. 正交试验设计与数据分析方法[J]. 计量与测试技术，2009，36（12）：39-42.

[2] 李磊. 基于正交试验法的多面聚能效应的数值模拟与应用研究[D]. 合肥：中国科学技术大学，2013.

[3] 喻涛，施浩亮，王平义，等. 基于极差分析法的丁坝风险值试验分析[J]. 武汉大学学报（工学版），2020，53（8）：667-673.

[4] 欧阳游，梁永顺，唐晓川，等. 应用方差分析法检验 γ 测井模型的均匀性[J]. 宇航计测技术，2018，38（5）：91-95.

[5] 刘超，阮江军，甘艳，等.覆冰条件下架空输电线路薄弱点分析[J]. 电瓷避雷器，2016（2）：1-5.

[6] 杜志叶，张宇，阮江军，等. 500 kV 架空输电线路覆冰失效有限元仿真分析[J]. 高电压技术，2012，38（9）：2430-2436.

[7] 王燕，皇甫成，杜志叶，等. 覆冰情况下输电线路有限元计算及其结构优化[J]. 电力系统保护与控制，2016，44（8）：99-106.

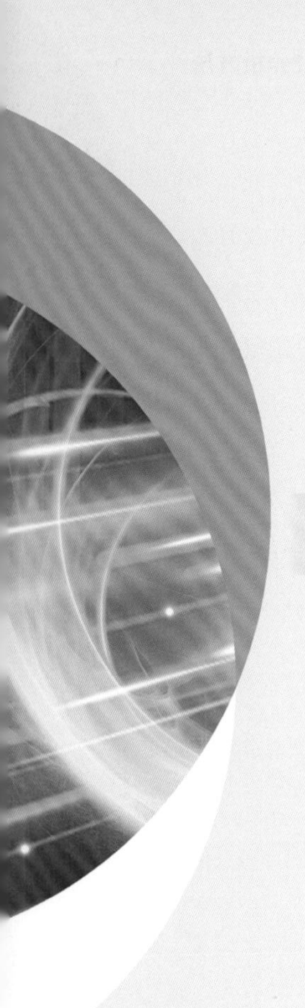

第4章

输电线路覆冰力学模拟分析与应用

4.1　不均匀覆冰绝缘子串拉力计算方法

目前，国家电网和中国南方电网在重覆冰地区部分杆塔的绝缘子串上安装了覆冰监测终端[1]，如图 4-1 所示。监测终端可实现对绝缘子串拉力和倾角的实时监测，但发生倒塔事故时的绝缘子串临界拉力尚不明确，同时，监测时间较短，绝缘子串拉力和倾角数据有限，所以本节提出一种考虑直线塔两侧档距耦合的不均匀覆冰绝缘子串拉力计算方法，可以得到多种覆冰工况下的绝缘子串拉力和倾角，并通过有限元仿真对计算结果进行验证。

图 4-1　绝缘子串拉力测量系统实物图

4.1.1　计算方法理论推导

不均匀覆冰绝缘子串拉力计算方法建立了绝缘子串所受拉力与覆冰之间的关系，在已知等值冰厚的情况下可以推算出绝缘子串所受拉力。现有架空线路力学计算方法[2]未考虑直线塔两侧档距不均匀覆冰或一侧脱冰导致的绝缘子串挂点移动，计算结果存在较大误差，其推导的覆冰工况下导线状态方程如下：

$$\sigma_1\sqrt{\left(\frac{2\sigma_1}{g_1 l_1}\text{sh}\frac{l_1 g_1}{2\sigma_1}\right)^2+\left(\frac{h_1}{l_1}\right)^2}-\frac{E}{\sqrt{\left(\frac{2\sigma_0}{g_0 l_1}\text{sh}\frac{l_1 g_0}{2\sigma_0}\right)^2+\left(\frac{h_1}{l_1}\right)^2}}\sqrt{\left(\frac{2\sigma_1}{g_1 l_1}\text{sh}\frac{l_1 g_1}{2\sigma_1}\right)^2+\left(\frac{h_1}{l_1}\right)^2}$$
$$=\sigma_0\sqrt{\left(\frac{2\sigma_0}{g_0 l_1}\text{sh}\frac{l_1 g_0}{2\sigma_0}\right)^2+\left(\frac{h_1}{l_1}\right)^2}-E\left[1+\alpha(t_1-t_0)\right] \tag{4-1}$$

式中：l_1——导线小号侧档距，m；l_2——大号侧档距，m；h_1——两侧悬挂点高差，m；g_0——无覆冰工况下导线比载，N/m；g_1——覆冰时导线比载，N/m；σ_0——无覆冰工况下导线水平应力，Pa；σ_1——覆冰工况下导线水平应力，Pa；E——导线弹性系数；α——导线热膨胀系数，1/℃；t_1 和 t_0——覆冰时气温和无覆冰时气温，℃。

该侧垂直档距内导线长度近似为

$$l_{V1}=\frac{l_1}{2\cos\alpha}+\frac{\sigma_1}{g_1\cos\alpha}\operatorname{arcsh}\left(\frac{h_1}{\dfrac{2\sigma_1}{g_1}\operatorname{sh}\dfrac{g_1 l_1}{2\sigma_1}}\right) \tag{4-2}$$

则垂直档距内导线总自重 G_d 为

$$G_d = NAl_V g_1 \tag{4-3}$$

式中：N——导线分裂数；A——导线截面积，m²；l_V——垂直档距内导线长度，m。

绝缘子串挂点处所受沿线方向不平衡力 F 为

$$F = NA(\sigma_1-\sigma_0) \tag{4-4}$$

联立式（4-1）～式（4-4）可以推算出两侧导线对绝缘子串的拉力大小。

从该理论计算的推导过程来看，该过程仅单独考虑杆塔某一侧导线，而忽略了另一侧导线覆冰不同时对该侧导线形状也有着较大的影响。计算的结果是无论另一侧覆冰多少，该侧拉力理论结果只与本侧冰厚相关。实际上，一侧导线覆冰情况的改变会影响到另一侧导线的形状，也直接影响到垂直档距内导线长度的计算，即式（4-2）中垂直档距内导线长度计算公式中应包含另一侧相关参数。同时从水平分量的计算结果来看，覆冰状态下导线状态方程式也不适用于极不均匀覆冰工况下的计算，因为依据该式，只要一侧冰厚确定，导线比载 g_1 确定，该侧的水平应力 σ_1 确定，即水平分量确定，而实际上水平分量也应受到另一侧覆冰情况的影响。

整个计算模型是塔线、绝缘子耦合模型，杆塔两侧不平衡的拉力会导致绝缘子串往一侧倾斜，从而导致导线的状态改变。因此，上述计算方法未考虑直线塔两侧档距不均匀覆冰或一侧脱冰导致的绝缘子串挂点移动，计算结果存在较大误差。

据此，本书提出了一种不均匀覆冰绝缘子串拉力计算方法，考虑了两侧档距的耦合作用。当不均匀冰荷载作用时，垂直档距内导线最低点到挂点的连线长度（连线与水平方向的夹角均发生改变）。假定条件为：用垂直档距内导线最低点到挂点的连线长度代替垂直档距范围内的导线长度，忽略绝缘子串覆冰重量。图 4-2 和图 4-3 分别为垂直平面内无外荷载和外加不均匀冰荷载时的三塔两档拉力计算模型示意图。

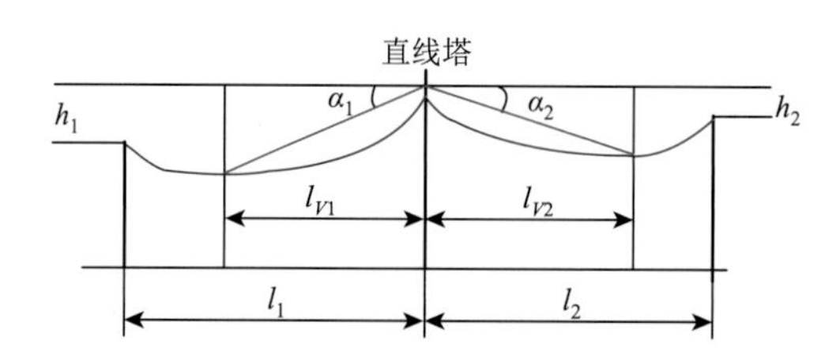

图 4-2　垂直平面无外荷载时的拉力计算模型

l_1、l_2 分别为导线小、大号侧档距；h_1、h_2 分别为小、大号侧悬挂点高差；
l_{V1}、l_{V2} 分别为无覆冰时导线小、大号侧垂直档距范围内的导线长度；
α_1、α_2 分别为无覆冰时小、大号侧垂直档距内的导线最低点至挂点的连线与水平面所成夹角

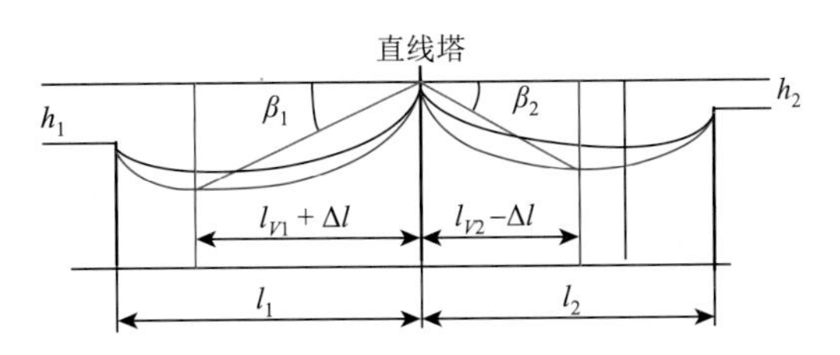

图 4-3　垂直平面外加不均匀冰荷载时的拉力计算模型

Δl 为不均匀覆冰时绝缘子串与导线连接挂点出现的水平偏移；
β_1、β_2 分别为不均匀覆冰时小、大号侧垂直档距内导线最低点至挂点的连线与水平面所成夹角

由于冰厚已知，设某侧导线冰厚为 b，导线直径为 d，冰的密度为 ρ，则该侧导线比载 g_z 为自重比载 $g_{自重}$ 和冰重比载 $g_{冰重}$ 之和：

$$g_z = g_{自重} + g_{冰重} = g_{自重} + \pi\rho g \times \frac{b(b+d)}{A} \times 10^{-3} \tag{4-5}$$

覆冰工况下导线自重和线路覆冰总重之和 G_V 为

$$G_V = \left(\frac{l_{V1} \times g_1}{\cos\beta_1} + \frac{l_{V2} \times g_2}{\cos\beta_2} \right) \times N \times A \tag{4-6}$$

式中：g_1 和 g_2——覆冰工况下小、大号侧导线比载，N/m。

考虑绝缘子串重量 G_J，绝缘子串挂点处重力方向分量 G_{jyz} 为

$$G_{jyz} = \frac{G_V + \frac{1}{2}G_J\left(\cos^2\frac{\theta}{2} + 1\right)}{\cos\frac{\theta}{2}} \tag{4-7}$$

式中：θ—V 型串两肢之间的夹角。覆冰后绝缘子串与导线连接的挂点出现的水平偏移 Δl 为

$$\Delta l = L\cos\frac{\theta}{2}\tan\varphi \tag{4-8}$$

式中：L——绝缘子串长度；φ——绝缘子串与水平面倾角。

因为

$$\tan\varphi = \frac{F}{G_{jyz}} = \frac{NA(\sigma_2 - \sigma_1)}{G_{jyz}} \tag{4-9}$$

所以

$$G_V + \frac{1}{2}G_J\left(\cos^2\frac{\theta}{2} + 1\right) = \frac{NA\left|\sigma_2 - \sigma_1\right| L \times \cos^2\frac{\theta}{2}}{\Delta l} \tag{4-10}$$

假定大号侧覆冰比小号侧重，则对于小、大号侧导线分别有

$$S_1\left(1 + \frac{\sigma_1 - \sigma_0}{E}\right) - \sqrt{\left[\frac{2\sigma_1}{g_1}\mathrm{sh}\frac{(l_1 + \Delta l)g_1}{2\sigma_1}\right]^2 + h_1^2} = 0 \tag{4-11}$$

$$S_2\left(1+\frac{\sigma_2-\sigma_0}{E}\right)-\sqrt{\left[\frac{2\sigma_2}{g_2}\mathrm{sh}\frac{(l_2-\Delta l)g_2}{2\sigma_2}\right]^2+h_2^2}=0 \tag{4-12}$$

式（4-6）～式（4-12）中的未知量包括：两侧导线水平应力 σ_1、σ_2，绝缘子串沿线路方向倾角 φ，以及导线自重和线路覆冰总重之和 G_V，无覆冰工况小、大号侧档距内导线原长 S_1 和 S_2，覆冰后小、大号侧垂直档距范围内导线长度 l_{V1}、l_{V2}。

S_1、S_2、l_{V1}、l_{V2} 均可由图 4-3 求出。无覆冰工况下导线原长 S 为

$$S=\sqrt{\frac{2\sigma_0}{g_0}\sinh\frac{lg_0}{2\sigma_0}+h^2} \tag{4-13}$$

覆冰后小、大号侧垂直档距范围内导线长度分别近似为

$$l_{V1}\cos\beta_1=\frac{l_1}{2}+\frac{\sigma_1}{g_1}\operatorname{arcsinh}\left[\frac{h_1}{\frac{2\sigma_1}{g_1}\sinh\frac{g_1(l_1+\Delta l)}{2\sigma_1}}\right] \tag{4-14}$$

$$l_{V2}\cos\beta_2=\frac{l_2}{2}+\frac{\sigma_2}{g_2}\operatorname{arcsinh}\left[\frac{h_2}{\frac{2\sigma_2}{g_2}\sinh\frac{g_2(l_2-\Delta l)}{2\sigma_2}}\right] \tag{4-15}$$

本节利用 MATLAB 软件求解上述方程组，即可得到两侧导线对绝缘子串的拉力大小。

4.1.2 计算方法验证

结合有限元仿真对现有架空线路力学计算方法和考虑两侧档距耦合的绝缘子串拉力计算方法进行对比分析。以我国西南地区某 500 kV 紧凑型单回线路为研究对象，为了方便起见，建立仅包含 B 相导线的塔线系统有限元模型，如图 4-4 所示，设置了如表 4-1 所示的 3 种典型不均匀覆冰工况，对导线加载不同冰荷载，分别对比传统计算方法与本书计算方法获得结果的差异。

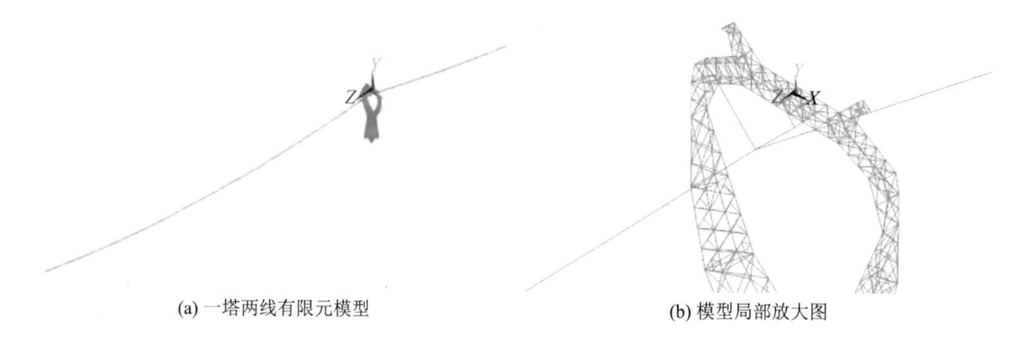

(a) 一塔两线有限元模型　　(b) 模型局部放大图

图 4-4　塔线系统有限元模型

按表 4-1 对塔线系统有限元模型加载不同冰厚的冰荷载，3 种工况下的计算结果对比分别如表 4-2～表 4-4 所示。

表 4-1　不均匀覆冰工况设置

覆冰工况	小号侧导线冰厚/mm	大号侧导线冰厚/mm
1	0	0
2	30	0
3	0	30

表 4-2　工况 1 计算结果

项目	小号侧拉力/kN	大号侧拉力/kN
仿真结果	109.33	111.27
不考虑耦合	110.22	112.95
不考虑耦合计算误差/%	0.81	1.50
考虑耦合	109.34	112.16
考虑耦合计算误差/%	0.0009	0.8

表 4-3　工况 2 计算结果

项目	小号侧拉力/kN	大号侧拉力/kN
仿真结果	359.9	352.91
不考虑耦合	390.54	112.94
不考虑耦合计算误差/%	8.51	67.99
考虑耦合	359.86	359.89
考虑耦合计算误差/%	0.01	1.98

表 4-4　工况 3 计算结果

项目	小号侧拉力/kN	大号侧拉力/kN
仿真结果	157.91	173.47
不考虑耦合	110.22	275.95
不考虑耦合计算误差/%	30.20	59.08
考虑耦合	159.14	172.42
考虑耦合计算误差/%	0.78	0.61

依据上述仿真结果可知，在无覆冰工况下，两种力学计算方法和有限元仿真结果较一致，计算误差在 1.5%以内。当两侧档距内冰厚差异较大时，考虑两侧档距耦合的力学计算方法较为准确，误差不超过 1.98%，而现有架空线路力学计算方法误差较大。

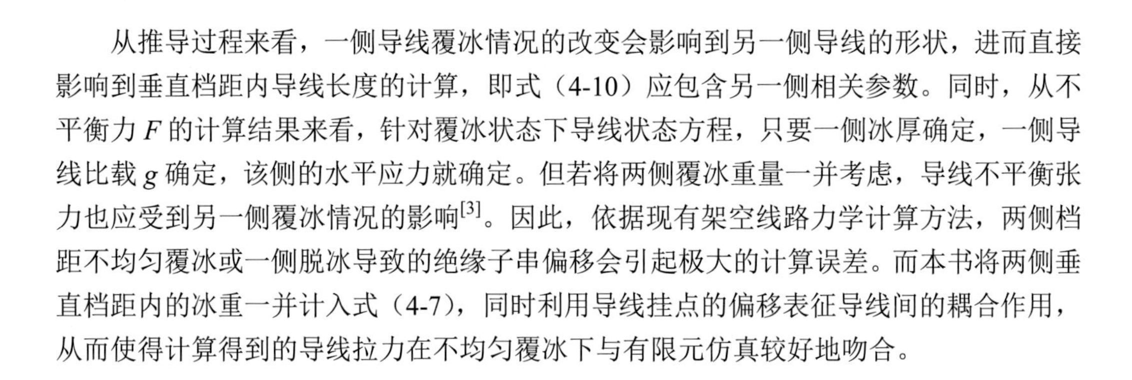

从推导过程来看，一侧导线覆冰情况的改变会影响到另一侧导线的形状，进而直接影响到垂直档距内导线长度的计算，即式（4-10）应包含另一侧相关参数。同时，从不平衡力 F 的计算结果来看，针对覆冰状态下导线状态方程，只要一侧冰厚确定，一侧导线比载 g 确定，该侧的水平应力就确定。但若将两侧覆冰重量一并考虑，导线不平衡张力也应受到另一侧覆冰情况的影响[3]。因此，依据现有架空线路力学计算方法，两侧档距不均匀覆冰或一侧脱冰导致的绝缘子串偏移会引起极大的计算误差。而本书将两侧垂直档距内的冰重一并计入式（4-7），同时利用导线挂点的偏移表征导线间的耦合作用，从而使得计算得到的导线拉力在不均匀覆冰下与有限元仿真较好地吻合。

4.2　不均匀覆冰下杆塔失稳分析

4.2.1　输电杆塔失效判据分析

输电塔塔架是由许多杆件组合在一起构成的高耸结构，属于高次超静定结构体系。塔架的某一根杆件的失效或破坏并不一定会导致整个塔架结构的失效，而当相应的构件破坏达到一定数目时，塔架整体形成了机构或局部破坏才出现整体破坏。因此，对于杆塔这种大型复杂结构体系，需要制定详细的构件失效判据，再制定结构体系的失效判据。

在结构可靠性分析研究中，人们已普遍认识到结构系统中的不确定性是不可忽视的，因此计算结构的可靠性必须用概率的方法。传统的基于安全系数的设计方法不能反映多设计参数的随机特性，因而不能完全保证其安全。通常对于一个实际结构（如大型的输电塔），其超静定次数较高，某一个元件破坏并不会导致整个结构的破坏，只有结构中的破坏元件数达到一定数目，使得结构不能再承受荷载，这个结构才算破坏。所以，在对这类结构进行可靠性分析时，应以整个结构体系的静强度来讨论强度特性，而不是以一个薄弱点的强度来代替整个结构体系的强度特性。当然在超静定次数很多的大型结构中，存在大量的可能破坏模式。寻找所有这些可能的破坏模式并计算出结构的系统破坏概率，需要消耗大量机时，且在实际中也无必要，在实用中只需挑选出发生概率较大的破坏模式——主要破坏模式[4]。

如果结构体系达到极限状态的概率超过了允许限制，结构体系就失效了。失效的含义是体系变成机构，或超过规定的变形，或不能进一步承受外荷载。对于输电线路杆塔这种大型复杂结构体系，结构体系的失效是一系列构件相继失效的结果，因此需要在制定详细的构件失效判据之后，再制定结构体系的失效判据。

根据不同的破坏机理，塔架结构失效包括如下几种：

（1）构件强度失效。构件强度失效是指塔架构件的应力超过或达到了其材料的屈曲强度，构件不能再承受更大的荷载而造成的强度失效。杆件受拉或者受压局部屈曲属于这种形式。

（2）屈曲失效。塔架中部分构件是受压构件，在长细比较大时，构件的应力在达到其临界屈曲荷载时，就不能再保持原有的平衡位置而出现屈曲失效。

（3）连接失效。塔架杆件之间一般是用焊缝、螺栓、法兰盘等连接起来的。如果焊缝、螺栓等连接比构件本身薄弱，当应力达到其强度极限时，就会产生连接失效。

（4）疲劳失效。塔架在长期的工作过程中，随着荷载的不断变化，其应力循环也不断变化，疲劳失效是损伤积累引起的塔架或其构件破坏的失效形式。

（5）机构失效。当塔架中的构件在受到较大荷载时，有一定数量相继失效（或形成塑性，或位移过大后不能承载等），塔架成为几何可变机构，导致变形增加而引起的失效就是机构失效。这种失效往往用来判断二力杆塔架体系失效。

在上述失效形式中，前三种属于构件层次的失效，第五种属于结构体系层次的失效，第四种失效形式在构件层次和体系层次都有可能发生[5]。

1. 构件失效

根据工程经验，在输电线路杆塔结构构件中，主要承受由荷载作用引起的轴向拉力或压力，由荷载作用引起的弯矩相对较小。为简化计算，一般选取杆塔结构中的轴心受拉构件和轴心受压构件进行可靠度校准分析。在极限荷载作用下，输电线路杆塔结构的受拉构件一般为强度破坏，受压构件则大多是稳定破坏[6]。

影响构件屈服强度和屈服后刚度变化特性的因素主要有：构件长细比、宽厚比、钢材含碳量以及加载方式等。构件长细比是影响屈服强度及屈服后刚度变化特性的主要因素，随着杆件长度的增加，构件长细比增大，失稳时临界屈曲承载力下降较快。随着宽厚比的增大，构件受压时边缘先屈服，临界屈曲承载力下降，但屈曲后承载力-位移曲线下降较平缓，即相对刚度较小。

因此，参考我国《架空输电线路杆塔结构设计技术规定》（DL/T 5154—2012）[7]，对杆塔受拉构件仅做强度分析，对受压构件做强度分析和稳定分析，若其强度破坏或失稳，则认定该构件失效。

1）受拉或受压构件强度分析

轴心受力构件的强度计算公式为

$$N / A_n = m \cdot f \tag{4-16}$$

式中：N——轴心拉力或轴心压力的设计值，N；A_n——构件净截面面积；m——构件强度折减系数；f——钢材强度设计值。构件强度折减系数 m 与构件的受力情况和连接方式相关，其取值参考《架空输电线路杆塔结构设计技术规定》（DL/T 5154—2021）确定。

其中，构件净截面面积采用式（4-17）计算：

$$A_n = A - n \cdot d_0 \cdot t \tag{4-17}$$

式中：A——构件毛截面面积；n——对应杆件的减孔数；d_0——螺栓孔径；t——角钢杆件厚度。本项目认为当主材肢宽小于 125 mm 时，杆件减孔数为 2 个；主材肢宽大于或

等于 125 mm 时，减孔数为 2.23 个，其余杆件减孔数为 1 个。

2）受压构件稳定分析

引入轴心受压构件的稳定系数对杆塔受压构件进行稳定性分析，该系数根据构件的长细比、钢材屈服强度和截面分类计算。轴心受压构件的稳定计算公式[8]为

$$N/(k\cdot\phi\cdot A_{\mathrm{n}})=m_{\mathrm{N}}\cdot f \tag{4-18}$$

式中：k——考虑屈曲后强度的宽厚比折减系数；ϕ——铁塔轴心受压构件稳定系数（取截面两主轴稳定系数中的较小者）；m_N——压杆稳定强度折减系数。原标准未考虑宽厚比对构件稳定强度折减系数的影响，参考文献[8]和[9]对折减系数进行了修正，从而得到修正系数 k。

该公式可以解释为，在钢材本身的屈服强度下，长细比越大，宽厚比越大，越容易出现失稳情况，即依据钢构件的形状对其极限承载力进行修正[9]。

2. 杆塔结构体系失效

目前，国内外已有许多专家学者对杆塔结构体系失效进行了研究[10-13]。一般而言，对于输电杆塔结构体系，其失效的判别准则大致可以归纳为以下 3 种情况，一般认为当杆塔结构达到以下 3 种中的任意状态之一即判定杆塔结构体系失效。

（1）结构变为机构。判断标准为：在部分构件失效后，剩余没有失效的构件总体刚度矩阵 $\boldsymbol{K}_{\mathrm{residual}}$ 奇异，表现为计算程序不收敛。

（2）结构变形大于许用值。一般认为输电塔结构的总体位移反应界限点发生在顶端处，若塔顶位移超过一定值，则认为输电杆塔破坏。

（3）结构不再能够承受额外荷载或结构承载力首次出现降低现象，一般表现为杆塔主要构件应力比值过大，发生了破坏即认为输电杆塔破坏。

大连理工大学冯径君[14]和王杨[15]都对输电塔刚度失效和强度失效进行了分析。冯径君分别以刚度安全界限与强度安全界限判定输电塔是否失效；刚度失效是指输电塔的顶点位移超过 0.21 m（即 h/100，h 为输电塔的高度），强度失效则是指输电塔底部单元最大应力超过强度设计值 310 MPa。与其类似，王杨对输电塔分别做了基于刚度破坏的动力可靠性分析，以输电塔的顶端位移来判断；做了强度破坏的动力可靠性分析，以塔底部最大应力单元来判断；此外还做了疲劳可靠性分析。

重庆大学李茂华[16]认为在杆塔结构体系中，杆塔主材占杆塔重量的大部分，在结构设计中相对于斜材及辅材的设计裕度小，在输电杆塔结构设计中起主要的控制作用。因此，当主材受压屈服时，可认为输电杆塔被破坏。即当主材受压屈服时，输电杆塔破坏，以主材构件受压屈服为失效边界。

重庆大学韩枫[17]研究了输电塔线结构体系可靠度，认为只要输电塔呼高内的任意一根主柱材或主斜材发生破坏，则认为结构破坏。因为输电塔体结构为格构式结构体系，角钢构件之间由螺栓连接。若结构承受的外荷载较大，输电塔体内某根构件所承受的作

用力可能已经达到了极限承载力，从而引起构件屈曲，使得继续承受荷载的能力丧失。此时，对于整个输电塔结构，部分杆件退出工作使得结构形式发生了明显变化，从而使得荷载作用在其他构件中产生了内力重分布，其他杆件内力会随着内力重分布而发生变化，相继出现屈曲，构件大量屈曲最终导致输电塔体结构发生坍塌。为此，塔体结构的承受主要荷载和维持塔体稳定的主柱材与主斜材中任一杆件的轴向最大应力值超过了其极限承载力，则认为塔体结构出现破坏。此外，文献综合考虑输电塔设计控制值、规范限值和有限元数值模拟分析结果，分别确定以应力比值和以塔顶位移为参数的量化模型。

依据上述文献调研情况及相关规程、标准，制定塔线系统分级失效判据，如表 4-5 所示，依据失稳情况分为三级：轻微破坏、中等破坏和严重破坏，其中 ξ 表示构件应力比值（应力与构件屈服强度之比），l 表示塔顶位移，h 表示塔高。

表 4-5　杆塔结构体系失效判据

类别	轻微破坏	中等破坏	严重破坏
杆塔斜材	$\xi>1.0$	$\xi>1.15$	—
杆塔主材	$0.8<\xi<1.0$	$1.0<\xi<1.15$	$\xi>1.15$
塔顶位移	—	$3h/1000<l<h/100$	$l>h/100$
收敛性	—	—	程序不收敛

4.2.2　不均匀覆冰下耐张塔失稳分析

本节以某 500 kV 输电线路 112#转角塔为例，直接在杆塔两侧绝缘子挂点施加拉力荷载，模拟杆塔两侧不均匀覆冰工况，探究两侧拉力的综合作用对杆塔失效的影响。该杆塔于 2012 年 2 月 28 日 2 时 9 分严重受损，造成线路停运 17 d 23 h 6 min。该杆塔所处耐张段内的线路常年存在严重不均匀覆冰工况，调研历史数据发现 112#大号侧线路历史覆冰峰值为 19 mm，而小号侧线路历史覆冰峰值仅为 6 mm，最后杆塔的确是向大号侧方向倒塔。因此，本节选用 112#杆塔倒塔前后数据来对计算方法进行验证。

1. 有限元模型建立

该 500 kV 输电线路，按紧凑型建设，2008 年 7 月投运。其中，112#转角塔地处海洋山高海拔地区，全段海拔为 364.9～1175 m，沿线地形主要为高山大岭，目前采用紧凑型单回路建设，该段线路设计风速为 30 m/s（离地 20 m 高），按 15 mm 覆冰设计。112#转角塔呼高 27 m，总塔高 41.6 m。

杆塔设计基本情况如表 4-6 所示。

表 4-6　112#转角塔设计基本情况

<table>
<tr><th>运行杆号</th><th>塔型</th><th>转角</th><th>水平档距/m</th><th>垂直档距/m</th><th>档距/m</th><th>代表档距/m</th><th>海拔/m</th></tr>
<tr><td>111#</td><td>JJ152-36</td><td>右 0°00′00″</td><td>637</td><td>576</td><td rowspan="2">631</td><td rowspan="2">604</td><td>968.1</td></tr>
<tr><td rowspan="2">112#</td><td rowspan="2">JJ11-27</td><td rowspan="2">右 22°47′15″</td><td rowspan="2">533</td><td rowspan="2">831</td><td rowspan="2">1129.4</td></tr>
<tr><td rowspan="2">435</td><td rowspan="2">434</td></tr>
<tr><td>113#</td><td>JJ152-30</td><td>右 0°00′00″</td><td>471</td><td>838</td><td>1121.7</td></tr>
</table>

JJ11-27 杆塔采用的角钢主要有两种，区别在于两种角钢的屈服强度不同，分别为 Q345 和 Q235，材料属性如表 4-7 所示。

表 4-7　Q345 和 Q235 角钢材料属性

材料属性	角钢型号	
	Q345	Q235
弹性模量/MPa	206 000	206 000
质量密度/(t/mm^3)	7.85×10^{-9}	7.85×10^{-9}
泊松比	0.3	0.3
屈服强度/最大使用应力/MPa	345	235

采用 BEAM188 单元建立 112#转角塔有限元模型，如图 4-5 所示。

图 4-5　112#转角塔有限元模型

2. 荷载计算模型

根据 112#转角塔安装的覆冰监测装置拉力传感器监测的挂点拉力，监测结果如表 4-8 所示。

表 4-8 112#转角塔拉力监测结果

位置	相别	无覆冰/kg	40%设计冰厚/kg	70%设计冰厚/kg	130%设计冰厚/kg
小号侧	C 相	11 300	15 900	20 450	32 000
小号侧	地线	1 500	2 110	2 760	4 500
大号侧	B 相	10 100	14 350	18 600	29 500
大号侧	光缆	1 385	1 960	2 590	4 280

可见，在不同覆冰条件下，导线拉力与地线拉力总呈一定倍数关系，例如，对于该 112#转角塔，其小号侧导线拉力与地线拉力倍数在 7.5 左右。因此，为了简化过程，在拉力不断变化的过程中，假设小号侧导线拉力始终为地线拉力的 7.5 倍，大号侧导线拉力始终为地线拉力的 7.3 倍，同时假设同一侧各相导线对挂点的拉力相同，同一侧地线也对挂点的拉力相同。通过以上简化步骤，可以将多个变量简化为 2 个变量：左侧导线拉力 T_1 和右侧导线拉力 T_2。将覆冰后绝缘子串拉力直接加载于杆塔各导、地线绝缘子串挂点上。

假设杆塔底部四点与基础稳固连接，杆塔腿部与基础连接点的位移在线路运行中不发生变化。因此，在有限元仿真分析中，需固定三个坐标方向上的全部平动自由度和转动自由度。综上，对整个杆塔完成荷载施加和自由度约束后，如图 4-6 所示。

图 4-6 荷载施加和自由度约束情况

在无覆冰工况下，对上述有限元模型进行仿真计算，程序收敛后杆塔位移云图如图 4-7 所示。

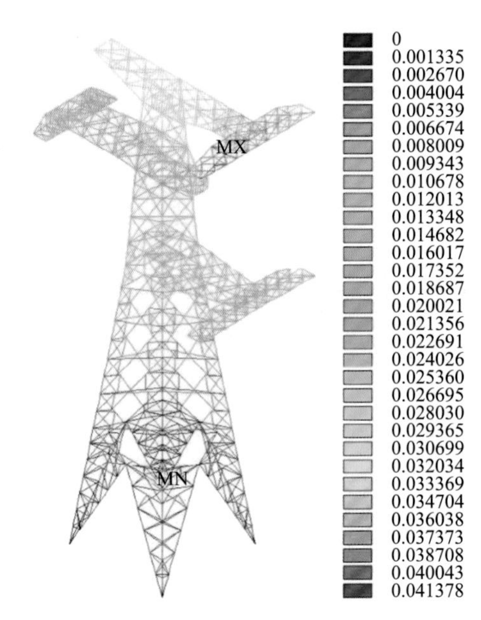

图 4-7　112#转角塔节点位移云图（单位：m）

MX 为最大值；MN 为最小值

112#转角塔各单元应力和应变云图如图 4-8 所示。

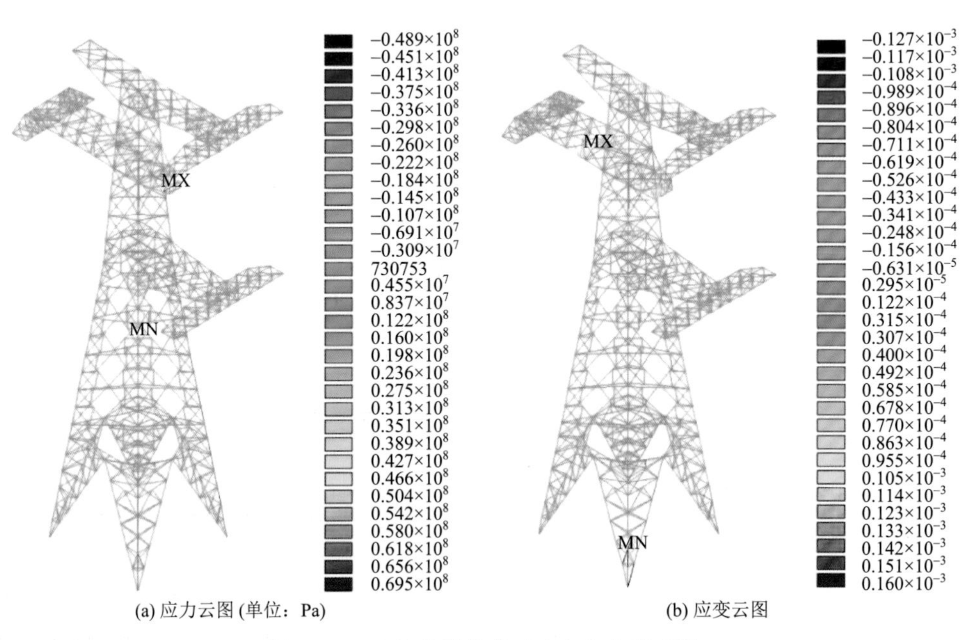

(a) 应力云图 (单位：Pa)　　(b) 应变云图

图 4-8　112#转角塔各单元应力和应变云图

MX 为最大值；MN 为最小值

由图 4-8 可知，无覆冰工况下，杆塔节点位移最大值出现在右侧地线支架部分，应力和应变最大值出现在杆塔导线横担部分。

依据上述仿真方法，可不断改变杆塔两侧的导线拉力，循环进行仿真计算，从仿真结果中提取出各钢构单元的应力应变值，结合节点位移值来判断杆塔失效情况，最终总结冰害事故的触发曲线，并分析杆塔的薄弱位置等。

3. 临界失稳曲线分析

根据覆冰监测终端的监测数据，在无覆冰拉力的基础上，以 40 kN 为差值，不断增大杆塔两侧拉力值，对杆塔有限元模型进行仿真计算，以探究两侧拉力的改变对杆塔失效的影响。

将小号侧和大号侧拉力在 120～520 kN 分为多个等级，每级拉力相差 40 kN，各级拉力对应加载时的水平分量、竖直分量以及等值冰厚如表 4-9 所示。

表 4-9　112#杆塔两侧拉力相关参数计算

拉力 T/kN	水平分量 H/N	竖直分量 V/N	水平应力 σ/MPa	夹角 θ/(°)	等值冰厚 d_0/mm
小号侧					
120	116 343.192 613 766	29 398.325 333 870	57.200 897 08	14.181 0	3.786 9
160	155 815.273 114 495	36 353.825 991 983	76.607 605 49	13.133 0	8.737 2
200	195 225.861 962 660	43 438.034 266 488	95.984 081 12	12.544 1	12.789 9
240	234 594.140 340 575	50 651.646 743 877	115.339 754 5	12.183 8	16.333 3
280	273 928.336 372 312	57 993.676 657 868	134.678 671 1	11.953 6	19.539 1
320	313 232.584 926 946	65 462.567 471 675	154.002 863 9	11.804 4	22.501 1
360	352 509.204 537 149	73 056.558 340 688	173.313 472 6	11.708 6	25.276 7
400	391 759.606 055 506	80 773.826 597 695	192.611 191 1	11.650 1	27.904 3
440	430 984.705 110 772	88 612.549 678 816	211.896 469 5	11.618 4	30.410 6
480	470 185.128 165 405	96 570.933 784 868	231.169 615 7	11.606 5	32.815 6
520	509 361.323 419 925	104 647.227 406 669	250.430 850 2	11.609 8	35.134 1
大号侧					
120	101 181.024 3	64 516.667 06	49.746 317 13	32.523 1	5.118 58
160	136 235.129 5	83 904.645 23	66.980 898 9	31.628 1	10.182 2
200	171 171.677 3	103 442.046 1	84.157 682 77	31.145 3	14.350 5
240	206 005.736	123 132.598 3	101.284 077 2	30.867 4	17.999 4
280	240 744.407	142 975.978 7	118.363 573 7	30.705 7	21.299 7
320	275 391.788 3	162 970.435 8	135.398 186 9	30.616 1	24.345 7

续表

拉力 T/kN	水平分量 H/N	竖直分量 V/N	水平应力 σ/MPa	夹角 θ/(°)	等值冰厚 d_0/mm
360	309 950.623 8	183 113.655 4	152.389 266 1	30.573 9	27.196 1
400	344 422.964 1	203 403.101 7	169.337 819 3	30.564 5	29.890 3
440	378 810.466 9	223 836.168 1	186.244 661 6	30.578 5	32.456 0
480	413 114.548 3	244 410.249 4	203.110 489 1	30.609 8	34.913 7
520	447 336.464 5	265 122.778 2	219.935 919 7	30.653 9	37.279 1

依据表 4-9 中杆塔两侧各级拉力的水平分量和竖直分量，对杆塔有限元模型进行加载求解，不断改变杆塔两侧拉力进行仿真计算，提取出不同拉力组合下杆塔各单元的应力比值和各节点的位移，采用表 4-5 对杆塔安全状况进行判断。

分析中发现当两侧不平衡张力越大时，杆塔就越危险。以小号侧拉力 250 kN 和 300 kN 为例，提取出大号侧从参考拉力到 450 kN 变化过程中杆塔主材应力峰值，绘制主材应力峰值随大号侧拉力的变化曲线，如图 4-9 所示。

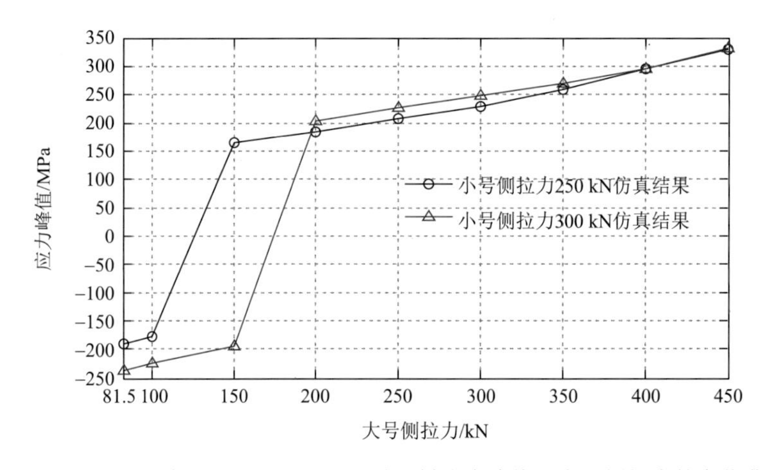

图 4-9　小号侧拉力 250 kN 和 300 kN 时主材应力峰值随大号侧拉力的变化曲线

从图 4-9 可以发现，当小号侧拉力一定，大号侧拉力远小于小号侧拉力时，杆塔所受两侧不平衡张力较大，杆塔受压构件的应力较大；随着大号侧拉力增大，两侧不平衡张力逐渐减小，杆塔受压构件的应力也逐渐减小，杆塔安全状况也越来越好。当两侧拉力较接近时，随着大号侧拉力增大，不平衡张力又被拉开，逐渐变大，此时杆塔受拉构件应力逐渐增大直至接近屈服极限，杆塔危险程度也不断提高。当小号侧拉力为 300 kN，大号侧拉力较小时，两侧不平衡张力大于小号侧拉力 250 kN 的工况，因此受压构件应力也更大，曲线也在小号侧拉力 250 kN 的曲线下方，结果合理。实际上对小号侧拉力为其他值时也进行了上述处理，分析发现，结果都与小号侧拉力 250 kN 和 300 kN 时一致。

因此，在评估杆塔失效的一般触发范围时，对于小号侧拉力一定，大号侧拉力过大或过小都可能导致杆塔失效的情况，失效触发曲线应有两条。同时注意到，杆塔失效是不平衡张力和荷载的综合作用，因此当一侧拉力较大，如小号侧拉力超过 500 kN 时，无论大号侧拉力取何值杆塔都易出现失效。基于以上思路，给出杆塔拉力临界失效曲线，如图 4-10 所示。

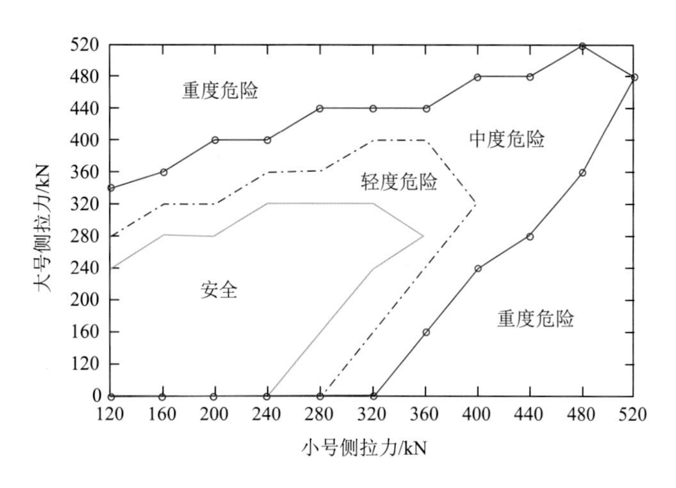

图 4-10　杆塔拉力临界失效曲线

上述 112#转角塔拉力临界失效曲线对应的两侧冰厚临界失效曲线，如图 4-11 所示。

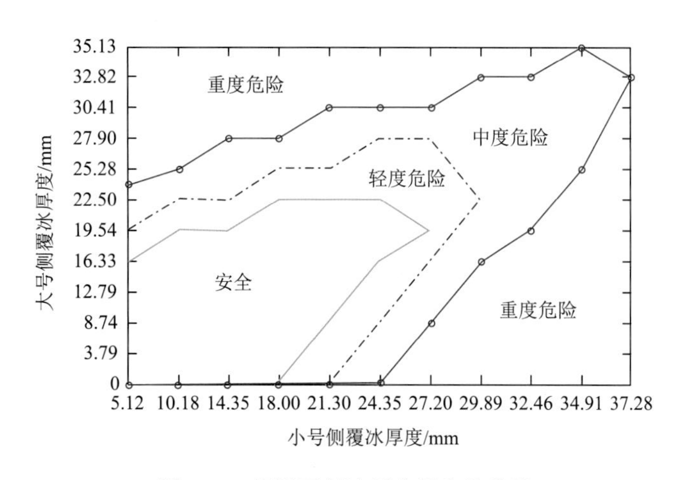

图 4-11　杆塔两侧冰厚临界失效曲线

图 4-11 中依据杆塔失效判据分为 6 条失效曲线，其中左侧 3 条曲线对应大号侧拉力过大，小号侧拉力小时出现的杆塔失效情况，此时曲线上方即为危险区域；右侧 3 条曲线对应小号侧拉力过大，大号侧拉力小时出现的杆塔失效情况，此时曲线下方即为危险区域。当小号侧拉力较小时，随着小号侧拉力增大，与大号侧拉力越来越接近，杆塔两

侧不平衡张力减小，出现失效的大号侧极限拉力也会逐渐增大；反之，当小号侧拉力较大时，随着小号侧拉力增大出现失效的大号侧极限拉力也会逐渐增大。

当 112#转角塔两侧拉力对应点位于安全区域时，表示杆塔安全状况较好，无倒塔风险；当位于轻度和中度危险区域时，表明此时杆塔有一定概率出现失效风险，需要引起电网维护人员注意，并采取一定的融冰措施，并及时观测杆塔状况；当位于重度危险区域时，杆塔有大概率出现失效，甚至可能发生倒塔事故，需要电网维护人员及时采取对应措施。

倒塔前 112#转角塔大号侧安装有拉力监测装置，实时监测大号侧绝缘子串的拉力变化。从覆冰开始到杆塔倒塔期间大号侧绝缘子串拉力随时间的变化曲线如图 4-12 所示。

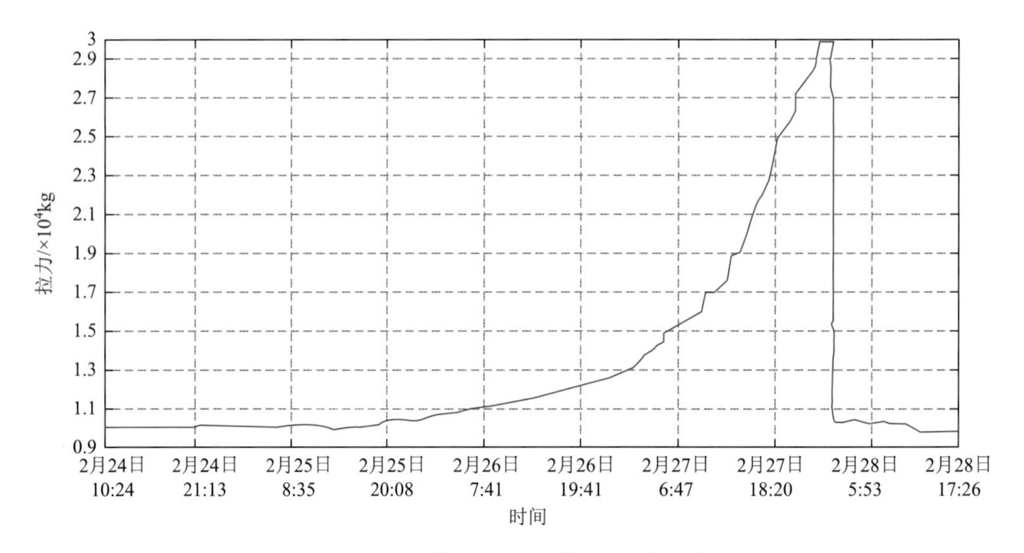

图 4-12　倒塔前拉力随时间的变化曲线

由曲线可知，倒塔前 112#杆塔大号侧绝缘子串拉力随时间不断增大，从参考拉力 10 100 kg（98.98 kN）增大至倒塔时的 32 150 kg（315.07 kN），对应线路覆冰厚度从 0 mm 增长至 24.1 mm，此时小号侧线路覆冰厚度极小，接近 0 mm，对应图 4-10 和图 4-11 的失效曲线，可知倒塔时刻杆塔处于重度危险区域，与实际情况一致。采用倒塔时的拉力值对杆塔进行加载计算，从处理结果可发现，此时有 17 根主材应力比值超过了 1，杆塔有较大的倒塔可能，这也验证了有限元仿真结果的正确性。

4.2.3　不均匀覆冰下直线塔失稳分析

本节以某 500 kV 输电线路 103#直线塔为例，建立包含该直线塔在内的一塔两线有限元模型，借助结构力学有限元仿真计算，分别对杆塔两侧导线加载不同冰厚的冰荷载，对整体塔线系统进行有限元仿真计算，结合杆塔失效判据，分析杆塔失效情况并最终得到杆塔失效曲线。

1. 有限元模型建立

103#直线塔呼高 41 m，总塔高 44.7 m。杆塔设计基本情况如表 4-10 所示。

表 4-10　桂山乙线 103#直线塔设计基本情况

<table>
<tr><th>运行杆号</th><th>塔型</th><th>转角</th><th>水平档距/m</th><th>垂直档距/m</th><th>档距/m</th><th>代表档距/m</th><th>海拔/m</th></tr>
<tr><td>102#</td><td>JZ11-32</td><td>0°00′00″</td><td>242</td><td>277</td><td rowspan="2">345</td><td rowspan="2">286</td><td>1174.9</td></tr>
<tr><td rowspan="2">103#</td><td rowspan="2">JZ11-41</td><td rowspan="2">0°00′00″</td><td rowspan="2">246</td><td rowspan="2">238</td><td rowspan="2">1153.8</td></tr>
<tr><td rowspan="2">147</td><td rowspan="2">286</td></tr>
<tr><td>101#</td><td>JJ11-27</td><td>左 23°49′</td><td>136</td><td>−18</td><td>1103.6</td></tr>
</table>

JZ11-41 杆塔采用的角钢主要有两种，区别在于两种角钢的屈服强度不同，分别为 Q345 和 Q235。采用 BEAM188 单元建立 103#直线塔有限元模型，如图 4-13 所示，完整的一塔两线有限元模型如图 4-14 所示。

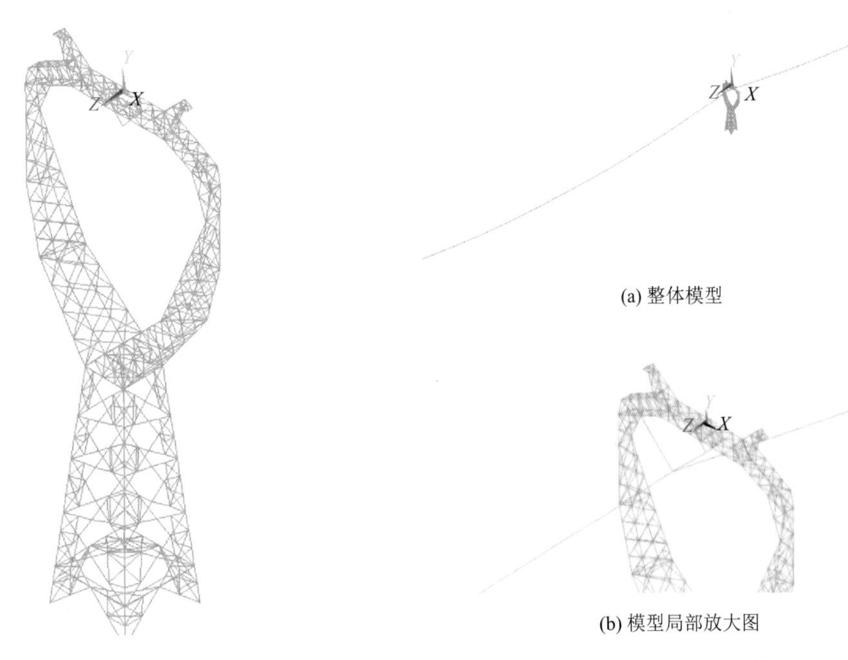

(a) 整体模型

(b) 模型局部放大图

图 4-13　103#直线塔有限元模型

图 4-14　一塔两线有限元模型

2. 失稳曲线分析

在无覆冰工况下，对上述有限元模型进行力学仿真计算，程序收敛后杆塔位移云图如图 4-15 所示。

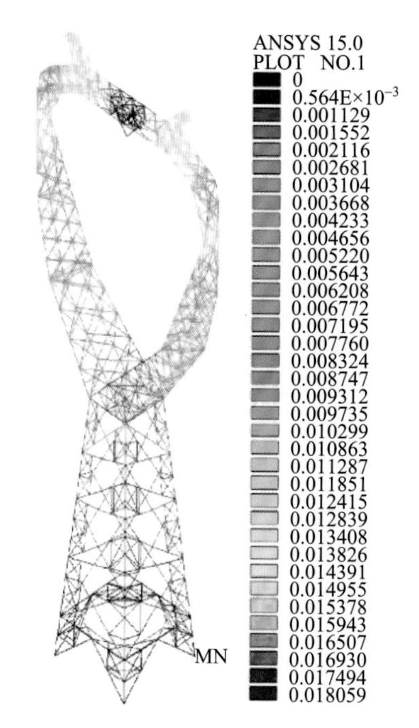

图 4-15　无覆冰时 103#直线塔节点位移云图（单位：m）

103#直线塔各单元应力和应变云图如图 4-16 所示。

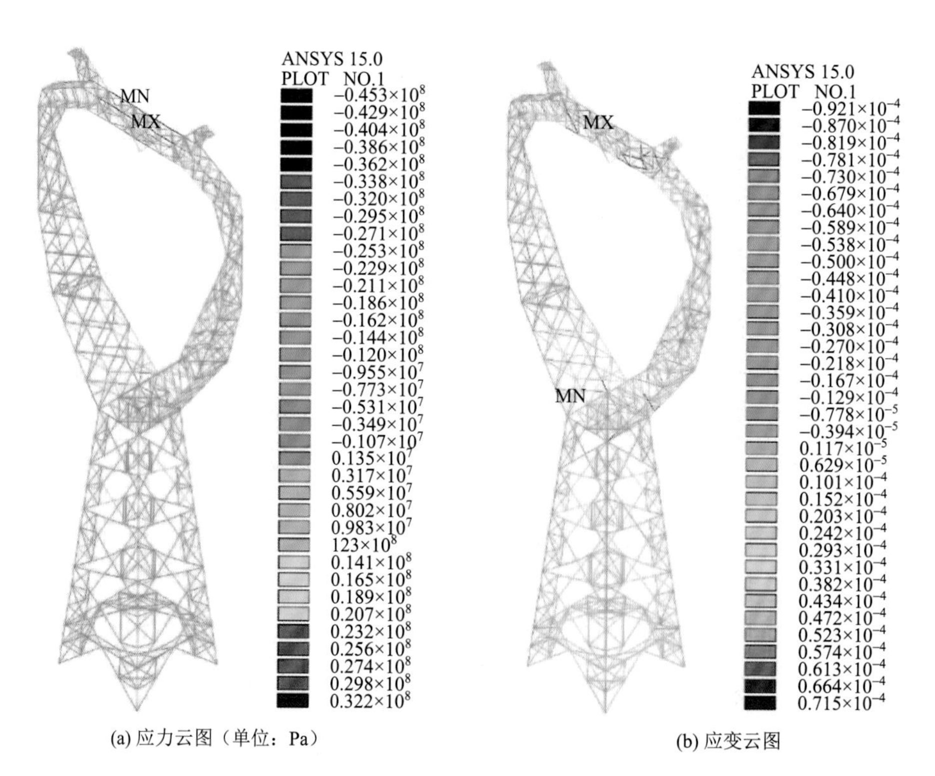

(a) 应力云图（单位：Pa）　　(b) 应变云图

图 4-16　103#直线塔各单元应力和应变云图

由图 4-16 可知，在无覆冰工况下，杆塔节点位移最大值出现在中间绝缘子挂点部分，最大值仅 1.80 cm，应力应变最大处出现在杆塔上横担部分，亦远小于其承受能力。

考虑到杆塔所处地理位置的实际情况，杆塔两侧冰厚计算范围为 0～30 mm，以 2 mm 为差值不断改变两侧冰厚进行加载和计算。

经冰厚荷载的循环加载和计算分析，103#直线塔失效曲线如图 4-17 所示。

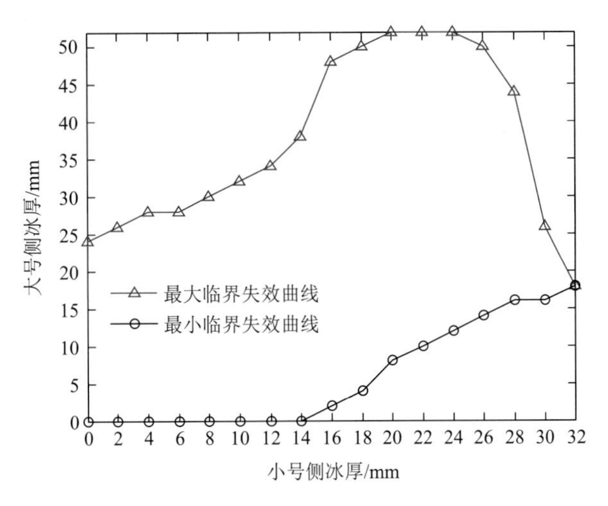

图 4-17　103#直线塔失效曲线

输电线路杆塔的破坏是荷载过大和两侧档距的不平衡张力过大两因素综合作用的结果，图 4-18 103#直线塔的失效曲线显然也很好地验证了这种说法。由失效曲线可以发现，当直线型直线塔的小号侧冰厚较小时，大号侧冰厚过大就会对杆塔造成破坏，随着小号侧冰厚增大，在大号侧冰厚一定的情况下，杆塔承受不平衡张力反而减

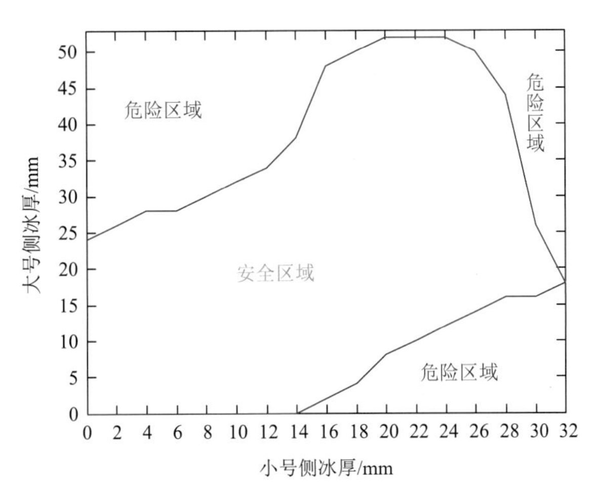

图 4-18　103#直线塔失效区域

小，总体荷载变大，导致杆塔失效的大号侧极限冰厚也随之增大。当小号侧冰厚较大而大号侧冰厚较小时，杆塔同样会因为承受过大的不平衡张力而出现破坏甚至倒塔。因此，失效曲线有两条：小号侧冰厚一定时大号侧最大临界失效冰厚对应的曲线以及大号侧最小临界失效冰厚对应的曲线。并且从曲线中可以看出，当小号侧冰厚升至 32 mm 时，无论大号侧冰厚取何值杆塔都有可能出现破坏或失效。因此，给出杆塔失效区域如图 4-18 所示。

自 2013 年 103#直线塔安装监测终端以来，根据 2013 年至今覆冰终端监测系统的监测数据，103#直线塔小号侧最大覆冰厚度为 15 mm，大号侧最大覆冰厚度为 13 mm，对应失效曲线图中的安全区域。而该塔至今仍未发生事故，侧面验证了直线塔有限元仿真计算及分析方法的正确性。

由于杆塔失效是由不平衡张力和荷载综合作用引起的，当人工融冰或自然脱冰造成耐张塔两侧不同时脱冰时，线路不平衡张力达到最大，杆塔面临较大的失效风险。因此，要对杆塔失效进行实时预警，不仅要从当前杆塔的监测拉力着手，判断杆塔此刻的安全状况，还要预估万一线路发生了不均匀脱冰工况，杆塔可能由于瞬间遭受过大的不平衡张力而发生倒塔事故。

因此，需要在杆塔两侧覆冰时，提前考虑可能将要发生的最严重不同时脱冰情况：一侧档距内覆冰厚度为 0 mm，另一侧档距内覆冰厚度较大，此时线路不平衡张力最大，杆塔处于最危险状况。依据失效判据判断此时杆塔是否失效，若有失效可能，则要求现场运维人员及时采取措施，防止发生由线路不均匀脱冰带来的杆塔失效事故。为防止线路突然发生不均匀脱冰，由图 4-18 可知，在小号侧导线冰厚达到 14 mm 或大号侧导线冰厚达到 25 mm 时，杆塔极有可能发生不均匀脱冰带来的失效情况，因此要求线路运维人员在小号侧冰厚达到 14 mm 或大号侧冰厚达到 25 mm 之前就开始采取相关措施，防止线路杆塔失效的发生。

4.3 脱冰工况下塔线系统动态响应分析

导线脱冰具有振动幅度大、持续时间长的特点，如果线路设计不当，在导线脱冰振动过程中，导线上下相之间、导地线之间的间距可能小于规范要求的绝缘间隙，引起导线缠绕、碰撞烧伤、闪络等事故。不均匀脱冰会产生巨大的张力差，对金具和绝缘子上下挂点造成附加的冲击，可能导致导线断线、绝缘子和金具破坏、杆塔折损甚至倒塌等事故[18, 19]。分裂导线覆冰重量会严重增大，脱冰时更会引起较大幅度的跳跃，带来更加严重的电气事故和机械事故。

在我国的架空输电线路设计规范中，把冰荷载和风荷载都当作静荷载设计，导线、地线属于大跨度柔性结构，具有很强的几何非线性和强动力响应，有关规范对线路脱冰或风偏引起的动力响应可能会估计不足，因此有必要研究导线脱冰时的动力响应，以此来指导线路设计，以保障输电线路体系在覆冰、脱冰等工况下的安全，这对输电线路的设计和安全运行具有重要的意义。

4.3.1　脱冰动力计算模型的验证

本节通过建立塔线系统有限元模型，模拟导线脱冰工况，对脱冰后杆塔节点位移及单元应力动态变化过程进行分析。相比于其他商业有限元软件，采用 ABAQUS 开展动态仿真分析的优势在于：

（1）ABAQUS 软件在求解非线性问题时具有非常明显的优势。其非线性涵盖材料非线性、几何非线性和状态非线性等多个方面。

（2）ABAQUS 可以采用显式积分法求解动力学问题，显式积分法最显著的特点是没有在隐式积分法中所需的整体切线刚度矩阵，不需要迭代和收敛准则；需要的内存和磁盘空间更小，计算效率更高。

（3）单元种类更多，达 433 种，提供了更多的选择余地，并能更深入地反映细微的结构现象和现象间的差别。

（4）材料模型更多，包括材料的本构关系和失效准则等。除常规的金属材料外，还可以有效地模拟复合材料、土壤、塑性材料和高温蠕变材料等特殊材料[20]。

为验证覆冰导线脱冰动力响应数值模拟方法的正确性，首先依据 1993 年 Amaleddine 等[21]在魁北克省电力研究院的人工气候室内用 3.322 m 长的导线进行的模拟脱冰试验结果，分别基于隐式和显式积分法对比导线脱冰后导线最低点弧垂的位移变化。隐式和显式积分法的优劣势对比分析详见本书 2.6.2 小节。

Amaleddine 等模拟脱冰试验装置如图 4-19 所示，其中悬链线的初始拉力为 6.603 N，导线档中点的弧垂为 0.196 m，试验使用 7 根直径 1.78 mm 的不锈钢圆形截面绞线铰接成的导线，导线直径为 4.76 mm。这种试验导线满足在承受拉力时其压缩、弯曲和扭转刚度可以忽略不计的特性。其单位质量为 0.0926 kg/m，截面积为 17.795 mm^2。文献[21]中进行了多组试验，下面采用其中一种脱冰模型加载，如图 4-20 所示。导线所受冰荷载 F 为 14.014 N。

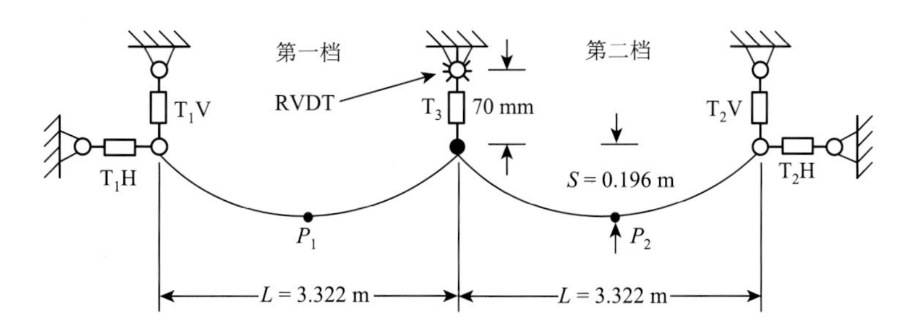

图 4-19　模拟脱冰试验装置

T_1V、T_2V、T_3V 为各导线挂点处的悬垂绝缘子串；T_1H、T_2H 为两端耐张绝缘子串；P_1、P_2 为两档导线档中点；RVDT（rotary variable differential transformer，旋转可变差动变压器）

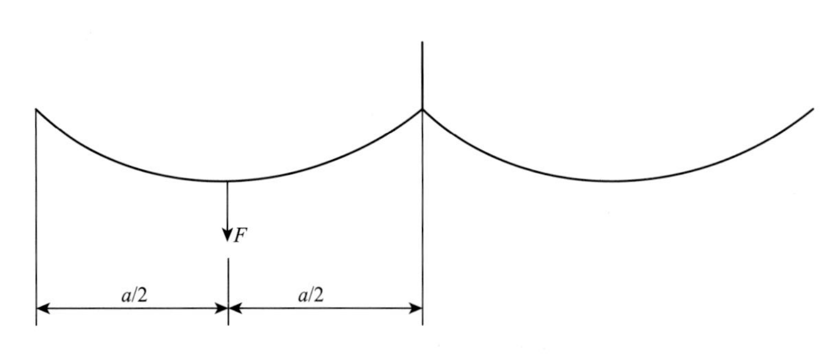

图 4-20　脱冰模型加载示意图

仿真步骤如下。

（1）建模。

试验中两档导线中间为一悬垂棒，采用一直径为 5 mm 的圆柱形直杆模拟，长度为 70 mm，材料属性为钢，采用 1 个梁单元离散；导线参数如上所述，设置其材料属性为钢，且不可压缩，每档采用 50 个桁架单元离散。脱冰跳跃过程中，导线的结构阻尼主要来自绞线间的轴向摩擦。导线的阻尼可用瑞利阻尼描述，即阻尼矩阵 C 是质量矩阵 M 和刚度矩阵 K 的线性组合。

（2）边界条件。

档距两端固定，T_3D_2 单元只需约束所有平动自由度。为了模拟绝缘子串上端与杆塔的铰接，只约束所有平动自由度。假定导线与线夹之间没有相对滑移和转动。

（3）定义荷载。

将荷载施加在一个节点上会造成局部变形过大而引起不收敛，所以将集中荷载 F 平均施加到左边档距中点附近的 9 个节点上，如图 4-21 所示，每个节点承受的荷载为 1.557 N。

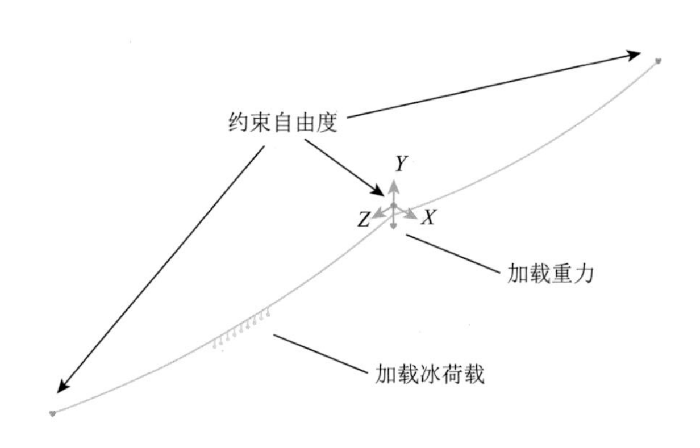

图 4-21　覆冰导线模型加载及自由度约束

（4）设置分析步。

对于隐式积分法，首先进行静力计算，加载重力和冰荷载，得到初始覆冰状态；随后进行脱冰动力计算，因为冰荷载突然消失时，隐式积分法很难收敛，所以设置冰荷载在 0.1 s 内降低为零。

对于显式积分法，在静力计算后设置重启动请求保存计算数据，随后将初始覆冰状态以预应力场的方式导入初始塔线系统有限元模型。显式积分法收敛性较好，因此直接设置冰荷载在 0 s 时消失。

（5）结果比较。

将得到的数值模拟结果与试验结果进行比较，以验证数值模拟方法的合理性。

试验结果与数值模拟结果的比较如图 4-22 所示。

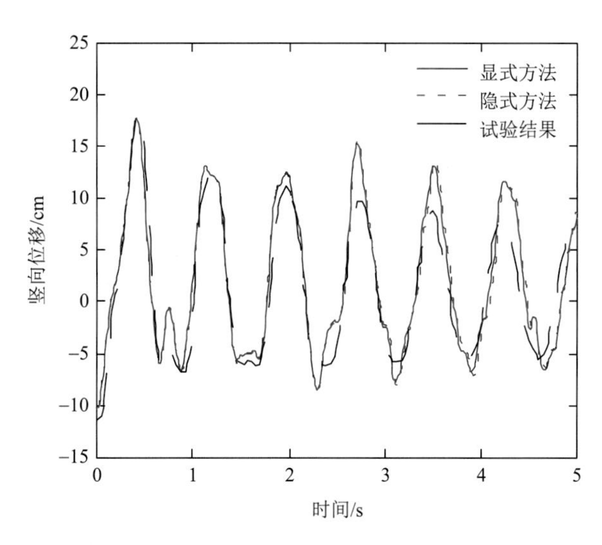

图 4-22　脱冰动力响应数值模拟与试验结果对比

由图 4-22 可知，荷载释放后，导线立即向上跳动，达到最高点后向下反弹。在荷载释放后达到第一个波峰的较短时间内，试验结果和数值模拟结果非常接近，隐式、显式积分法求得竖向的最大位移值分别为 17.708 cm 和 17.704 cm，而试验结果为 18.158 cm，相对误差分别为 2.48%和 2.50%。工程上一般关心的是导线脱冰后瞬时的最大位移，数值模拟得到的最大位移与试验结果吻合较低，表明利用数值模拟方法可以得到合理的结果。但是随着时间的推移，仿真和试验结果的误差越来越明显，这是由模型中导线的阻尼和实际之间存在的差异所致。从图 4-22 中还可看出，采用显式积分法误差并不比隐式积分法大多少，但在计算时间上，显式积分法花费几分钟，隐式积分法花费近半小时，且占用内存远大于显式积分法，因此后续仿真均采用显式积分法。

4.3.2　实际塔线系统脱冰动态响应分析

以某 500 kV361#杆塔为研究对象，建立包含 361#杆塔在内的一塔两线有限元模型，分析脱冰过程中杆塔节点位移及单元应力动态变化过程。361#杆塔相关信息如表 4-11 所示。

表 4-11　361#杆塔基本情况

杆号	塔型	呼称高/m	小号侧档距/m	大号侧档距/m	所属地	地形
361#	JZ2-41	41	434	483	荆州市沙道观镇绍家铺村	平原

361#杆塔塔形为酒杯塔，实物图如图 4-23 所示。

图 4-23　361#杆塔实物图

针对包含 361#杆塔及其前后档导线的一塔两线有限元模型，对绝缘子串施加刚体约束、添加连接器，采用显式积分法模拟杆塔前后两档覆冰 10 mm，小号侧档距导线脱冰后的动力响应。定义导、地线的瑞利阻尼系数 α 和 β 分别为 0.1 和 0。具体步骤如下：

（1）静力计算塔线系统在重力荷载和冰荷载下的响应；

（2）定义显式积分法分析步（同一个模型中静力学分析步后不能接显式积分法分析步），其中计算时长为 7 s，采用自动增量控制，其他保持默认设置；

（3）为了将静力计算得到的初始覆冰状态导入，在动力学分析步中选取整个模型区域加载预定义场；

（4）定义荷载幅值，令长档距侧荷载在计算开始后突变为 0；

（5）由于增量步数较多，设置动力分析精度为双精度。

将脱冰时刻视为 0 时刻，计算时长设置为 25 s，动力仿真计算得到杆塔不同时刻的位移云图如图 4-24 所示，杆塔不同时刻的应力云图如图 4-25 所示。

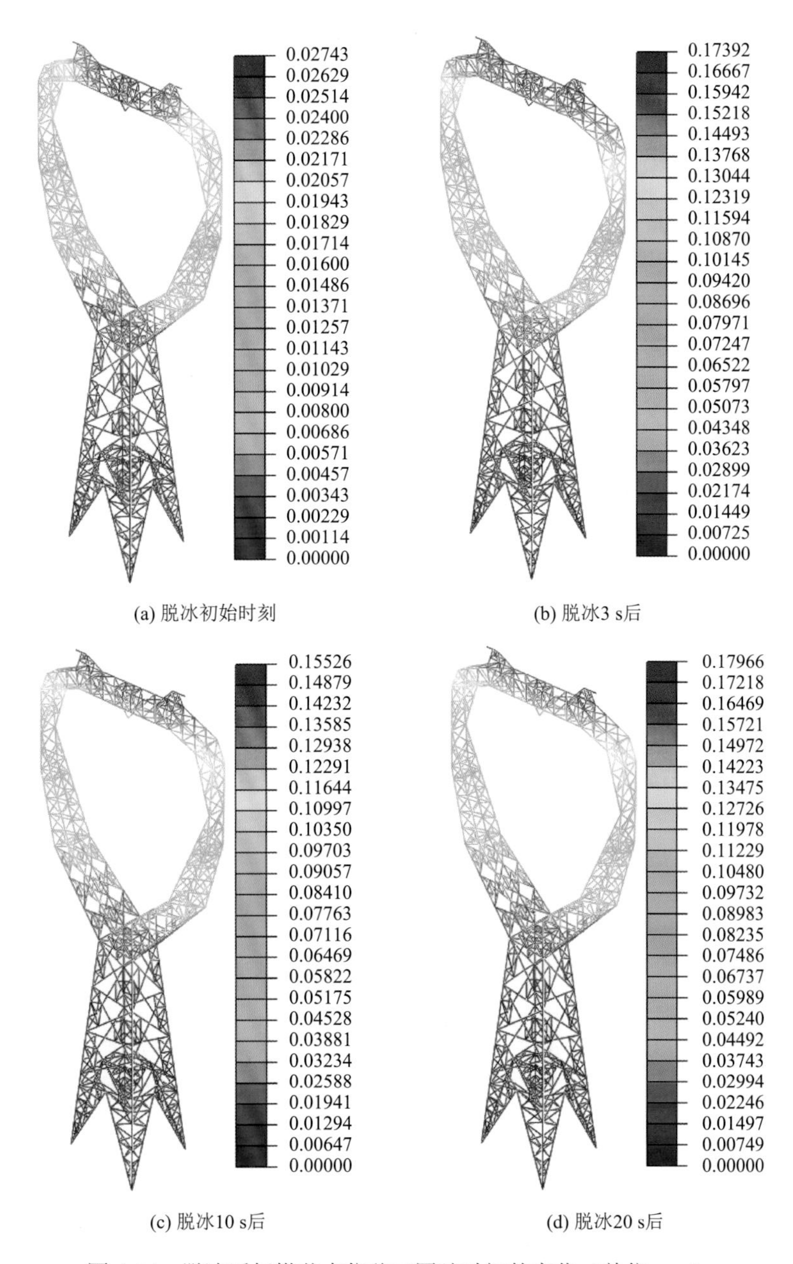

(a) 脱冰初始时刻　　(b) 脱冰3 s后

(c) 脱冰10 s后　　(d) 脱冰20 s后

图 4-24　脱冰后杆塔节点位移云图随时间的变化（单位：m）

由图 4-24 可知，脱冰后出现导、地线上下振荡的现象，导致杆塔承受不平衡张力，杆塔节点位移出现波动，杆塔上曲臂与塔身连接处、四条塔腿节点位移变化明显。在导线系统阻尼的作用下，随着时间的增大，节点位移的波动逐渐减小。

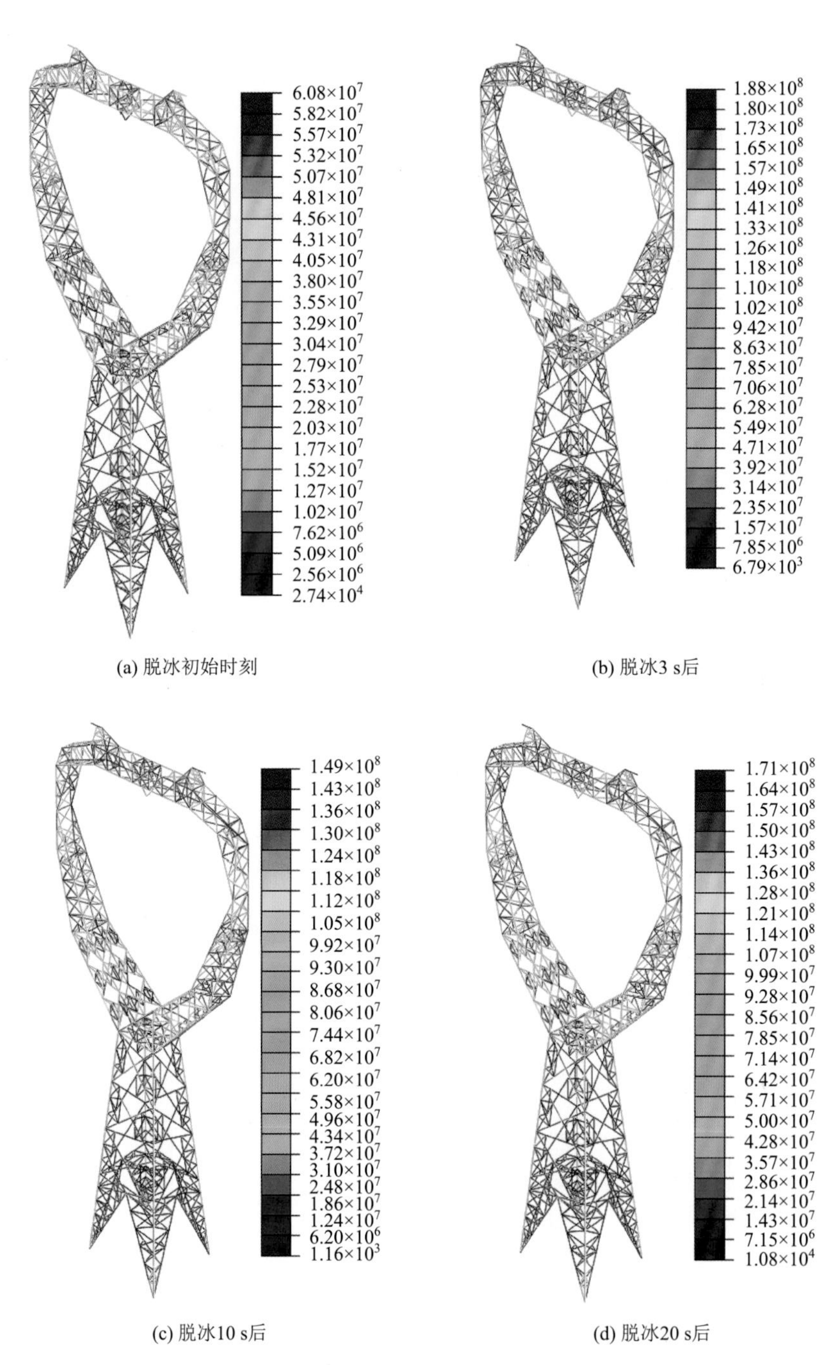

(a) 脱冰初始时刻

(b) 脱冰3 s后

(c) 脱冰10 s后

(d) 脱冰20 s后

图 4-25　脱冰后杆塔单元应力云图随时间的变化（单位：Pa）

受脱冰后导线的振荡影响，杆塔钢构应变变化过程也随着导线振动而出现大幅振荡过程。由图 4-25 可知，脱冰后导、地线上下振荡，导致杆塔承受不平衡张力，杆塔单元应力出现波动，杆塔上曲臂与塔身连接处、四条塔腿的单元应力变化明显。在导线系统阻尼的作用下，随着时间的增大，杆塔应力波动逐渐减小。

4.4　输电线路安全裕度计算与风险评估

4.4.1　安全裕度计算及风险评估原理

1. 安全裕度

随着人类对安全规律的认识及安全本身认识的不断提高，安全裕度的概念受到人们的广泛关注。在设计、生产、运行、管理、安全评价以及人们的日常生活中经常出现安全裕度这一概念，如电磁兼容安全裕度、结构强度安全裕度、电压安全裕度、飞行安全裕度等。从安全的角度讲，安全裕度越大越好。但是增大安全裕度需要牺牲部分经济利益，而降低安全裕度虽然可以节约成本，但可能造成更大的经济损失甚至危及人们的生命安全并影响社会稳定。因此，开展安全裕度的研究工作具有重要意义。许多研究人员和工程设计人员在各自的领域，都开展了安全裕度的设计研究，并在实践中获得了应用。在许多标准和规范中，已经定义和确定了安全裕度的一些相关评定标准[22, 23]。

1999 年欧盟委员会（European Commission）完成了欧洲工业结构完整性评定方法（Structural Integrity Assessment Procedure，SINTAP）的编写，这是欧洲统一的合乎使用标准的初稿。SINTAP 采用了失效评定图（failure assessment diagram，FAD）[24, 25]和裂纹推动力[26]两类分析方法。

FAD 的关键是失效评定曲线。它是由一条连续的曲线和一条截断线来描绘的，定义失效评定曲线为：$K_r = f(L_r)$。纵坐标为双重坐标，$K_r = K_I/K_{IC}$，K_r 为无因次应力强度因子，K_I 为裂纹端部的应力强度因子，K_{IC} 为材料的断裂韧性；横坐标为 $L_r = P/P_0$，L_r 为无因次荷载因子，P 为施加荷载，P_0 为塑性失稳极限荷载。只要评定点（L_r, K_r）落在 FAD 内的安全区，缺陷就是安全的。例如，用 FAD 对含缺陷压力管道进行评定时，采用方法如同对其他缺陷结构进行评定时一样，只要计算缺陷处的评定点（L_r, K_r），然后把评定点标绘在相应的 FAD 中。若评定点处于失效评定曲线的下侧（安全区），则所评定的结构缺陷是可以接受的；若评定点处于失效评定曲线的上侧（失效区），则所评定的结构缺陷将失效。图 4-26 为失效评定分析示意图，A 为评定点，C 为起裂点，E 为失稳扩展开始点。

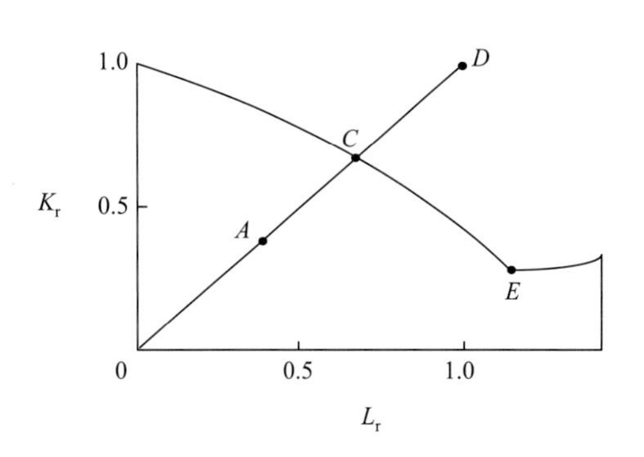

图 4-26　失效评定分析示意图

裂纹推动力是直接按 $J < J_{IC}$ 的判据来进行评定的，J_{IC} 为失效评定图上截断点的弹塑性值。但是裂纹推动力 J 的计算方法规定应按失效评定曲线的表达式 $f(L_r)$ 求得，即

$$J = J_C[f(L_r)]^{-2} \tag{4-19}$$

式中：J 和 J_C——相同荷载下 J 积分的弹塑性总值和弹性分量。这两种方法实质上是一样的，都包含了安全裕度的概念。

安全裕度设计的关键在于安全裕度的计算，对于实际问题，准确地确定失效评定曲线和求解安全裕度的数值是安全评定的必要条件。本节通过塔线系统多次力学数值计算得出杆塔失效临界风速 v、覆冰厚度 T，将所有获得的数据作为函数关系的变量，绘出杆塔临界失效曲线，即失效评定曲线，通过软件对数据进行回归分析，从而得到临界失效函数，绘出失效评定图。

利用已知的失效评定图，用户可以实时得到杆塔在运行情况下的安全裕度值，通过软件分析杆塔的风险等级，为用户制定除冰方案及应急措施提供建议和借鉴。覆冰线路安全裕度概念的提出，为输电线路运维工作中的线路运行安全预测提供新的思路和方法，也为输电系统安全评定提供一种新方法。

2. 回归分析

回归分析（regression analysis）是确定两种或两种以上变数间相互依赖的定量关系的一种统计分析方法。回归分析作为一种成熟的数学方法，运用十分广泛，按照涉及的自变量的多少，可分为一元回归分析和多元回归分析；按照自变量和因变量之间的关系类型，可分为线性回归分析和非线性回归分析[27]。如果在回归分析中，只包括一个自变量和一个因变量，且二者的关系可用一条直线近似表示，这种回归分析称为一元线性回归分析。如果回归分析中包括两个或两个以上的自变量，且因变量和自变量之间是非线性关系，则称为多元非线性回归分析。

回归分析的计算步骤为：

（1）根据预测目标，确定自变量和因变量。

明确预测的具体目标，也就确定了因变量。如果预测具体目标是下一年度的销售量，那么销售量就是因变量。通过市场调查和查阅资料，寻找与预测目标相关的影响因素，即自变量，并从中选出主要的影响因素。

（2）建立回归预测模型。

依据自变量和因变量的历史统计资料进行计算，在此基础上建立回归分析方程，即回归分析预测模型。

（3）进行相关分析。

回归分析是对具有因果关系的影响因素（自变量）和预测对象（因变量）所进行的数理统计分析处理。只有当自变量与因变量确实存在某种关系时，建立的回归方程才有意义。因此，作为自变量的影响因素与作为因变量的预测对象是否有关，相关程度如何，以及判断这种相关程度的把握性多大，就成为回归分析必须要解决的问题。进行相关分析，一般要求出相关关系，以相关系数的大小来判断自变量和因变量的相关程度。

（4）检验回归预测模型，计算预测误差。

回归预测模型是否可用于实际预测，取决于对回归预测模型的检验和对预测误差的计算。回归方程只有通过各种检验且预测误差较小，才能将回归方程作为预测模型进行预测。

（5）计算并确定预测值。

利用回归预测模型计算预测值，并对预测值进行综合分析，确定最后的预测值。

针对覆冰/风下的输电杆塔失效评估，通过杆塔的多次力学求解得出杆塔失效临界风速 v、覆冰厚度 T，将所有获得的数据作为函数关系的变量，通过 MATLAB 软件对这些数据进行数据拟合，绘出杆塔临界失效曲线，从而得到临界失效函数。

（6）临界失效函数的精确度判断。

在 MATLAB 拟合过程中，能够得到多种函数，为得出最精确符合杆塔实际效果的函数关系，对所得失效函数进行验证，通过函数关系得出几组参数，将其作为加载条件来判断杆塔的失效情况。据此得出最符合的函数关系，为杆塔力学安全裕度的计算奠定了基础。

3. 蒙特卡罗法

采用蒙特卡罗（Monto Carlo）法计算并分析线路构件强度的失效概率特征。蒙特卡罗法历史悠久，也称为计算机随机模拟方法，是一种基于“随机数”的计算方法，该方法源于美国在第一次世界大战研制原子弹的“曼哈顿计划”。该计划的主持人之一——数学家冯·诺伊曼用驰名世界的赌城，即摩纳哥的 Monto Carlo 来命名这种方法，为它蒙上了一层神秘色彩。1773 年，法国布丰（Buffon）通过随机投针试验来确定圆周率 π 的近似值，是应用此方法最早的例子。蒙特卡罗法通过随机生成大量样本，利用样本计算并对结果进行统计分析，常用于难以计算的随机分析过程或用于验证随机分析模型的结果是否正确。蒙特卡罗法广泛应用于工程硬件设备的状态评估，如桥梁、输电线路的可靠性分析，雷击跳闸率，弹体强度分析设计等方面[28]。

当用蒙特卡罗法进行仿真时，需要应用各种不同分布的随机变量，只要有一种连续分布的随机变量，就可设法得到任意分布的随机变量。因此蒙特卡罗法中，多是先由计算机产生随机变量 R 的抽样值 $r_i(i = 1, 2, \cdots)$，称为随机数，这个随机数由计算机产生，又称为伪随机数。

蒙特卡罗仿真参考了模拟真实生命系统的一些分析方法，特别是当分析数值太复杂时采用的方法。对于每一个不确定的变量（拥有可能值的范围），其可能的取值用概率分布来确定。这些变量通过随机函数产生伪随机序列，来作为该变量的输入参数值，重复进行计算。分布函数类型的选择以变量的环境条件为基础，概率分布的基本类型有正态分布、三角分布和均匀分布等。在蒙特卡罗仿真的过程中，每一次分析均是独立的模拟过程，模型的多方案分析是通过对样本值进行重复计算来实现的[29, 30]。

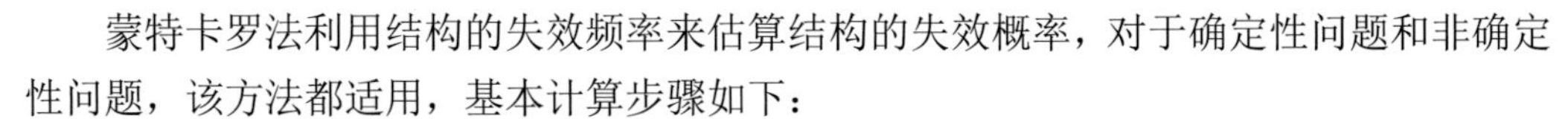

蒙特卡罗法利用结构的失效频率来估算结构的失效概率，对于确定性问题和非确定性问题，该方法都适用，基本计算步骤如下：

（1）建立功能函数 $Z = g(x)$；

（2）用随机函数产生随机向量，进行随机抽样；

（3）将随机向量代入功能函数，若 $Z>0$，则结构失效，反之，则结构稳定；

（4）若试验次数为 N，失效次数为 n_{f}，则失效概率为 $P_{\mathrm{f}} = n_{\mathrm{f}}/N$。

蒙特卡罗法原理简单，易于编程实现，考虑影响因素全面，其实现过程具有如下特点：

（1）计算精度与模拟试验次数和随机抽样方法有关；

（2）模拟的收敛快慢与随机变量的个数无关；

（3）模拟过程与极限状态函数的复杂程度无关；

（4）对非线性状态函数和非正态分布的随机变量类型，具备直接计算的能力。

但是，对于大型复杂结构和实际工程中结构破坏概率较小的情况，该方法的效率较低。计算时为了提高工作效率，首先应尽可能地减少必需的样本量，通常用减少样本方差、提高样本质量两种方法达到此目的；其次，选择合适的抽样方法，常用的抽样方法有重要抽样法、对偶抽样法、分层抽样法、条件期望值法、公共随机数法、控制变数抽样等多种抽样方法。

导线、地线覆冰后在风荷载的作用下，杆塔、绝缘子、连接金具等承受着很大的不平衡张力。如果冰荷载过重，当前后档距差、转角差过大时，不平衡张力太大会导致金具损坏、绝缘子拉断、导线断线及倒塔等恶性事故，给电力系统安全运行带来了极大威胁。因此，有必要对不同覆冰厚度、不同风速、不同档距等情况下线路构件的可靠度进行分析和评估，为线路设计提供参考。

架空线路构件覆冰失效包括两种模式：应力失效模式和应变失效模式。前者当构件承受的最大应力超过其屈服强度，即 $\delta_{\max}>\delta_{\mathrm{s}}$ 时，认为构件强度失效；后者当构件某一点的应变超过其规定应变，即 $\varepsilon_{\max}>\varepsilon_{\mathrm{s}}$ 时，认为构件强度失效。

把蒙特卡罗法应用于有限元计算程序中分析线路构件强度的失效概率特征，实质上是把导线、地线覆冰厚度、覆冰弹性模量、风速、档距差、转角差等分别看作一个影响因素，根据它们的随机分布特点，产生符合这些随机分布特点的随机数；然后从中各自、随机地取一个数值，代入仿真程序中进行计算，可以得到构件上最危险处的最大应力值 $\delta_{\max}$；再从强度分布中随机地取一个强度值 δ_{d}，比较强度与应力的大小，若应力大于强度，则构件失效，反之则安全。通过大量随机抽样比较，可得到构件的失效总数，失效总数与模拟总数的比值就是构件的失效概率，计算精度随模拟次数的增加而提高。在分析过程中，设置一个参数 $\Delta\delta$，作为受力分析过程中构件上应力最大点处应力与构件强度的参考值，表达式为

$$\Delta\delta = \delta_{\max} - \delta_{\mathrm{d}} \tag{4-20}$$

式中：$\delta_{\max}$——由抽样产生的符合随机分布的随机数。针对输电线路有限元模型进行计

算，每运算一次，就可以确定一个 δ_{max}，同时生成一个 δ_d，进而可以得到 $\Delta\delta$。若 $\Delta\delta>0$，则构件上最大应力处的应力大于构件材料的允许强度，表示构件强度失效；反之，则认为构件强度可靠。在数据模拟中，把 $\Delta\delta\geqslant0$ 的次数与总的模拟次数之比作为构件强度的失效概率，把 $\Delta\delta\leqslant0$ 的次数与总的模拟次数之比作为构件强度的可靠度，有限元仿真和蒙特卡罗法综合分析杆塔失效概率流程图如图 4-27 所示。

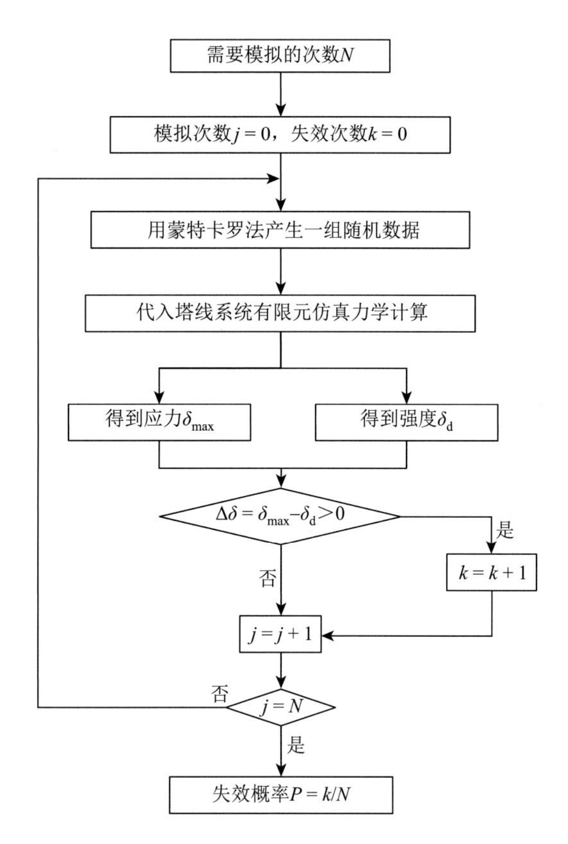

图 4-27　有限元仿真和蒙特卡罗法综合分析杆塔失效概率流程图

4.4.2　输电线路覆冰灾害单塔风险评估实例

由于耐张段安全裕度曲线求解的复杂性与局限性，首先针对处于重覆冰区域的单塔建立简单的一塔两线模型，考虑塔线系统的耦合情况，研究冰荷载以及风荷载作用下一塔两线系统中杆塔的应力和应变情况。一塔两线系统建模过程和加载情况与耐张段的建模过程和加载情况是基本一致的，甚至更加简单，且求解过程时间短，能够大大节约计算时间，从而提高效率，为技术人员判断覆冰的危害程度提供宝贵的时间。因为输电线路塔线系统为一个串联系统，可以通过一塔两线系统得到每基杆塔的安全裕度曲线，根据串联系统的概念，只要有一个杆塔失效就可以定义为整个串联系统失效。通过建立杆塔的安全裕度曲线数据库，可以得到该线路中任意一段杆塔组合的安全裕度曲线，相对于耐张段的安全裕度曲线，串联系统的安全裕度曲线更为方便灵活。综上所述，研究一塔两线系统覆冰受力分析是有意义的。

以 3.2 节提及的 500 kV 线路 A 为研究对象，针对流线路的 10 mm 冰区（易发生覆冰事故微气候段）两个耐张段内的 41 基杆塔逐个进行有限元建模及一塔两线的有限元计算。通过对施加在杆塔上的冰荷载及风荷载的不同组合进行大量有限元分析，得到杆塔应力数据库及组建杆塔失效-变量组数据库以及杆塔模型数据库。通过对杆塔的有限元计算结果数据进行回归分析，来分析杆塔失效情况与研究变量组之间的函数关系，得出该类型杆塔在该条线路下的临界失效函数关系。利用概率论的观点，结合变量组所得值求取临界失效函数，得出杆塔安全裕度与变量组的关系。

以 183#杆塔为例进行详细分析，按照本书第 2 章所述的加载方法，对导、地线及杆塔进行设计风速和设计冰厚内的循环加载，并对导、地线端部及杆塔脚部施加约束。183#杆塔模型及其加载计算情况如表 4-12 所示，其中冰厚的变化以 2 mm 为间隔。

表 4-12　183#杆塔模型及其加载计算情况

计算情况编号	风速/(m/s)	冰厚/mm
1	0	0～30
2	2	0～30
⋮	⋮	⋮
14	26	0～30
15	28	0～30
16	30	0～30

按表 4-12 所述，共对 256 种工况下的一塔两线有限元模型进行了加载和力学仿真计算，并记录了每种工况下杆塔所对应的 X 向、Y 向、Z 向和合位移，以及杆塔的轴向应力且统计了杆塔的薄弱位置，由于数据较多，表 4-13 只列举出临界风速和冰厚条件下杆塔所对应的 X 向、Y 向、Z 向和合位移以及杆塔的轴向应力。

表 4-13　183#杆塔在临界条件下的最大应力、最大位移

临界冰厚/mm	临界风速/(m/s)	杆塔 X 向最大位移 $U_{X\max}$/m	杆塔 Y 向最大位移 $U_{Y\max}$/m	杆塔 Z 向最大位移 $U_{Z\max}$/m	杆塔合位移最大值 $U_{\max}$/m	杆塔轴向应力/MPa
0	32	−0.311	−0.179	0.090	0.359	206.5
2	26	−0.164	−0.027	0.015	0.158	−243.2
4	22	−0.127	−0.039	0.032	0.131	104.3
6	22	−0.143	−0.076	0.034	0.162	271.3
8	18	−0.183	−0.030	0.026	0.187	−239.8

续表

临界冰厚/mm	临界风速/(m/s)	杆塔 X 向最大位移 $U_{X\max}$/m	杆塔 Y 向最大位移 $U_{Y\max}$/m	杆塔 Z 向最大位移 $U_{Z\max}$/m	杆塔合位移最大值 $U_{\max}$/m	杆塔轴向应力/MPa
10	20	−0.125	−0.016	0.021	0.128	232.9
12	22	−0.163	−0.045	0.036	0.165	223.2
14	20	−0.127	−0.039	0.037	0.134	−199.3
16	16	−0.031	−0.019	0.028	0.041	58.36
18	16	−0.038	−0.021	0.031	0.049	61.56
20	20	−0.072	−0.032	0.035	0.083	−91.46
22	22	−0.087	−0.036	0.039	0.098	−105.5
24	20	−0.059	−0.028	0.040	0.073	−82.6
26	14	−0.090	−0.016	0.054	0.106	276.3
28	16	−0.044	−0.033	0.052	0.073	183.9
30	12	−0.025	−0.025	0.059	0.066	249.5

由表 4-13 可知，在前面 8 种临界工况下，杆塔合位移最大值为 0.128～0.359 m，且杆塔轴向应力均在 100 MPa 以上；而后面 8 种工况下的杆塔合位移最大值为 0.041～0.106 m，由此可知，在风速较小时，临界情况下杆塔的合位移较大，而在风速较大时，临界情况下杆塔的合位移较小，即在大风下杆塔在临界处的突变作用较明显，增加很小的冰厚就对塔线系统影响较大，甚至能使塔线系统失效。

根据表 4-13 所述杆塔临界情况下的风速与覆冰厚度，基于失效评定图安全裕度的概念，假设安全裕度与杆塔失效概率之和为 1，通过对特定线路杆塔进行大量力学有限元计算得到杆塔失效临界风速 v、覆冰厚度 T，将获得的数据作为函数关系的因变量，通过回归分析对仿真结果数据进行拟合，绘出杆塔临界失效曲线（即失效评定曲线），从而得到精确的单塔安全裕度表达式，为单塔裕度计算提供基础。最后根据力学安全裕度将杆塔安全性能分级，根据级别为提出相关改进措施和管理方案奠定基础。

以 183#杆塔为例，经过对多项式、指数形式等多种表达式的反复计算验证，现列出以下预测表达式，如表 4-14 所示。

表 4-14　杆塔安全裕度预测表达式

表达式类型	预测表达式
表达式一	$y = p_1 + p_2x + p_3x^2 + p_4x^3 + p_5x^4 + p_6x^5 + p_7x^6 + p_8x^7 + p_9x^8$
表达式二	$y = p_1e^{p_2x}$
表达式三	$y = p_1e^{p_2x} + p_3e^{p_4x} + p_5e^{p_6x}$
表达式四	$y = p_1e^{p_2x} + p_3e^{p_4x} + p_5e^{p_6x} + p_7 + p_8x$

采用上述各表达式拟合得到杆塔安全裕度曲线与实际临界点分布，如图 4-28 所示。经过反复验证，对杆塔失效评定曲线对比得到最精确的单塔裕度表达式为表 4-14 中的表达式四。迭代得到的公式和离散点的拟合相关系数 R 为 0.891，满足收敛条件。因此，最终的单塔裕度表达式为

$$y=-7566.9\mathrm{e}^{-0.12x}+3785.9\mathrm{e}^{-0.11x}+3794.6\mathrm{e}^{-0.12x}+12.41-0.14x \tag{4-21}$$

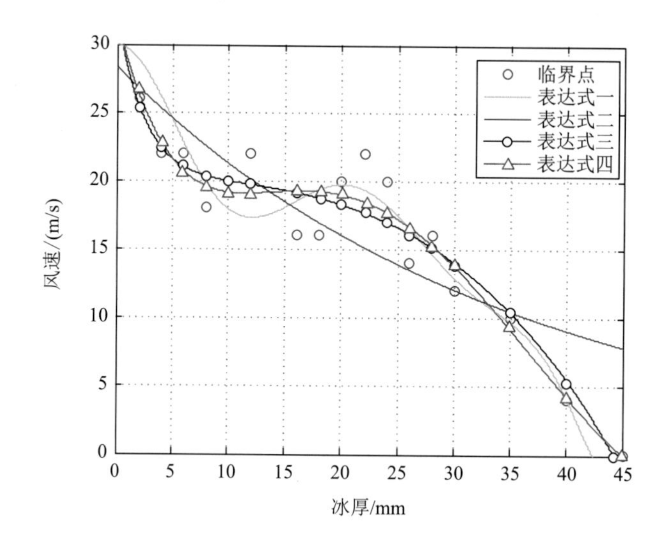

图 4-28　不同表达式拟合结果

由图 4-28 中表达式四的杆塔失效评定曲线可知，该塔在线路中的档距较大，所以该塔的失效评定曲线的起始位置值不大，随着冰厚的增加，失效评定曲线有一个比较缓慢的下降趋势。这是因为冰厚的增加对系统产生更大的不平衡张力，从而使系统的稳定性下降。但是当冰厚达到 20 mm 时曲线有上升的趋势，这是因为力矩的作用，此时冰厚的增加对系统的稳定性有促进作用。当冰厚继续增大时，曲线迅速下降，此时塔材应力接近屈服强度，较小的风速也会对系统产生很大的影响。

由以上单塔裕度曲线可知，该塔在线路中的档距较大，所以曲线在起始位置的值不大，随着冰厚的增加，曲线有一个比较缓慢的下降趋势，当冰厚达到 20 mm 时，由于力矩的作用，曲线有上升的趋势，当冰厚继续增大时，曲线迅速下降。

对杆塔受力来说，各变量是独立变量，以风速与覆冰厚度两个独立变量来求解安全裕度，将拟合的失效函数作为反映各变量分布的临界失效函数 $F=f(V,T)$，安全裕度等级判定过程如下：根据杆塔的安全裕度曲线，只要用户给定一组风速、覆冰厚度的值，通过后台计算即可得到该条件下的杆塔安全裕度。最后通过风险评估等级划分分级指标如表 4-15 所示。

表 4-15　输电线路覆冰灾害风险评估等级分级指标

杆塔安全裕度	$P \geqslant 0.65$	$0.3 \leqslant P < 0.65$	$0.1 \leqslant P < 0.3$	$P < 0.1$
等级	A	B	C	D

对各基杆塔的防覆冰风险划分为 A、B、C、D 的目的是将各杆塔安全裕度性能的相对强弱更为直观地表示出来。当 $P \geqslant 0.65$，即等级为 A 时，杆塔安全裕度最高，此时杆塔结构稳定。同理杆塔安全裕度 P 的减小表明杆塔的稳定性降低。

假定杆塔所处地段的风速和冰厚$[V_i, T_i]$取某一组值为[10, 10]，此时杆塔安全裕度如图 4-29 所示。依据安全裕度的定义，可得杆塔安全裕度为 $P = q/Q = 0.1382$。根据表 4-15，此时杆塔安全裕度等级为 C，杆塔不稳定，必须警告用户进行必要的除冰措施。

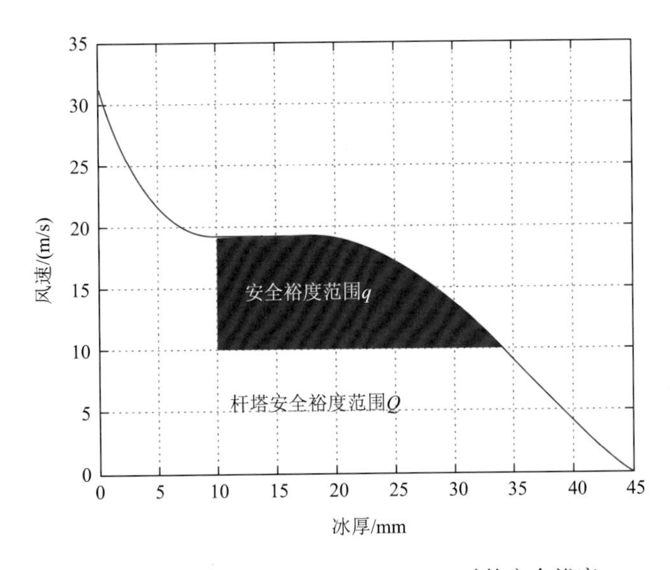

图 4-29　183#杆塔在$[V_i, T_i] = [10, 10]$时的安全裕度

4.4.3　输电线路覆冰灾害耐张段风险评估实例

为更准确地描述单塔计算结果的准确程度，避免模型简化对力学求解结果带来的影响，有必要建立线路整个耐张段模型进行求解，通过单塔计算结果与耐张段求解结果的比较分析，验证力学求解的准确性；同时为了得出具体的除冰方案，也必须考虑在除冰过程中，某档距内冰厚的改变对整个线路的影响，因此必须建立耐张段模型进行求解，得到每个杆塔的受力情况，从而得出除冰方案的可行性。从这两点来看，有必要对耐张段模型进行相关研究。耐张段防覆冰风险评估流程如图 4-30 所示。

以 500 kV 线路 A 中的 182#～189#杆塔为例，建立耐张段整体模型，模型中杆塔、绝缘子和导、地线所采用的单元与一塔两线系统完全相同，加载方式也基本相同，但可

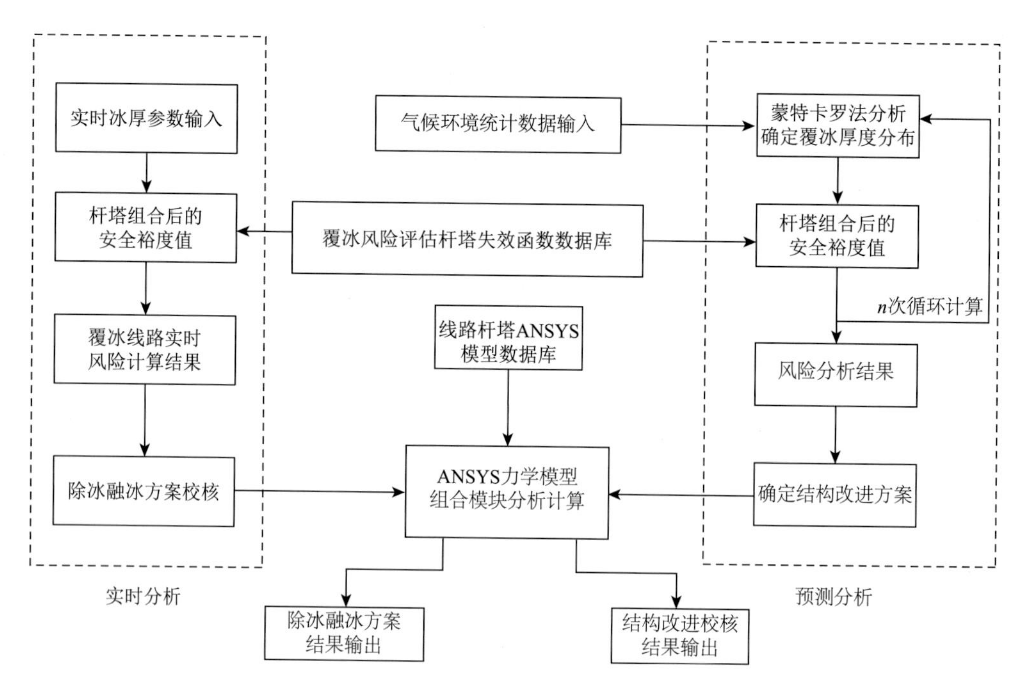

图 4-30 耐张段防覆冰风险评估流程

根据不同档距内风速和覆冰厚度的不同进行差分加载。耐张段模型相关参数见表 3-6。耐张段模型数据来源有两个：实时观测数据和蒙特卡罗模拟。

在风速为 0～30 m/s、覆冰厚度为 0～30 mm 时循环加载计算耐张段塔线耦合系统受力情况，经过多次求解计算，得出整个耐张段内杆塔和导、地线所受应力以及构件位移分布，并将结果保存以待下一步分析。选取在耐张段模型即将发生结构破坏情况下（即临界）的数据，耐张段模型计算临界结果如表 4-16 所示。

表 4-16 耐张段计算临界结果统计

覆冰厚度/mm	风速/(m/s)	应力比值最大单元编号	所在杆塔号	应力值/(N/m^2)	应力比值
8	28	662	183#	−135 338 853.8	0.392 3
10	24	1 195	183#	130 066 490.5	0.553 5
12	26	808	183#	129 933 826.4	0.552 9
14	24	662	183#	−105 646 602.2	0.306 2
16	26	808	183#	206 936 570.5	0.880 6
18	24	662	183#	−115 205 895.7	0.333 9
20	24	808	183#	163 051 816.5	0.693 8
22	22	662	183#	−106 188 329.3	0.307 8
24	28	6 170	186#	−184 182 705.5	0.783 8
26	18	4 500	185#	−55 662 904.14	0.236 9
28	22	1 195	183#	90 495 437.46	0.385 1
30	20	4 500	185#	−64 791 780.72	0.275 7

表 4-16 所列为单回线路耐张段模型的临界失效数据，所列数据共有 12 组，小于加载情况统计表中所列 16 组数据，这说明，在其他 4 组数据中，当冰厚固定时，无论风速增大或减小，杆塔都处于安全状态，即当覆冰厚度小于 8 mm、风速在 30 m/s 以内变化时，不会导致杆塔发生破坏。上述临界数据应力比值小于 1 的原因在于受计算加载数据影响，选取覆冰厚度和风速时分别每隔 2 mm 及 2 m/s 变化，而杆塔所受荷载无法真正趋近于极限状态，但当覆冰厚度及风速增大一个数量级时，杆塔结构应力会急剧增加，位移也会突然增大，这说明杆塔构件已经发生塑性变形，结构出现破坏。

为更直观地描述耐张段在不同风速和覆冰厚度条件下杆塔的抵抗能力，通过与单塔失效曲线相同的拟合方式得出耐张段裕度表达式如下：

$$y = -1423.2e^{-0.12x} + 1403e^{-0.12x} - 2.9e^{-677.6x} + 58.1 - 1.1x \tag{4-22}$$

绘制该耐张段临界失稳曲线，如图 4-31 所示。

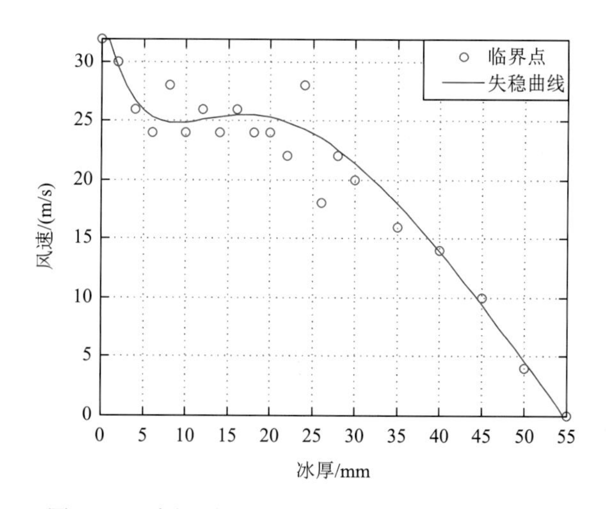

图 4-31 耐张段塔线耦合系统临界失稳曲线示意图

以上曲线直观地显示了单回线路耐张段模型在一定风速与覆冰厚度条件下的安全稳定情况：在曲线与坐标轴包含的范围内，耐张段是安全的，不会发生结构破坏；当风速和覆冰厚度超出曲线范围之外时，杆塔将出现局部结构破坏，导致耐张段线路整体失效。通过计算可得，在冰厚为 5 mm、风速为 5 m/s 的条件下，该耐张段的安全裕度为 0.848，安全等级为 A。

耐张段系统安全裕度计算基于单塔安全裕度基础之上，利用串联系统安全裕度计算方法，即根据过耐张段内每基杆塔的单塔安全裕度曲线综合考虑每个塔在最恶劣情况下的取值，得到其安全裕度曲线，即取各单塔所包含区域的交集作为耐张段临界失效曲线（图 4-32），图中红色曲线即为串联系统的安全裕度曲线。同样在冰厚为 5 mm、风速为 5 m/s 的条件下，通过串联系统求得耐张段的安全裕度为 0.598，安全等级为 B。

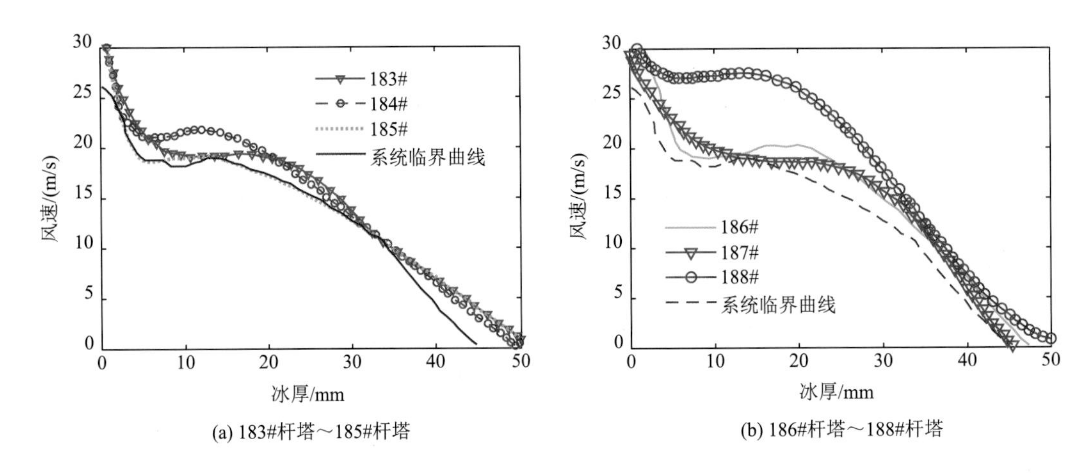

(a) 183#杆塔～185#杆塔

(b) 186#杆塔～188#杆塔

图 4-32　系统临界安全裕度曲线

得到上述耐张段系统安全裕度曲线后，利用与单塔安全裕度计算相同的方法，获得耐张段在具体覆冰厚度和风速条件下的安全裕度，并据此将其划分等级。

通过耐张段仿真计算所得的系统安全裕度与 4.4.3 节利用串联系统计算所得的安全裕度曲线进行对比，如图 4-33 所示。

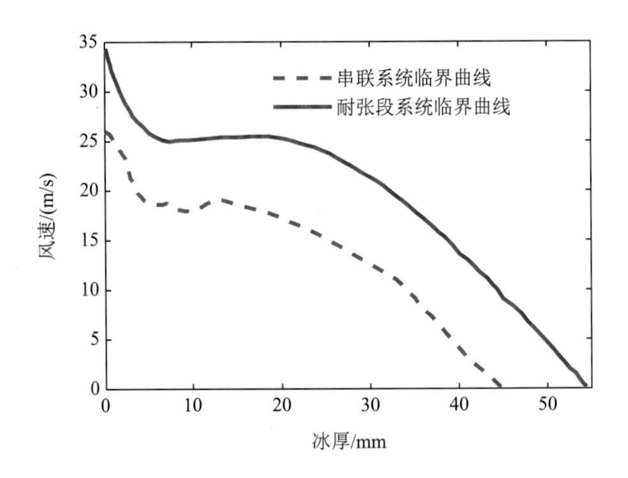

图 4-33　计算临界曲线与仿真曲线对比

由图 4-33 可知，通过耐张段仿真所得的临界曲线值明显要比通过计算所得临界曲线值要大。这是因为计算所求得的临界曲线是综合考虑每基杆塔最恶劣条件下的取值，所以计算出的临界曲线偏小；另外单塔的仿真无法模拟整个耐张段系统塔与塔之间的相互作用，整个耐张段内塔的相互作用可以提高单塔所承受的极限荷载，从而提高了系统的安全裕度水平。

4.5 本章小结

本章介绍了力学模拟分析在输电线路覆冰工况下的应用方法，包含不均匀覆冰工况下绝缘子串拉力计算及输电杆塔失稳分析、脱冰工况下塔线系统动态响应分析及均匀覆冰工况下输电线路安全裕度计算与风险评估。

（1）依据现有架空线路力学计算方法，在计算绝缘子串拉力过程中，两侧档距不均匀覆冰或一侧脱冰导致的绝缘子串偏移会引起极大的计算误差。本章提出了不均匀覆冰绝缘子串拉力计算方法，考虑了两侧档距的耦合作用，并通过有限元仿真计算验证了方法的准确性。

（2）通过调研现有规程及文献制定了塔线系统分级失效判据，分别以耐张塔与直线塔为例，对不均匀覆冰工况下杆塔失稳进行了分析，获取了两侧覆冰厚度对应的输电杆塔临界失稳曲线。

（3）建立了塔线系统有限元模型，模拟导线脱冰工况，对脱冰后杆塔节点位移及单元应力动态变化过程进行了分析。计算结果表明：受脱冰后导线振荡的影响，杆塔钢构应变及位移变化过程也随着导线振动而出现大幅振荡。在导线系统阻尼的作用下，随着时间的增加，杆塔应力及位移波动逐渐减小。

（4）分别以一塔两线模型与完整耐张段模型为研究对象，通过对模型循环加载冰荷载与风荷载，得到输电杆塔发生临界力学破坏对应的风速与冰厚，绘制了杆塔临界失效曲线，最终计算了一塔两线模型与完整耐张段模型的安全裕度。

参考文献

[1] 张厚荣，张力，杨跃光，等. 覆冰工况下耐张塔失效预警技术研究[J]. 南方电网技术，2018，12（1）：33-40.

[2] 李博之. 高压架空输电线路架线施工计算原理[M]. 2 版. 北京：中国电力出版社，2008.

[3] 李冠南，杜志叶，张力，等. 不均匀覆冰工况下直线塔失效预警技术[J]. 南方电网技术，2019，13（1）：27-33.

[4] 董黛，侯建国，肖龙，等. 输电杆塔结构体系主要失效模式识别的计算程序研发[J]. 工程力学，2013，30（8）：180-185.

[5] 汪延寿. 风荷载作用下输电塔体系可靠度分析[D]. 重庆：重庆大学，2009.

[6] 李峰，袁骏，侯建国，等. 我国输电线路铁塔结构设计可靠度研究[J]. 电力建设，2010，31（11）：

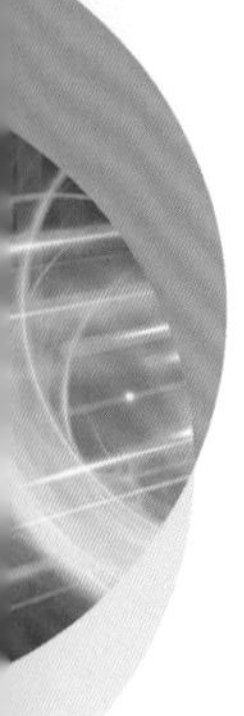

18-23.

[7] 国家能源局. 架空输电线路杆塔结构设计技术规定：DL/T 5154—2012[S]. 北京：中国计划出版社，2012.

[8] 郭勇，沈建国，应建国. 输电塔组合角钢构件稳定性分析[J]. 钢结构，2012，27（1）：11-16.

[9] 徐彬，冯衡. 国内外输电线路规范中角钢局部稳定设计的比较研究[J]. 电力勘测设计，2012（1）：60-66.

[10] 石少卿，童卫华，姜节胜，等. 极值型风荷载作用下大型结构可靠性分析[J]. 应用力学学报，1997，14（4）：142-146.

[11] 邵万能. 自立式铁塔内力分析软件的优化设计[J]. 云南电力技术，2009，37（6）：41-43.

[12] 邓洪洲，王肇民. 输电铁塔结构系统极限承载力及可靠性研究[J]. 电力建设，2000，21（2）：12-14.

[13] 姚陈果，李宇，周泽宏，等. 基于极限承载力分析的覆冰输电塔可靠性评估[J]. 高电压技术，2013，39（11）：2609-2614.

[14] 冯径君. 环境荷载下输电塔的可靠性分析[D]. 大连：大连理工大学，2011.

[15] 王杨. 风荷载下输电塔体系动力可靠性分析[D]. 大连：大连理工大学，2008.

[16] 李茂华. 1000 k V 级特高压输电杆塔结构可靠度研究[D]. 重庆：重庆大学，2009.

[17] 韩枫. 特高压输电塔线体系的抗风可靠度研究[D]. 重庆：重庆大学，2012.

[18] 陈科全. 覆冰输电线路脱冰动力响应及机械式除冰方法研究[D]. 重庆：重庆大学，2012.

[19] 易文渊. 特高压输电塔线体系脱冰动力响应数值模拟研究[D]. 重庆：重庆大学，2010.

[20] 刘展. ABAQUS 6.6 基础教程与实例详解[M]. 北京：中国水利水电出版社，2008.

[21] AMALEDDINE A J，MCCLURE G，ROUSSELET J，et al. Simulation of ice-shedding on electrical transmission lines using ADINA [J]. Computers and Structures，1993，47（4-5）：523-536.

[22] 杜志明，范军政. 安全裕度研究与应用进展[J]. 中国安全科学学报，2004，14（6）：6-10.

[23] 史世伦. 特高压输电塔结构稳定性理论及试验研究[D]. 重庆：重庆大学，2010.

[24] 邵永波，宋生志，李涛. 基于失效评定图（FAD）研究含疲劳裂纹 T 型圆钢管节点的安全性[J]. 工程力学，2013，30（9）：184-193.

[25] 毛志辉，龙伟，胥鑫. 基于 FAD 失效路径的含穿透裂纹压力容器剩余寿命研究[J]. 科技创新与应用，2020（10）：18-20.

[26] 刘丽艳，吴瑕. 密相 CO_2 输送管道的裂纹扩展推动力计算研究[J]. 机械强度，2017，39（6）：1445-1449.

[27] 刘桐. 关于碳排放的预测回归分析及网络博弈研究[D]. 兰州：西北师范大学，2022.

[28] 刘祎. 大电网可靠性蒙特卡罗模拟的最优 f 散度重要抽样方法研究[D]. 重庆：重庆大学，2021.

[29] 景川，席小娟，郭正位. 基于蒙特卡罗法的架空输变电线路杆塔结构可靠性分析[J]. 电网与清洁能源，2020，36（6）：39-44.

[30] 黄江宁. 基于蒙特卡罗法的电力系统可靠性评估算法研究[D]. 杭州：浙江大学，2013.

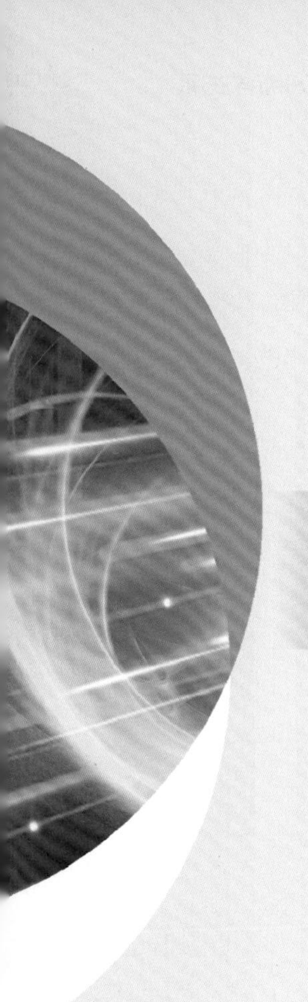

第 5 章

输电杆塔地基沉降力学模拟分析与应用

5.1　地基沉降塔线系统力学模拟方法

超特高压输电线路长数百公里，不可避免地会经过山坡地、河滩、开采区、地震活跃地带等复杂地质区域，地壳运动的发生、地基沉降等因素会引起杆塔地基发生变化，严重影响输电线路运行的安全性。调研发现，在不少山区、丘陵地带，输电线路杆塔地基附近经常发现杆塔基础开裂、根开移动、钢构形变等现象，塔体结构产生较大的附加应力，有可能造成塔体局部破坏或整体发生倒塌[1-3]。现有技术无法准确给出杆塔的安全裕度，对杆塔的运行安全性造成较大的影响，给运维人员带来了极大的不便[4]。因此，有必要针对该问题建立地基沉降工况下输电线路塔线系统力学计算模型，对地基沉降下杆塔应力、应变进行分析，结合现场应变监测数据对输电杆塔安全状况进行实时评估。

5.1.1　地基沉降工况模拟

输电线路塔线系统有限元模型仍采用常规方法建立，采用 BEAM188 梁单元模拟输电线路杆塔角钢，通过设定 BEAM 188 梁单元的实常数来模拟 L 形角钢的形状及截面尺寸；采用具有非线性、应力刚化、大变形功能的刚性 LINK10 索单元模拟导、地线，忽略绝缘子和连接金具的重力荷载影响，用刚性连接杆单元 LINK8 模拟绝缘子串，建立整体三维有限元 1∶1 精细化求解模型。对地基沉降工况下杆塔的内力分析采用有限元计算与规程相结合的方法，参照《架空输电线路杆塔结构设计技术规定》（DL/T 5154—2012）等相关规程[5, 6]，塔基沉降的范围基本在 0～100 mm。地基沉降导致多个塔基的位置发生了明显改变，对于其中位置发生了变化的塔基连接点，施加移动方向上非零的位移约束，其他平动和转动自由度施加零约束；对于位置未发生变化的塔腿连接点和未发生地基沉降的其他杆塔塔腿节点，对其平动和转动自由度施加零位移约束[7, 8]。当杆塔所处地理位置风力等级较小且无覆冰现象时，可以不考虑风荷载与冰荷载的施加。因此，对输电线路塔线系统有限元模型施加荷载时，除设置材料密度和重力加速度来模拟杆塔及导、地线自重外，还需要对发生沉降的杆塔地基施加非零的自由度约束。

地基沉降导致多个塔腿的位置发生了明显改变，但一般来说，地基沉降导致塔腿位置变化的速度十分缓慢，地基沉降是地质长期蠕动作用下的缓慢过程。因此，塔腿位置短期内基本稳定，变化极其缓慢。可假设输电杆塔的塔腿与地基连接点的位移在静力有限元仿真中不发生变化，对其中位置发生了变化的塔腿连接点，施加移动方向上非零的位移约束，其他平动和转动自由度施加零约束；对位置未发生变化的塔腿连接点和未发生地基沉降的其他杆塔塔腿节点，全部施加零位移约束。

荷载施加完毕后，即可对仿真模型进行求解，提取杆塔各钢构的应力、应变等进行相关分析。

5.1.2 力学计算实例

2017 年 3 月，国网湖北省电力有限公司运检人员开展春季安全大检查设备巡查时发现，某 500 kV 线路 18#杆塔塔材变形，基础与护面之间存在明显裂缝，杆塔有较大概率出现力学失效状况。经专家分析，该段线路所在区段存在地质崩塌、滑坡与岩溶塌陷等现象，18#杆塔地表 10 m 以下的深层地质灾害长期蠕动作用下造成 1#、3#、4#基础持续位移，导致塔材受力分布发生改变，杆塔第一横隔面钢构向上拱起，情况危急，实拍图如图 5-1 所示。

图 5-1 变形钢材实拍图

18#杆塔为转角塔，塔型为 SJ3A-24，转角度数为左 30°44′。该塔所在的耐张段由 11 级塔组成，其中 13#和 23#杆塔为耐张塔。18#杆塔前后两侧档距分别为 468 m 和 346 m。杆塔由 16Mn 和 Q235 钢分别作为主材和辅材。耐张段内导线型号为 LGJ-630/55，地线为 GJ-80 钢绞线。建立包含 18#杆塔在内的耐张段塔线系统有限元模型，如图 5-2 所示。

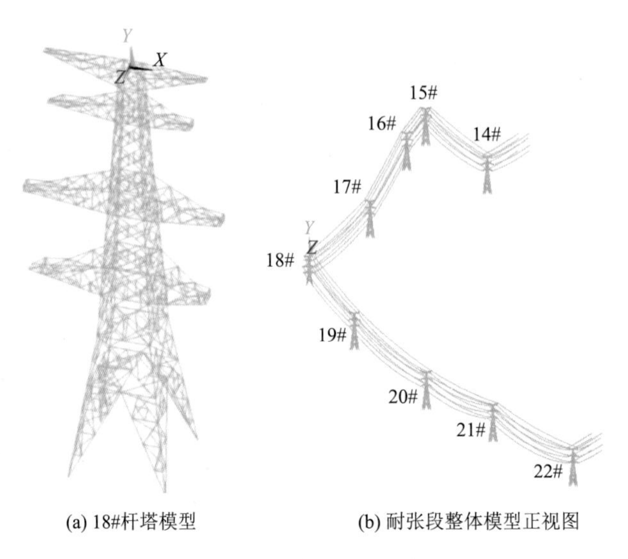

(a) 18#杆塔模型　　(b) 耐张段整体模型正视图

图 5-2 塔线系统整体仿真模型

发生地基沉降之后，实际观测到四个塔腿中有三个位置发生了明显改变，两对角线根开数值都发生了变化。为确定仿真过程中各塔腿自由度约束情况，需要确定各塔腿位置相对于竣工时的偏移情况。

根据现场指挥部提供的相关检测报告，18#塔为高低腿基础，依据观测记录与竣工检查记录表数据比较，基础中心桩位和基础半根开已经发生位移，数据如表 5-1 所示。

表 5-1　基础中心桩位和基础半根开位置变化　　（单位：mm）

参数		A	B	C	D
基础半根开	实测值	5687	6521	6417	6224
	竣工值	5742	6462	6462	6222
基础半对角线	实测值	8041	9220	9074	8801
	竣工值	8123	9138	9141	8801
基础半根开（实测值–竣工值）		–55	59	–45	2
基础半对角线（实测值–竣工值）		–82	82	–67	0

通过数据比较，基础 A 腿半根开减少 55 mm，B 腿半根开增加 59 mm，C 腿半根开减少 45 mm，D 腿半根开基本无变化。由于 B 腿基础现场无明显变化，假定 B 腿未发生位移，作为基点，水平方向上 A 腿位移 143 mm，C 腿位移 82 mm，D 腿位移 101 mm。在确定塔腿沉降量上，通过现场测量的各塔腿海拔，参考杆塔结构图纸，计算出各塔腿相对于竣工时的塔腿沉降量，各塔腿水平面上的偏移方向和距离示意图如图 5-3 所示。

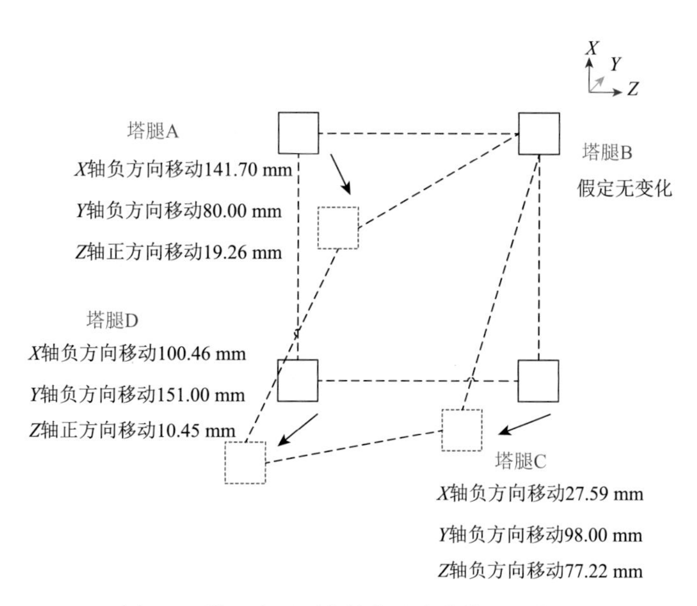

图 5-3　塔腿水平面上的位移变化情况示意图

如图 5-3 所示，红色表示四个连接点原位置，形成正方形，黑色表示塔基沉降后的位置，变为了类似菱形。其中，塔腿 B 位置固定不变，塔腿 A、B、C 施加了 X、Y、Z 三个方向的非零位移约束（其中 X 向为垂直导线方向，Y 向为垂直地面方向，Z 向为导线方向）。对上述塔线模型进行静力有限元仿真计算，18#耐张塔应力仿真结果如图 5-4 所示。

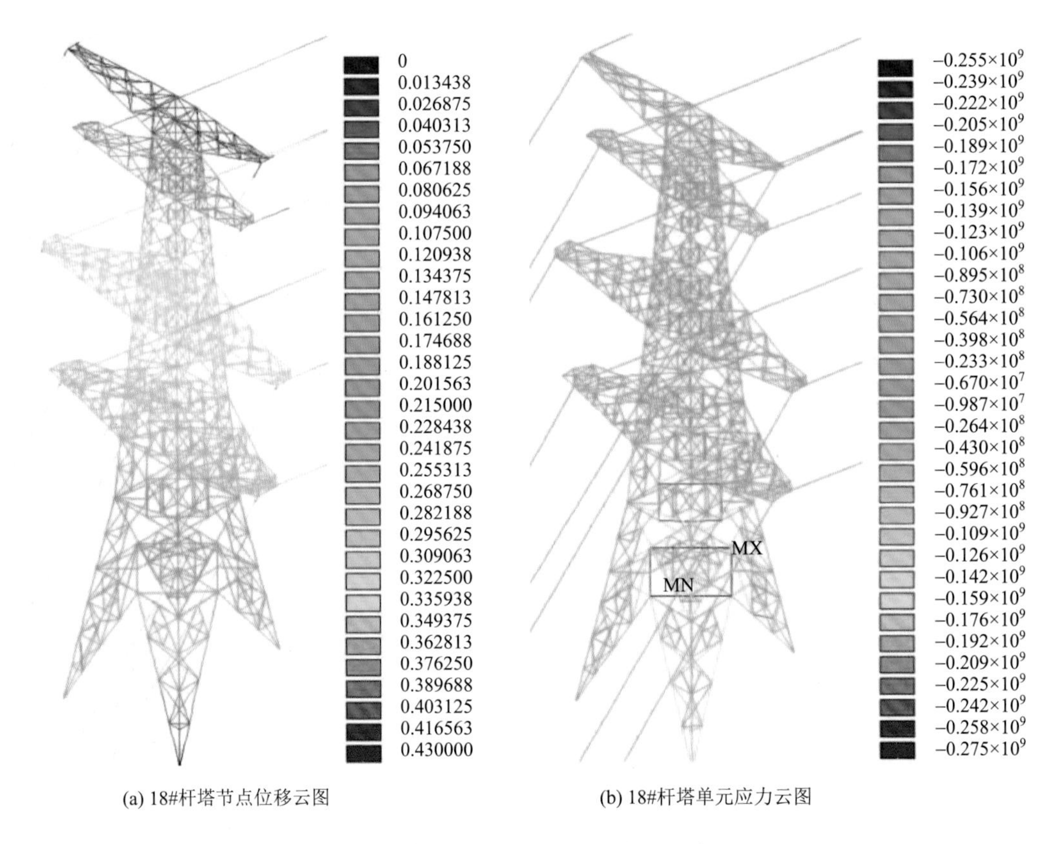

(a) 18#杆塔节点位移云图　　(b) 18#杆塔单元应力云图

图 5-4　地基沉降工况下塔线系统力学仿真结果

实际杆塔明显变形的钢构实拍图如图 5-1 所示，从图中可以看出，杆塔第一横隔面上两根辅材向上拱起，发生了明显弯曲。为验证仿真结果的正确性和合理性，取出这两根钢构上对应的所有单元的应力值，如表 5-2 所示（计算中以拉应力为正值，压应力为负值）。

表 5-2　第一横隔面上拱起钢构应力值

单元编号	1507	1508	1567	1568
应力/MPa	−254.75	−255.15	−254.20	−249.48

由表 5-2 可知，第一横隔面上拱起钢构当前情况仿真出的应力值都在–250 MPa 左右，而该处钢构的屈服强度是 235 MPa，说明这几根钢构受到较大的压应力，已经屈服，导致这两根钢构上拱，发生弯曲大变形，与实际情况吻合。

按照仿真结果中的位移云图，塔身向小号侧（即山上）倾斜，与实际现场测量结果一致，因此仿真结果合理，与实际情况基本一致。

5.2　不同状态下杆塔应力变化分析

在地基沉降过程中，塔腿位移随时间缓慢变化。通过预设塔腿位移在未来某时刻的沉降量，对杆塔应力变化进行分析，从而对杆塔在不同状态下的安全状况进行分析和评估。

5.2.1　杆塔薄弱点位置分析

通过比较竣工状态和当前工况下杆塔力学仿真结果，分析杆塔各钢构的应力变化情况，探究杆塔上的薄弱点位置。分别选出各主材和辅材中应力比值（应力与钢构屈服强度之比）最大的 15 个单元，如表 5-3 所示。

表 5-3　薄弱点单元编号及应力比值

单元编号	屈服强度/MPa	应力/MPa	应力比值
1505	235	274.89	1.170
1506	235	271.28	1.154
1569	235	267.43	1.138
1570	235	266.58	1.134
1508	235	–255.15	1.086
1507	235	–254.75	1.084
1567	235	–254.20	1.082
1568	235	–249.48	1.062
1772	235	–234.65	0.999
1498	235	–234.07	0.996
1558	235	–233.98	0.996
1773	235	–222.45	0.947
1736	235	–186.44	0.793
1737	345	–177.94	0.516
1738	345	–177.11	0.513

观察整个杆塔应力比值较大单元的分布情况，如图 5-5 所示，其中标红的即为应力比值较大单元所在位置。

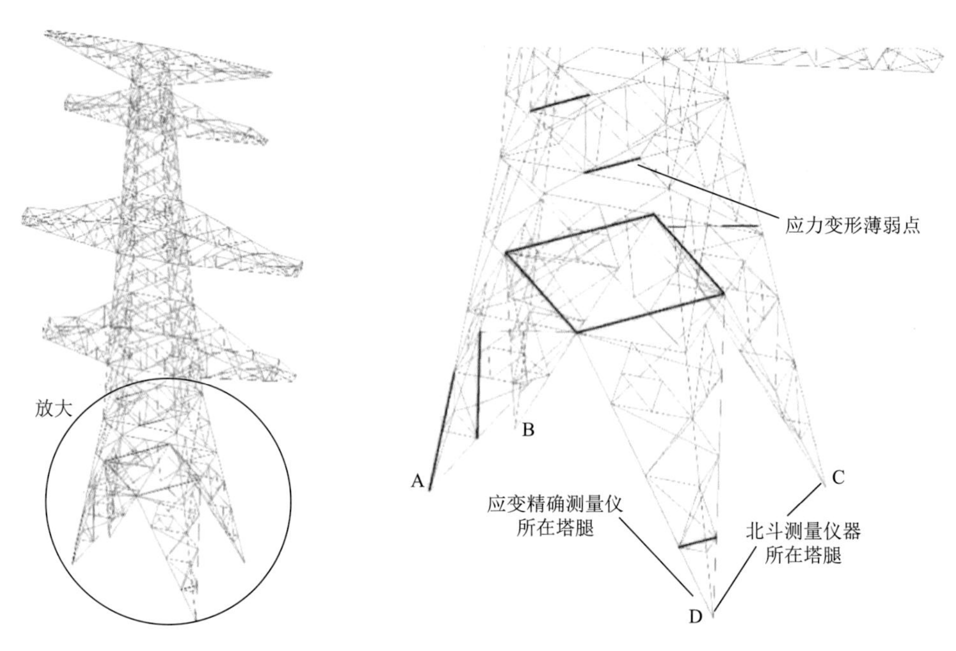

图 5-5　18#杆塔薄弱钢构位置图及其放大图

由图 5-5 可知，现有情况下，当前各塔腿位置相对于竣工时刻发生改变，A、C 塔腿向内挤压，B、D 塔腿向外拉伸，导致薄弱点位置主要集中在塔身中部第一横隔面和第二横隔面，这两个横隔面上的钢构都是屈服强度较小（235 MPa）的辅材，较易发生屈服，也与实际现场观测到的情况一致。同时地基沉降造成塔腿被压缩或拉伸严重，因此也有部分薄弱点集中在塔腿处。

5.2.2　不同工况下计算结果分析

通过对塔腿节点施加不同大小的位移约束，设计如下三种工况对耐张段内的塔线系统进行力学仿真计算。工况 1：竣工时杆塔情况（塔腿未发生地基沉降和位置变化）；工况 2：当前实际杆塔情况；工况 3：模拟将来可能发生倒塔时的工况。其中，工况 3 的判定标准参照 4.2.1 小节所述，当增加杆塔地基的沉降量直到有主材达到屈服强度或继续增大塔腿位移量时仿真程序不收敛即判定杆塔倒塔风险较大。依据三种工况下各测点的应变和应力变化情况，分析地基进一步沉降对钢构受力的影响，同时对测点应变变化裕度做概略评估。

三种工况下各测点应变和应力计算结果如表 5-4 所示。

表 5-4　不同工况下测点应力应变情况

编号	单元编号	材料	工况 1：竣工状态		工况 2：当前状态		工况 3：将来状态	
			应力/MPa	应变/με	应力/MPa	应变/με	应力/MPa	应变/με
1	1631	Q345	23.44	116.13	−80.84	−454.01	−172.96	−1 057.40
2	1689	Q345	42.96	215.71	111.44	643.16	197.33	1 218.97
3	1737	Q345	−78.62	−421.32	−177.94	−1 086.07	−277.96	−1 919.55
4	1576	Q345	−70.59	−371.26	39.69	224.34	131.98	821.11
5	1736	Q235	−15.57	−77.44	−186.44	−978.46	−277.97	−1 666.91
6	1724	Q235	−1.26	−6.13	−141.68	−740.93	−210.83	−1 381.88
7	1507	Q235	−2.22	−10.82	−254.75	−4 194.54	−310.87	−6 802.04
8	1568	Q235	0.28	1.35	−249.48	−4 042.04	−317.91	−7 161.78
9	1508	Q235	0.97	4.74	−255.15	−4 199.08	−319.33	−7 260.33
10	1567	Q235	−2.85	−13.88	−254.20	−4 187.11	−316.85	−7 091.41
11	1505	Q235	5.15	25.40	274.89	4 941.96	369.45	15 452.76
12	1570	Q235	−2.64	−13.00	266.58	4 647.07	364.87	14 213.61
13	1772	Q235	−2.69	−13.3	−234.65	−1 374.00	−272.91	−4 765.42
14	1773	Q235	−2.98	−14.57	−222.45	−1 169.37	−252.43	−4 130.79

由表 5-4 可知，当杆塔处于竣工状态时，未发生地基沉降等现象，杆塔各钢构受力很小，应变值最大不超过 500 με，第一横隔面的辅材几乎不承受应力；但随着 A、C 塔腿进一步挤压，塔腿沉降更严重时，第一横隔面辅材受力明显变大，塔腿等其他测点钢构受力也变大，工况 2 中第一横隔面辅材已经超过屈服强度。工况 3 中，塔腿 A 受力最大，应变也接近 2000 με，但此时该钢构仍未达到屈服强度。此时第一横隔面受压辅材编号 7～10 的钢构单元和受拉辅材编号 11、12 的钢构单元承受应力已超过 300 MPa，此时辅材钢构几乎全部屈服，杆塔有较大的失效可能。从工况 2 到工况 3 可以看出，当塔腿主材测点应变的改变超过约 600 με，其他辅材钢构应变变化量超过约 3000 με 时，认为杆塔较危险，有很大倒塔的可能。

5.3　基于应变监测的地基沉降风险评估案例

通过对地基沉降工况下输电杆塔薄弱钢构安装应力应变监测装置，实时监测杆塔健康状态，从而对杆塔失稳进行实时预警及风险评估。

5.3.1　杆塔应变实时监测

以上述 500 kV 输电线路 18#杆塔为研究对象，对图 5-5 中的 14 个薄弱钢构进行应变实时监测。在测点钢构上安装应变片，通过信号线将测量信号传输至应变仪，再将信号传输到计算机上。短期内通过监测关键钢构的应变情况，来对杆塔运行状态进行安全评估，防止事故发生并及时做出应对处理。

所用应变监测系统主要基于电阻式应变传感器而设计。应变片采用双轴向BX120-3BA 组成的应变花，将该应变片用胶水粘在被测物品表面，被测物品应力变化时带动电阻片拉伸或压缩，引起电阻片电流变化，通过测量电流变化即可算出应变变化值。该应变花由一轴向应变片和一垂直轴向的应变片组成，测量时将其接成半桥回路。

测试系统所用应变仪采用 uT7116Y 液晶屏高速静态应变仪。该应变测试系统是一种内置 ARM7 中央处理器（central processing unit，CPU）和触摸屏进行控制的工程型与教学相结合的静态电阻应变仪。可直接通过 uT71USB485 模块与计算机通用串行总线（universal serial bus，USB）进行通信，其量程为 0～±30 000 με，测量误差仅为±0.01%FS（full scale，满量程）±0.5 με。

应变测量的关键在于应变片是否与被测物品良好接触，应变片粘贴工艺要求较高。但由于杆塔的特殊性，直接在杆塔钢构上粘贴应变片并进行处理难度较大，很难获得令人满意的测量数据。本书提出了一种间接式测量角钢应变的方法。在室内将应变片粘贴在 5.8 mm 厚的钢条上，再在其表面涂抹上 703 硅橡胶（起防水防潮作用），即可制作成一个测量用的基片。在实际现场布置时，利用 C 形夹具将基片两端与杆塔钢构紧紧夹在一起，当钢构变形时，通过摩擦力带动基片变形，基片带动应变片形变，即可测量钢构的实际应变。经实验室验证，短期内钢构和基片之间力的传递性良好。采用这种方式测量应变，不仅现场安装方便，而且避免了直接在杆塔上粘贴应变片，测量结果也更可信。

实际现场安装时还需注意要打磨角钢表面，处理干净角钢表面的锈蚀和油漆以增大角钢和基片之间的摩擦力，拧紧 C 形夹具，将基片两端牢牢固定在角钢上。最后在整个基片表面以及基片四周涂抹防水防潮的 703 硅橡胶，待硅橡胶固化后，在整个基片和应变片表面涂抹起保温和固定作用的膨化胶，以减小测量误差。

实际现场施工图如图 5-6 所示。

(a) 杆塔塔脚处安装图

(b) 拱起第一横隔面上拱起钢构安装图

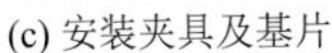

(c) 安装夹具及基片

(d) 安装完成后实拍图

图 5-6　现场安装实拍图

5.3.2　应变测量结果分析

设置监测系统采样频率为 0.2 Hz，采用上述应变监测系统对杆塔测点钢构应变进行实时监测。对应变输出结果进行处理和分析，对当前杆塔安全状况进行评估，同时对短期内未来杆塔的安全状况进行预估。

某时间段内钢构监测应变随时间的变化曲线如图 5-7 所示。

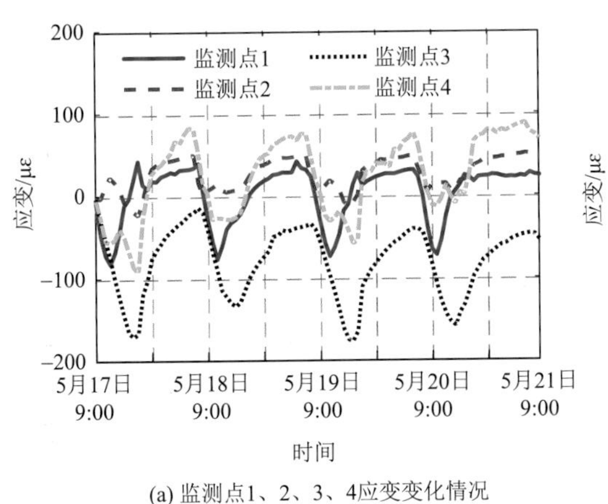

(a) 监测点1、2、3、4应变变化情况

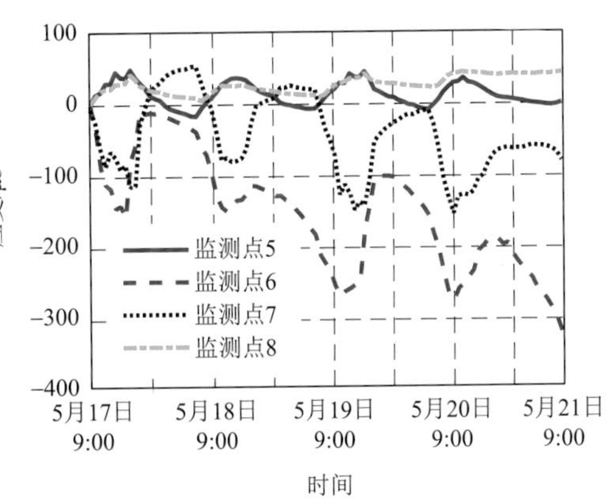

(b) 监测点5、6、7、8应变变化情况

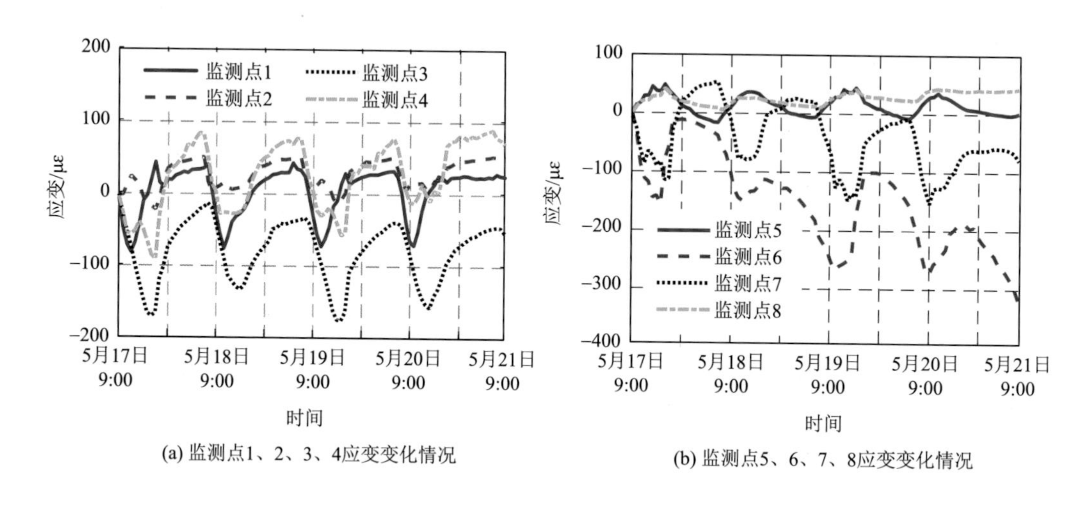

(a) 监测点1、2、3、4应变变化情况

(b) 监测点5、6、7、8应变变化情况

图 5-7 测点应变变化曲线

由图 5-7 可知，测点钢构应变曲线总在一定范围内波动，波动周期近似为 24 h，主要受昼夜温差和环境的影响。塔腿处四个监测点（监测点 1～4）应变随时间变化曲线波动较稳定，波动范围为–200～100 με。第一横隔面上的斜材应变曲线波动范围为–150～100 με，且受压构件（监测点 7、8）与受拉构件（监测点 9、10）波动趋势完全相反，侧面印证了监测结果的可靠性。通过一个多月的监控，测量结果始终呈现周期性变化，应变曲线波动平稳，没有超出预算设定的安全警戒裕度值，因此认为短期内杆塔安全状况良好，暂无大概率倒塔的风险。

5.4 本 章 小 结

本章介绍了力学模拟分析在输电线路地基沉降工况下的应用方法。通过塔腿位移自由度的约束模拟地基沉降，以某 500 kV 输电线路为例建立了塔线系统有限元模型，仿真分析了塔腿沉降量对杆塔应力应变的影响。通过对杆塔薄弱钢构进行应变实时监测，对杆塔的安全状况进行了实时评估。

（1）介绍了地基沉降工况的模拟方法，通过塔腿位移自由度的约束模拟地基沉降。以某 500 kV 输电线路为例，建立了塔线系统有限元模型，仿真模拟塔腿不同沉降下杆塔应力应变分布。结果表明，杆塔第一横隔面上拱起钢构受到较大的压应力，已经屈服，因此发生弯曲大变形，与实际情况吻合，说明了仿真模型及方法的可靠性。

（2）通过有限元仿真模拟了杆塔竣工状态、当前状态和将来状态，分析了塔腿沉降量对杆塔应力应变的影响及不同工况下杆塔安全裕度。依据计算结果，当塔腿主材测点应变量的改变超过约 600 με，其他辅材测点应变量改变超过约 3000 με 时，认为杆塔较危险，有很大倒塔可能。

（3）采用基于电阻式应变传感器的应变监测系统对杆塔薄弱钢构进行了应变实时监测。从监测结果来看，测点钢构应变曲线总在一定范围内平稳波动，波动周期近似为 24 h，主要是受昼夜温差的影响，波动范围较小，认为杆塔当前安全状况良好。

参考文献

[1] 张仲秋，谢艳丽，李渊，等. 输电线路多年冻土基础沉降变形观测的研究[J]. 青海电力，2019，38（4）：43-46.

[2] 陈子良. 110 kV 输电铁塔基础沉降应力分析与试验研究[D]. 西安：西安工程大学，2017.

[3] 黄新波，陈子良，赵隆，等. 110 kV 输电线路铁塔塔基沉降应力仿真分析与试验[J]. 电力自动化设备，2017，37（4）：153-158.

[4] 熊卫红，刘先珊，李正良，等. 500 kV 输电线路基础沉降铁塔的可靠度分析[J]. 电力建设，2015，36（2）：41-47.

[5] 国家能源局. 架空输电线路杆塔结构设计技术规定：DL/T 5154—2012[S].北京：中国计划出版社，2012.

[6] 汪延寿. 风荷载作用下输电塔体系可靠度分析[D]. 重庆：重庆大学，2009.

[7] 甘艳，周文峰，杜志叶，等. 地沉降工况下杆塔应变实时监测与失效预警技术研究[J]. 电测与仪表，2019，56（20）：9-16.

[8] 周文峰，杜志叶，张力，等. 地质灾害对超高压输电线路杆塔杆件失效影响分析[J]. 电测与仪表，2020，57（7）：16-22.

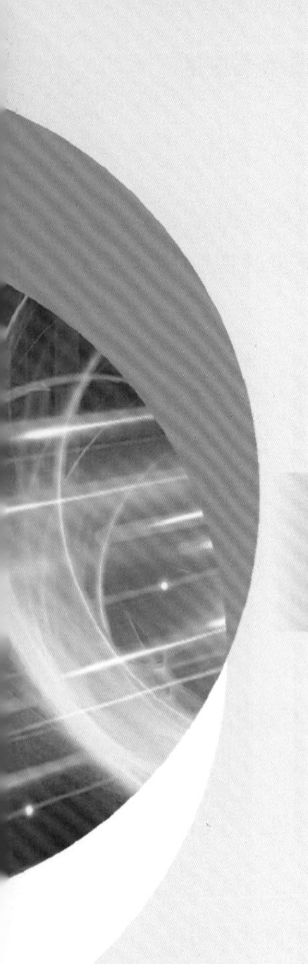

第 6 章

基于应变监测的塔线系统失稳预警技术研究

6.1　杆塔在线监测技术国内外研究现状

随着电力系统的不断发展，输电线路不可避免地会经过软土质地区、重覆冰区、大风区等自然环境恶劣的地区，在外界条件的作用下，杆塔的薄弱钢构容易屈服，以致容易发生杆塔大形变、塔基倾斜开裂及杆塔变形，甚至塔基沉陷、杆塔倾倒等情况。因此，对输电线路杆塔薄弱钢构的应力应变进行在线监测具有重要意义。

现有的杆塔在线监测方法有：基于倾角传感器的杆塔倾斜监测[1]、基于卫星技术的杆塔形变监测[2]、基于加速度计的杆塔钢构振动监测[3, 4]、基于电阻式应变传感器的杆塔应变监测[5]和基于光纤传感技术的杆塔应变监测[6-9]等。其中，基于倾角传感器的杆塔倾斜监测和基于卫星技术的杆塔形变监测能够很好地代替传统的人工巡检、机器人巡线，但是其只能间接反映杆塔整体受力及负荷平衡状态的参数，无法直接获取杆塔钢构的受力值并进行进一步的分析。

目前，国内对杆塔应力应变的在线监测做了很多研究，其中利用电阻应变计是较为简单的方法，其利用敏感栅受力后电阻发生变化这一应变电阻效应，将构件的应变量直接转换成电阻的相对变化量，并利用电桥平衡原理实现温度补偿。虽然电阻式应变监测的方式价格低、安装方便，但目前这种方法应用比较少，一些钢管塔塔身应力的监测采用电阻应变计[10]，主要原因在于电阻应变计测量精度受自然环境影响很大，且必须进行应变计的防水、防潮处理[11]，采用的金属基片容易疲劳导致灵敏度下降。其受电磁干扰和环境影响大，而需检测的杆塔往往安装在环境条件恶劣的地区，因此电阻式应变监测不适用于杆塔的长期在线监测。

振弦式应变计是利用弦振频率与弦的拉力的变化关系来测量应变计所在点的应变，对同一根振弦，其拉力与振动频率的平方成正比。温度引起的振弦长度变化可以忽略，因此其测应变的稳定性较好，但是安装众多的振弦式应变计，从布线、成本和对结构性能的影响上来讲都是不现实的[12]。

目前，基于光纤的应变测量技术在结构应变监测中的应用越来越多，且适用于桥梁、海洋工程、隧道、管道等多个工程领域。美国、日本及欧洲等均于 20 世纪 80 年代投入大量技术进行光纤传感器的研制与应用。自从 Mendez 等于 1989 年最早提出了将光纤传感器用于钢材混凝土结构应变检测之后，出现了越来越多的新型传感器[13]。光纤传感器按照是否对所测信号进行调制一般可分为两类：非本征型和本征型。非本征型光纤传感器中的光纤只起信号传输作用，其工作原理类似于传统传感器中的传输导线；本征型光纤传感器中的光纤不仅是传输信号，同时起到感应信号的作用，即通过监测光纤自身的光敏效应、光弹效应、双折射效应、法拉第效应、荧光效应等把待测量调制为光强、相位、偏振或者波长变化。

光纤传感器与传统传感器相比具有许多优点[14, 15]：

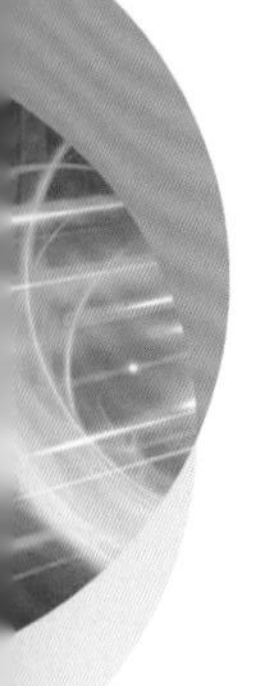

（1）质量小、体积小。普通光纤传感器外径为 250 μm，最细直径为 35～40 μm，可获取传统传感器无法检测的信号，如复合材料的内部应力。即使经过封装的光纤传感器，其直径也往往可控制在毫米数量级，可方便地安装在结构表面或者结构内部，对被测结构的力学性能及外观影响小。

（2）灵敏度高，一般为微米量级。采用波长调制技术，分辨率可达波长尺度的纳米量级。

（3）耐腐蚀。光纤表面的涂覆层由高分子材料组成，耐酸碱等化学侵蚀能力强，同时纤芯为二氧化硅材料，其物理化学稳定性强。

（4）抗电磁干扰。光信号在光纤中传输时不会与电磁场产生作用，因而信号在传输过程中抗电磁干扰能力很强。

（5）传输频带宽。可进行大容量信号的实时测量，便于集成大型监测系统。

（6）分布式或准分布式测量。可用一根光纤测量结构上空间多点或者无限多自由度的参数分布。

（7）使用期限内维护成本低。

1994 年，光纤布拉格光栅（fiber Bragg grating，FBG）传感器被首次用来监测土木工程，传感器组成的阵列被粘贴到碳纤维上用于监测桥梁的应变和变形，传感系统的量程为 1～5000 με，精度达到 20 με。1996 年，美国的海军研究实验室把光纤传感器安装在一座桥梁上，验证了传感器实时监测应变的可能性。挪威的 Bjerkan 使用 FBG 传感器进行了导线舞动测量的研究，该研究将 FBG 传感器直接粘贴在导线表面，通过对导线应变变化频率的监测，获得了导线的舞动频率[16]。

国内对 FBG 传感器应用于杆塔应变测量做了一些研究，古祥科等[17]研制了光纤光栅传感器，通过高压输变电杆塔微应变变化转换成 FBG 波长移位量，实现了对 500 kV 杆塔微应力的在线监测，对风荷载条件下杆塔进行建模有限元仿真，为应力监测点选取和最大应力应变值提供参考。黄新波等[18]提出了一种采用光纤光栅传感器的杆塔应力监测方法，通过光纤复合架空地线将 FBG 传感器信息传送到变电站内的光纤光栅波长解调仪进行解调，然后监测主机对数据进行处理并通过光纤/局域网上传，最终利用监控中心的专家软件对杆塔应力进行整体分析，当杆塔外部荷载过大时，提前预警，该方法已在 110 kV 试验线路安装试运行。吴晓冬[19]提出并建立了一套完整的分布式光纤光栅动静态应变传感网络系统，对光纤光栅应变传感器在悬臂梁结构上的应变传感进行了研究，光纤光栅传感信号与传统加速度传感器传感信号、模态分析试验结果和有限元理论分析结果对比，验证了光纤光栅应用于悬臂梁结构具有较好的应变传感特性，定性研究了光纤光栅的记忆效应，定量研究了光纤光栅的波长和应变之间的线性关系。

光纤传感器与传统传感器相比具有质量小、灵敏度高、耐腐蚀、维护成本低等优点，适用于恶劣环境条件下的长期在线监测。但目前光纤应变测量技术仍不太成熟，国内目前有一些将光纤应变测量技术应用于杆塔应变测量方面的案例，但仍有很多问题亟待解决。例如，对于地处恶劣环境中的杆塔应变测量，如何消除环境因素对测量的干扰，如何降低测量误差，如何在杆塔指定位置完好地安装布置传感器，以及监测设备防雷防潮等问题，仍需研究和解决。

6.2　输电杆塔应变实时监测

相比传统传感器，光纤传感器具有质量小、灵敏度高、耐腐蚀、抗电磁干扰、维护成本低等优点，适用于恶劣环境下的长期在线监测。而杆塔主材钢构屈服是杆塔损坏的重要因素之一，因此对输电线路杆塔应变进行在线监测，已成为杆塔安全评估的重要手段。本节主要介绍基于光纤光栅的输电杆塔应变实时监测技术。

6.2.1　光纤光栅应变测量原理

光纤传感器的基本原理是将被测参量转换为光信号参数的变化，在众多的光纤传感器类型中，可大规模组网应用的光纤传感技术主要有 3 种：①布里渊散射［布里渊光时域反射仪/布里渊光时域分析仪（Brillouin optical time domain reflectometer/Brillouin optical time domain analysis，B-OTDR/B-OTDA）］；②拉曼散射［分布式光纤测温仪（Rayleigh optical time domain reflectometer/data-transmission system，R-OTDR/DTS）］；③光纤布拉格光栅。前两种属于连续分布式光纤传感技术，第三种属于准分布式光纤传感技术。

其中，光纤布拉格光栅应用比较广泛。光纤布拉格光栅是利用光纤材料的光敏性在光纤纤芯上形成具有周期性折射率分布的光栅，其作用实质是在纤芯内形成一个窄带的反射镜，可通过掩模效应将入射宽带光谱中满足布拉格条件的窄带光反射回光入射的方向，光纤光栅传输模型如图 6-1 所示。当光纤光栅的温度和应变发生变化时，光栅的周期和折射率随之发生变化，从而引起反射光波长的变化，通过测量反射光波长的变化，即可得到温度和应变的变化量[20]。

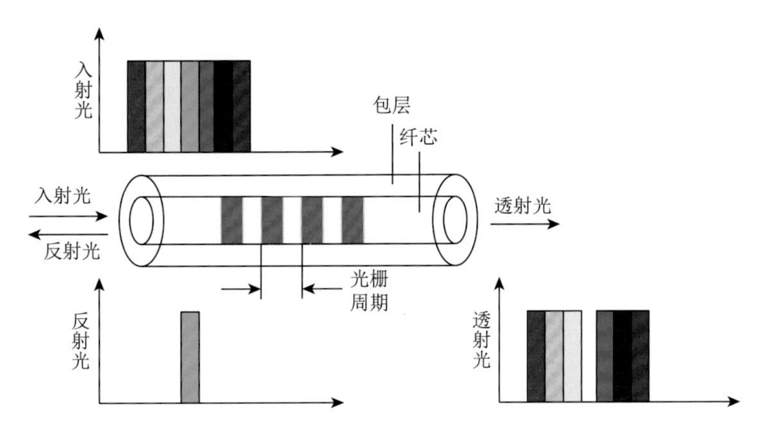

图 6-1　光纤光栅传输模型

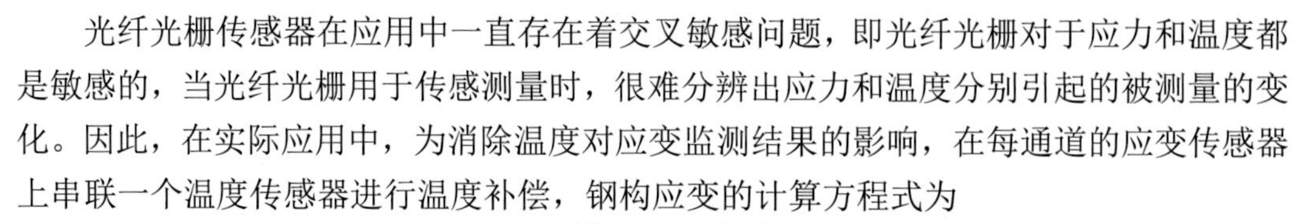

光纤光栅传感器在应用中一直存在着交叉敏感问题，即光纤光栅对于应力和温度都是敏感的，当光纤光栅用于传感测量时，很难分辨出应力和温度分别引起的被测量的变化。因此，在实际应用中，为消除温度对应变监测结果的影响，在每通道的应变传感器上串联一个温度传感器进行温度补偿，钢构应变的计算方程式为

$$\varepsilon = \frac{(\lambda_1 - \alpha_T \Delta T) - \lambda_0}{k} \tag{6-1}$$

式中：λ_1——光纤光栅应变传感器当前测量波长；λ_0——光栅初始波长；α_T——传感器温补系数；ΔT——温度变化量；k——传感器应变系数。

6.2.2　杆塔应变实时监测系统组成

基于光纤光栅传感技术的杆塔角钢应变监测系统集成了光纤光栅应变传感器和温度传感器、调制解调仪、电源供电系统、信号传输等模块，监测系统结构如图 6-2 所示。在输电杆塔薄弱钢构处安装光纤光栅应变传感器和温度传感器，杆塔角钢在外部荷载的作用下将会引起传感器中心波长的漂移；光纤光栅解调仪将实时解调传感器反射光的中心波长，由波长的变化量可以得到角钢应变的变化；光纤光栅解调仪作为监测主机可以对测量数据进行预处理，实时显示各测点的应变值，并将监测数据通过 4G-LTE 公网上传至远程监控中心；远程监控中心根据各测点的应变值对杆塔的运行工况进行分析，在角钢应变异常时及时预警。

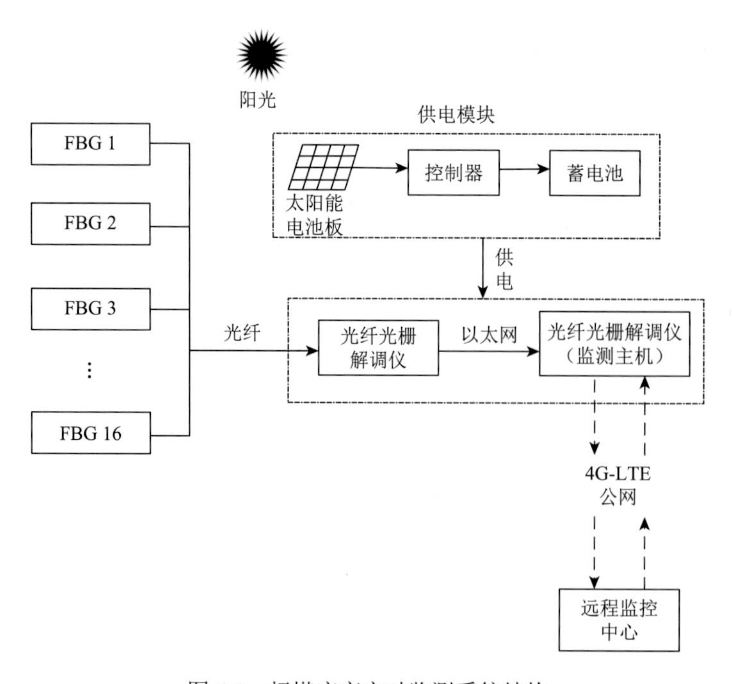

图 6-2　杆塔应变实时监测系统结构

参照某 500 kV 输电杆塔实际现场应变监测案例，具体介绍输电杆塔应变实时监测系统各组成结构与技术细节。

1. 光纤光栅传感器

现场一共使用了 16 个应变传感器和 4 个温度传感器。其中，在输电杆塔上安装了 15 个应变传感器和 1 个备用传感器，每 4 个应变传感器为一组，配合 1 个温度传感器进行温度补偿。

所采用的应变传感器为增敏光纤光栅应变传感器，如图 6-3 所示。该传感器经过特殊设计使得传感器具有应变放大效果，测量灵敏度超过裸光栅，并且通过改变相关的结构参数可以实现灵敏度系数的调节。所采用的温度传感器如图 6-4 所示，该传感器具有传热快、不受外力影响、保持分布式能力、耐久性好、可靠性好等优点。

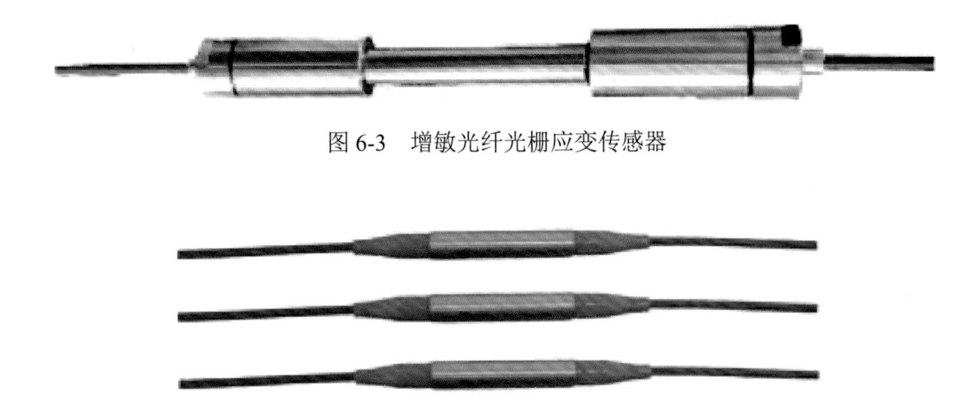

图 6-3　增敏光纤光栅应变传感器

图 6-4　光纤光栅温度传感器

2. 光纤光栅解调仪

光纤光栅解调仪的主要作用为接收传感器反射光波长信息并对其解调，实时显示杆塔各监测点处的应变值，通过在解调仪上安装无线上网终端将解调仪接入 4G-LTE 公网中，实现与远程监控中心的无线通信功能。解调仪的主要结构有：宽谱光源发射器、波长解调模块、无源底板、CPU 卡、基于 PC 总线的工业计算机、电源、配件和机箱等。将各部分系统集成在一个机箱中，提高了监测系统的便携性和稳定性。波长解调模块和基于 PC 总线的工业计算机之间通过 100 Mbit/s 以太网进行数据通信，协议类型为用户数据报协议。通过 Windows 操作系统的移植，提高了控制的可操作性，可对基于 PC 总线的工业计算机插接各种配件，包括 CPU 卡、内存、显示卡、硬盘、显示器、I/O 卡等，方便系统升级，其中 CPU 卡设有“看门狗”定时器，在因故障死机时无需人的干预而自动复位，提高了监测系统的可靠性。为降低功耗，解调仪在正常情况下可处于休眠状态，但不会停止对数据的采集和保存，解调仪将波长信息转化为杆塔钢构的应变值，同时将数据存储在硬盘中，以备历史数据的查询。

杆塔上实际安装的光纤光栅解调仪如图 6-5 所示。该光纤光栅解调仪集成光纤传感器波长和功率光谱数据采集、显示、存储于一体，具有 4 个数据采集通道，每个通道最多可接 8 个应力传感器或 16 个温度传感器。该光纤光栅便携式解调仪配备彩色显示屏、网线接口、数据传输接口和 2 个 USB 接口。内置可充电锂电池，可广泛用于各类工程的现场检测。

图 6-5　光纤光栅解调仪

3. 供电模块

输电线路杆塔大多处于荒郊野外，为解决供电问题，设计了一套独立的光伏供电系统为监测系统供电，主要包含光伏太阳能板、充放电控制器、蓄电池，如图 6-6 所示。

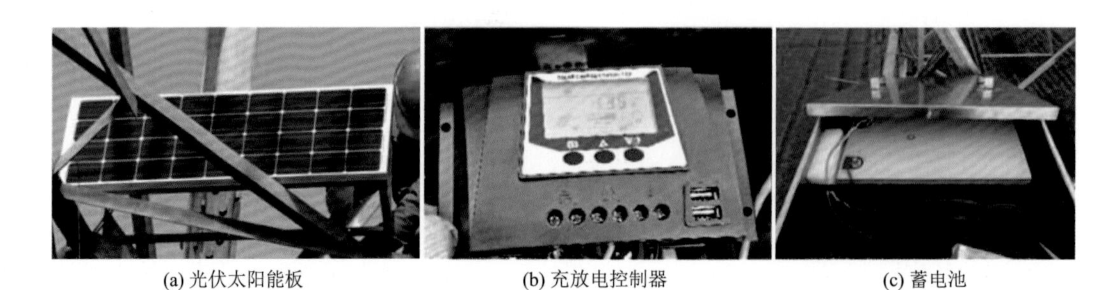

(a) 光伏太阳能板　(b) 充放电控制器　(c) 蓄电池

图 6-6　监测系统供电模块

在有光照的条件下，光伏太阳能板吸收光能为监测系统供电，剩余电量存储在蓄电池中；光照消失时由蓄电池维持供电。

6.2.3　监测系统安装技术研究

1. 应变传感器安装方式研究

对杆塔进行应变监测属于一种典型的粗放式作业，待监测的输电杆塔往往处于山区或环境条件恶劣的地方，且塔高往往在数十米，传感器安装作业的难度较大。如何合理地将光纤光栅传感器安装在杆塔薄弱钢构上，使得杆塔钢构应变能有效传递到光纤光栅传感器中，是光纤光栅传感器成功用于杆塔结构健康长期监测的关键。在光纤光栅的实际工程应用中，往往根据实际需要，采用多种不同的安装方式使得光纤光栅传感器与被测结构紧密贴合，在外力作用下产生协同形变。对于表面式光纤光栅传感器，常见的安装方式有夹持式、粘贴式、焊接式等，因为在输电线路杆塔上进行传感器安装时不能改变或损坏杆塔钢构原有的结构性能，且在实际杆塔上不便进行焊接操作，所以不考虑焊接式安装，重点比较夹持式安装和粘贴式安装对角钢应变测量的影响[21]。

夹持式安装需要设计传感器夹具，根据杆塔角钢的结构特点，设计 L 形传感器夹具，如图 6-7 所示，角钢截面型号为 L180 mm×40 mm 时，夹具长 200 mm，宽 40 mm，对于其他截面型号的角钢，只需相应地修改夹具长和宽的尺寸即可。

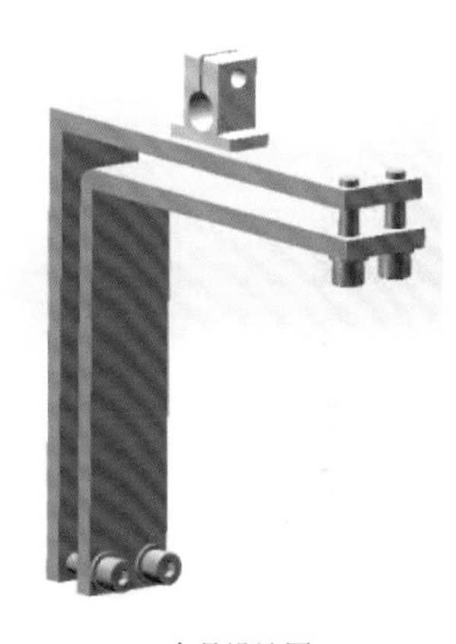

(a) 夹具设计图

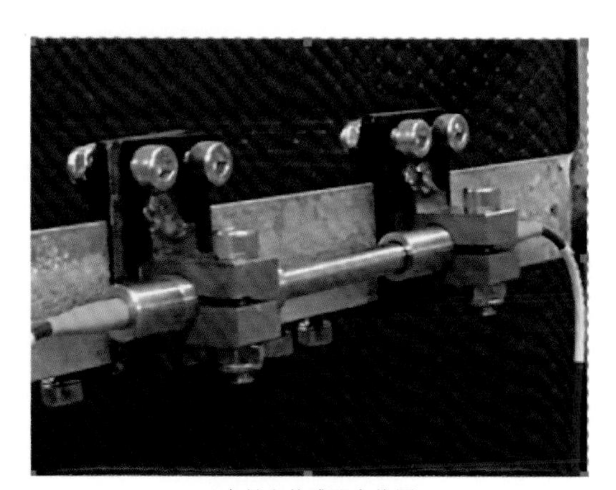

(b) 夹具和传感器实物图

图 6-7　L 形传感器夹具

粘贴式安装需要选用合适的黏接剂，不同的黏接材料由于其物理性能和化学性能的差异而对应变测量有较大的影响。基于目前常用的黏接材料，开展角钢应变测量试验，对比分析不同材料的黏接剂和夹持式安装对应变测量的影响。试验时采用的三种黏接剂材料分别是 α-氰基丙烯酸乙酯（502 胶）、改性丙烯酸酯胶（302-AB 胶）和 704 硅橡胶。

角钢应变测量试验平台如图 6-8 所示。将一长为 76 cm 的角钢焊接在方钢立柱上，在其端部悬挂不同重量的重物来模拟不同大小的荷载，试验时改变光纤光栅传感器的安装方式，保持传感器的安装位置等其他因素不变，对不同荷载下的角钢应变进行多次测量，探究传感器安装方式的不同对角钢应变测量的影响。

图 6-8　角钢应变测量试验平台

建立与试验平台一致的角钢有限元模型。角钢与立柱的焊接点处可视作固点，在有限元仿真计算时约束左端节点全部平动自由度和转动自由度。仿真计算时首先对角钢模型仅施加自重荷载，提取应变传感器安装处的角钢初始应变 ε_0。然后在荷载挂点处施加与重物相同大小的力，力的方向为$-y$ 向，可依次计算得到不同重物荷载下传感器安装处的角钢应变 ε_1。将重物载荷作用下的角钢应变量 ε_1 减去仅自重作用下的角钢初始应变 ε_0，得到不同载荷作用下角钢应变的变化量，将仿真结果与不同安装方式下实测结果对比，如图 6-9 所示。

由应变测量结果可知，采用夹具式安装应变传感器的测量效果最好，测量结果与有限元仿真计算的结果最为接近，最大绝对误差为 3.89 με，最大相对误差为 9.21%，测量误差在工程允许范围内。总体来看，采用黏接剂安装应变传感器测得的结果均有较大的损失，无法满足实际杆塔上角钢应变测量的精度要求；不同材料的黏接剂对角钢应变测量的影响存在差异，其中 302-AB 胶的测量效果较好，502 胶次之，704 硅橡胶测量效果最差。

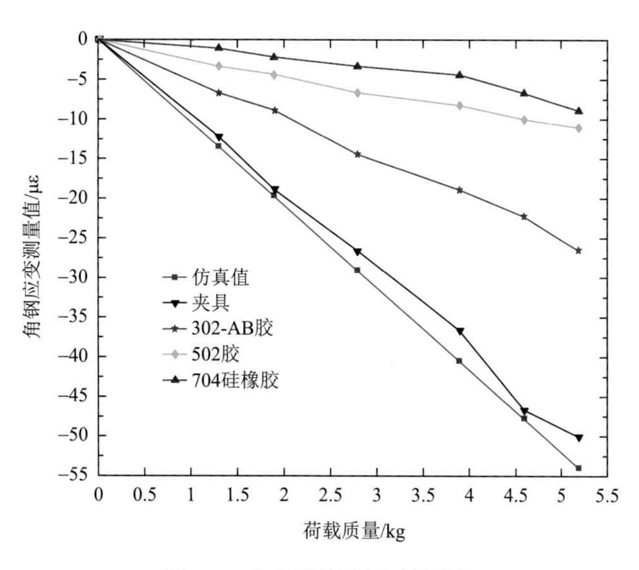

图 6-9　应变测量结果对比曲线

2. 传感器及系统安装方案

以某 500 kV 输电线路 361#杆塔为例，根据有限元仿真计算所得 361#杆塔关键薄弱点，如图 6-10 所示。由于实际安装条件限制，薄弱点选取塔身及塔腿处的 16 个点，杆塔顶端无法安装，不予考虑。

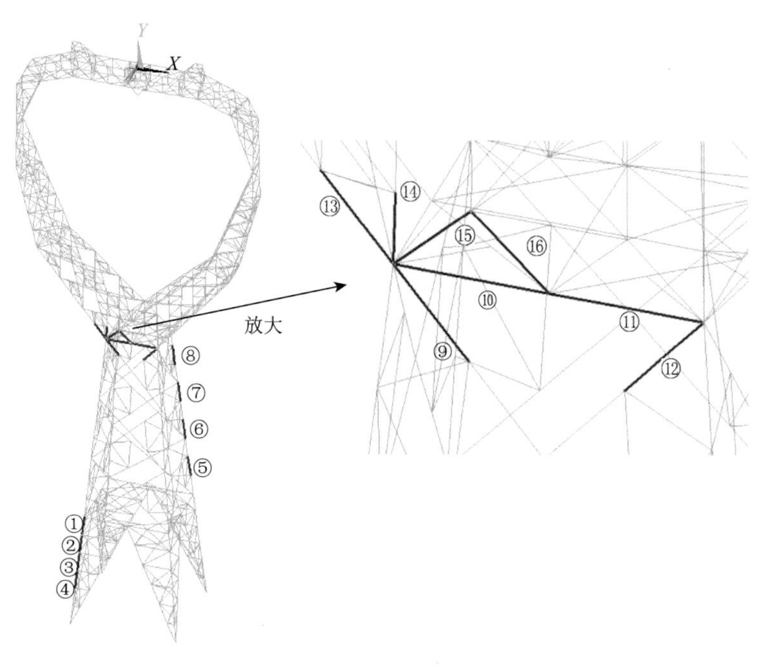

图 6-10　杆塔应变监测点分布

将上述 16 个应变监测点按所处位置均分为 4 组，即分布在塔腿上的监测点 1～4，分布在塔身上的主材监测点 5～8，分布在塔身上部及横膈面的斜材及辅材监测点 9～12，分布在下曲臂的监测点 13～16。每组传感器配合一个温度补偿传感器，这 5 个传感器共用一根光纤将监测信号传输至解调仪。

光纤光栅在线监测系统所含设备主要有：光纤光栅解调仪、光纤光栅应变及温度传感器、太阳能电池板、锂电池、夹具及防雨箱等。361#杆塔光纤光栅在线监测系统安装主要分为以下几步：

（1）将光纤光栅测量设备、太阳能电池板、锂电池、夹具和防雨箱分批运送至塔腿上横隔面。

（2）将用来保护光纤光栅解调仪和锂电池的防雨箱用夹具固定在塔腿上横隔面，并将解调仪、锂电池、太阳能控制器置入其中。

（3）将光纤光栅应变器及温度传感器用夹具固定在杆塔测点相应位置，并将信号传输线接口接在光纤光栅解调仪上。

（4）将太阳能板用支架固定在塔腿横隔面朝南侧角钢上，调整支架使太阳能电池板与水平面夹角在 20°～30°。

（5）分别将锂电池、太阳能电池板和光纤光栅解调仪连接到控制器上，并检查连接是否正确。

6.2.4 应变监测结果

将上述杆塔角钢应变监测系统安装于该 500 kV 输电线路 361#杆塔上对该塔进行应变监测，2018 年冬季 12 月 19 日～12 月 24 日的应变监测结果如图 6-11 所示。

角钢的应变波动范围为–80～160 με，对应着角钢应力的变化范围为–16.48～32.96 MPa。在正常运行工况下，角钢监测应变值远低于钢构失效极限值，可知杆塔的健康状态良好。

杆塔角钢应变的变化主要与气象条件有关。初步来看，监测时塔上无覆冰，杆塔角钢的应变主要受风速和温度变化的影响。观察角钢应变随时间的变化趋势可以发现，在中午 12:00 左右应变曲线均会产生较明显的波峰，在夜间随着温度的降低应变曲线下降，这主要是杆塔角钢由热胀冷缩效应导致角钢应变随温度出现周期性的变化。

从各测点的应变-时间曲线来看，在第 2 天和第 5 天各测点的曲线均出现了较明显的波峰，即角钢应变有所增加，对比当地的气象条件，发现在第 2 天和第 5 天风力等级上升为 4 级，且第 5 天的风速更大。这段时间内该地一直处于阴雨天气，且气温呈现逐渐降低的趋势，因而各测点应变曲线总体上也在不断下降，测点 9～11 的应变曲线下降趋势更为明显。角钢应变的变化情况能较为准确地反映杆塔所受的外部荷载及温度变化情况。

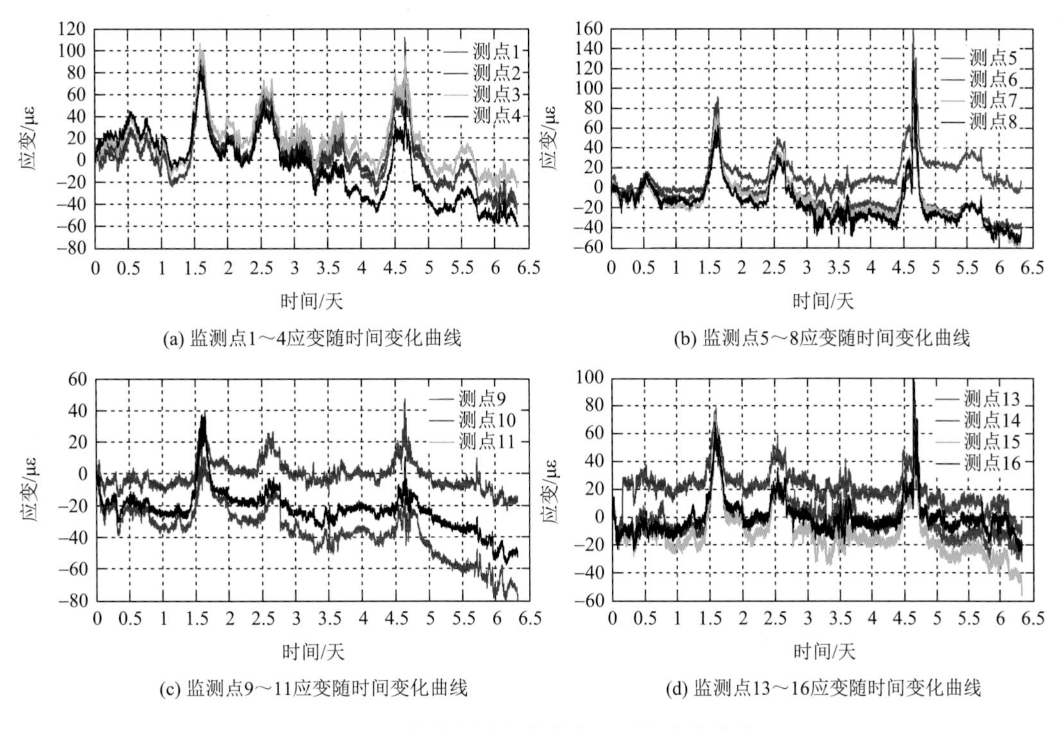

(a) 监测点1～4应变随时间变化曲线

(b) 监测点5～8应变随时间变化曲线

(c) 监测点9～11应变随时间变化曲线

(d) 监测点13～16应变随时间变化曲线

图 6-11　各监测点钢构应变随时间变化曲线

注：监测点 12 在测量过程中出现传感器故障，所测应变数据未绘出

观察各测点的应变-时间曲线变化趋势，测点 1～4、测点 5～8、测点 9～11 和测点 13～16 的应变变化趋势十分接近。对应各测点在杆塔上的安装位置，测点 1～4 安装在塔腿处的主材角钢，测点 5～8 安装在塔身处的主材角钢，测点 9～16 安装在杆塔下曲臂附近，表明在杆塔相近部位的角钢应变在外荷载作用下变化趋势相近。这也意味着，当杆塔因不能承受极限荷载即将发生坍塌时，塔材角钢的失效往往是成片发展的，这也导致倒塔事故的发生具有突然性。因此，对杆塔薄弱部位塔材进行应变监测，观察角钢应变的变化趋势及应变大小，合理地设置角钢应变报警限值，在严重倒塔事故发生前及时预警，对保障输电线路安全稳定运行具有重要意义。

6.3　杆塔应变时间序列预测及失稳预警技术

本节主要介绍输电杆塔钢构应力应变测量数据处理技术，将测量数据和力学数值仿真结果相结合，对杆塔安全状况进行实时评估。同时考虑到天气和地基沉降都有一定的规律可言，因此基于现有人工智能算法提出一种杆塔钢构应变的预测模型，结合调研的杆塔失稳分级预警，从而准确预测未来中短期内杆塔失稳状况并进行实时分级预警，方便电网运维人员针对各种工况、灾害条件下的输电杆塔实时安全状况提出应对措施。

6.3.1 时间序列预测模型介绍

时间序列是指系统中某一变量的观测值按时间顺序排列成一个数值序列，展示研究对象在一定时期内的变动过程，并由两个基本要素组成：一个是现象所属的时间，另一个是现象在各个不同时期内所达到的水平。它反映了事物或者行为等随着时间的推移而产生的状态变化和发展规律，如天气变化情况、电力负荷的变化情况、特定区域人口流动的变化情况等。

时间序列预测即根据已知的时间序列所反映出的发展过程和规律，通过特定的预测模型进行拟合，从而预测其未来变化趋势的方法。从本质上来说，是一类特殊的符号回归问题。时间序列具有如下的特点：首先，序列数据或数据点的位置依赖时间，即数据的取值依赖时间的变化，但不一定是时间的严格函数。其次每一时刻上的取值或数据点的位置具有一定的随机性，不可能完全准确地用历史值预测。再次，前后时刻（不一定是相邻时刻）的数据或者数据点的位置有一定的相关性，这种相关性就是系统的动态规律性。建立时间序列模型，首先应当考虑研究对象的性质，以判断它是否满足建模的条件。时间序列预测的任务就是在现有序列基础上选择适当的模型来建模。然后选择正确的预测模型对序列进行预测，利用该模型通过时间序列的历史数据对未来发展进行预测[22]。

对时间序列进行预测必须具有以下条件：一是预测变量的过去、现在和将来的客观条件基本保持不变，历史数据解释的规律可以延续到未来；二是预测变量的发展过程是渐变的，而不是跳跃的或大起大落的。而输电线路杆塔钢构的应变变化与气温、湿度、覆冰、风、地基沉降等较多因素有关，这些因素在短期内往往有一定的规律可言，因此可采用与之匹配的预测模型进行时间序列的预测。为了保证数据具有一定的时效性、准确性和可靠性，对杆塔进行应变采集的测量点数目较多、采样时间间隔较短，不可避免地将产生大量采样数据，同时输电线路杆塔应变变化与较多因素有关，时间序列数据预测难度大，因此建立可靠的杆塔应变时间序列预测模型将有效提高杆塔应变监测的海量监测数据的处理效率和处理效果，从而正确地对杆塔安全状况进行评估，及时为电网运维人员提供预警信息。

时间序列发展至今已经出现了大量的预测模型，现阶段大体分为三种方向：传统概率统计模型、人工智能模型、混合模型。

（1）传统概率统计模型。

传统概率统计模型是发展时间较长，同时较为成熟的一套预测模型。其主要以数理统计为理论知识，用函数对时序数列中的各个数据进行关系建模，如自回归（autoregressive，AR）模型、滑动平均（moving average，MA）模型、自回归滑动平均（autoregressive moving average，ARMA）模型、自回归求和滑动平均模型（autoregressive integrated moving average，ARIMA）[23, 24]、滑动窗口二次自回归（moving windows quadratic autoregressive，MWQAR）模型、自回归条件异方差（autoregressive conditional heteroscedasticity，ARCH）模型、广义自回归条件异方差（general autoregressive conditional heteroscedasticity，GARCH）模型等[25]。

（2）人工智能模型。

人工智能模型是在近几年随着大数据挖掘与机器学习的兴起而得到飞速发展的。传统的预测方法在高复杂性、非线性的时间序列预测中效果并不好，而人工智能模型通过计算机模拟自然现象或人类智慧来解决复杂的系统。人工智能模型的参数估计是让计算机进行自适应的学习，以此不断对参数进行调整，达到最小化预测误差的目的[24]。典型的人工智能模型主要有决策树（decision tree，DT）、支持向量机（support vector machine，SVM）[26]、贝叶斯网络（bayesian network，BN）和人工神经网络（artificial neural network，ANN）等[27]。

其中，决策树是利用信息论中信息增益的方法去找到输入数据中具有最大信息量的变量，作为决策树的一个节点，并通过设置相对应的门限来建立决策树的下一层分支，从而进行递归得到整棵决策树。在模型的学习迭代中，不断调整每层树的结构和门限值，从而得到一棵完善的决策树，对时间序列数据进行预测。支持向量机是利用线性模型来对非线性模型进行描述，将数据从低维度映射到高维度，在高维度空间再次采用线性回归模型对数据进行进一步的分析与预测。贝叶斯（Bayes）网络是要挖掘时间序列中各个数据间的关系，理论是基于图论的不确定知识体系体现各个数据中连接概率的图形模式。贝叶斯网络中的节点表示数据，有向边表示数据之间的关系，贝叶斯网络通过不断调整概率测度权重来确定各个数据间的关系和存在的规律，从而能够对时序数据进行预测。人工神经网络是模仿生物神经网络中神经元之间的连接而形成的计算机模拟。将神经网络用于预测，借助神经网络的非线性处理能力和容噪能力较好地解决了这一问题。人工神经网络的学习过程实际上是通过不断调整各个神经元之间的阈值和激活函数，连接神经元边的权重和结构，最小化拟合误差的迭代过程。

（3）混合模型。

混合模型是将多种预测方法进行混合，从而得到预测准确率更高和预测性能更好的预测方法。传统概率统计模型和人工智能模型都会存在自身的不足和缺陷，同时任何算法也都存在自身的优势，将多种算法进行有效的组合和利用，能够最大限度地弥补原始方法的不足，提高混合模型的分析能力。基于“分而治之”思想而形成的混合模型是时序预测研究中的重要更新，“先分解后集成”的思想在复杂系统的分析和预测上具有明显的优势。整体分析方法在复杂系统上的处理是十分有限的，而将规范进行先分解后整合能够降低信息处理的困难性，进而提高分析与决策的准确性。

下面具体介绍几种常用的时间序列预测模型：

（1）ARIMA 模型。

ARIMA 模型的基本思想是：对非平稳序列采用若干次差分使其成为平稳序列，差分次数是参数 d，再用以 p、q 为参数的 ARMA 模型对该平稳序列建模，之后经过反变换得到原序列。其表达式如下：

$$
\begin{aligned}
\nabla y_t = (\phi_0 + \phi_1 \nabla y_{t-1} + \phi_2 \nabla y_{t-2} + \cdots + \phi_p \nabla y_{t-p}) \\
+ (\varepsilon_t + \theta_1 \varepsilon_{t-1} + \theta_2 \varepsilon_{t-2} + \cdots + \theta_q \varepsilon_{t-q})
\end{aligned} \tag{6-2}
$$

式中：∇y_t——差分后的时间序列；p 和 q——自回归部分和滑动平均部分的阶数；$\phi_1, \phi_2, \cdots, \phi_p$ 和 $\theta_1, \theta_2, \cdots, \theta_q$——自回归系数和滑动平均系数；$\varepsilon$——服从正态分布的噪声。

从公式中可以看出，时间序列在 t 时刻的响应不仅与其以前时刻的自身值有关，而且与以前时刻进入系统的噪声存在一定的依赖关系。模型含有 $p+q$ 个未知参数，要利用观察数据进行估计。该模型与滑动平均模型、自回归模型的不同之处就在于，它不仅将前一时刻自身值与当前的观察值关联在一起，也把前一时刻对系统的噪声和当前观察值关联起来。

（2）支持向量回归（support vector regression，SVR）模型。

支持向量回归是建立在 SVM 上的回归算法。其基本思想是：通过非线性映射 φ 将输入空间 x 变换到一个高维的特征空间 G 中，在这个高维特征空间中进行线性回归。如果有训练样本$\{x_i，y_i\}$，一般采用式（6-3）来估计函数：

$$
y = f(x) = \omega \cdot \phi(x) + b, \quad \phi : R^m \to G, \quad \omega \in G \tag{6-3}
$$

对优化目标取值：

$$
\begin{aligned}
&\min\ Q = \frac{1}{2}\|\omega\|^2 + C\sum_{i=1}^{n}\left(\xi_i^* + \xi_i\right) \\
&\text{s.t.}\begin{cases}
y_i - \omega \cdot \phi(x_i) - b \leqslant \varepsilon + \xi_i^* \\
\omega \cdot \phi(x_i) + b - y_i = \varepsilon + \xi_i \\
\xi_i^*, \xi_i \geqslant 0, \quad i = 1, 2, \cdots, s
\end{cases}
\end{aligned} \tag{6-4}
$$

式中：C——惩罚因子，用于实现经验风险和置信范围的平衡折中；ξ_i^*、ξ_i——松弛因子；ε——损失函数；s——数据点的总点数。

通过引入拉格朗日（Lagrange）乘子 a_i 和 a_i^*，把凸优化问题简化为最大化二次型：

$$
\max_{a,a^*} W(a,a^*) = \sum_{i=1}^{n} y_i(a_i - a_i^*) - \varepsilon\sum_{i=1}^{n}(a_i + a_i^*) - \frac{1}{2}\sum_{i,j=1}^{n} y_i(a_i - a_i^*)(a_j - a_j^*)(x_i \cdot x_j)
$$

$$
\text{s.t.}\begin{cases}
\sum_{i=1}^{n} a_i = \sum_{i=1}^{n} a_i^* \\
0 \leqslant a_i \leqslant C \\
0 \leqslant a_i^* \leqslant C
\end{cases}, \quad i = 1, 2, \cdots, n \tag{6-5}
$$

对于非线性问题，用核函数来代替内积计算。此时，回归函数表示为

$$
f(x) = \sum_{i=1}^{n}(a_i - a_i^*)K(xi, xj) + b \tag{6-6}
$$

（3）长短期记忆（long short-term memory，LSTM）神经网络模型。

传统反向传播（back propagation，BP）神经网络模型是由三层或者多层网络机构组成的，包含多层网络结构且单向传播。随着 BP 神经网络研究的深入，其自身具有的一些缺陷也逐步暴露出来，具体到时间序列预测方面，主要有以下两点：训练的过程中并未体现先后时序关系，所以每次神经元权值的修正均只是基于单条数据的特殊影响，没有时序概念。这在时间序列预测理论上具有极大缺陷；传统的 BP 神经网络不具备自己调整输入输出结构的可能，固定的学习速率及冲量很有可能使输出层得到误差函数以后的反馈收敛过程陷入局部极小值。所以，这种神经网络的模型结构极不灵活，且不具备合理的梯度下降方式，并不能完全使误差收敛到最小。基于此，循环神经网络（recurrent neural network，RNN）[28]被引入，通过添加跨越时间点的自连接隐藏层而具有对时间进行显式建模的能力。RNN 与传统神经网络不同的是，信号从一个神经元到另一个神经元，不会马上消失，而会在一段时间内存活。理论上，该生存期可以是无穷大，此特点使网络对复杂或动态问题的解决能力得到提高。RNN 具有前向网络没有的重要特性，如动态特性、信息动态存储。

而 LSTM 神经网络是一种循环神经网络的特殊变体，其在保留循环反馈机制的同时，通过引入门控单元来控制信息的输入和选择性遗忘，从而解决了 RNN 可能出现的梯度消失或梯度爆炸问题[29, 30]。LSTM 神经网络同样由输入层、输出层和隐含层三部分构成，其拓扑结构如图 6-12 所示。

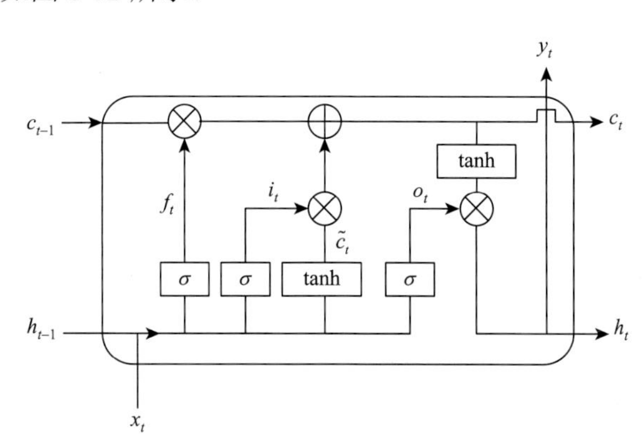

图 6-12　LSTM 神经网络拓扑结构

图 6-12 中 x_t 为每一时刻的输入，h_t 为每一时刻的隐含层状态，c_t 为每一时刻的记忆单元状态，σ 为激活函数。记忆单元信息的读取和修改是通过控制遗忘门、输入门及输出门来实现的，它们在 t 时刻的计算结果如下：

$$f_t = \sigma(\boldsymbol{W}_f \cdot [h_{t-1}, x_t] + b_f) \tag{6-7}$$

$$i_t = \sigma(\boldsymbol{W}_i \cdot [h_{t-1}, x_t] + b_i) \tag{6-8}$$

$$o_t = \sigma(\boldsymbol{W}_o \cdot [h_{t-1}, x_t] + b_o) \tag{6-9}$$

式中：f_t、i_t、o_t——遗忘门、输入门以及输出门在 t 时刻的计算结果；$\boldsymbol{W}_f$、$\boldsymbol{W}_i$、$\boldsymbol{W}_o$——三者的权重矩阵；b_f、b_i、b_o——偏置项。

记忆模块在 t 时刻的输出结果为记忆单元状态 c_t 与隐含层状态 h_t，计算公式如下：

$$\tilde{c}_t = \tanh(\boldsymbol{W}_c \cdot [h_{t-1}, x_t] + b_c) \tag{6-10}$$

$$c_t = f_t \circ c_{t-1} + i_t \circ \tilde{c}_t \tag{6-11}$$

$$h_t = o_t \circ \tanh(c_t) \tag{6-12}$$

式中：$\tilde{c}_t$——t 时刻输入记忆单元的候选状态；$\boldsymbol{W}_c$——输入单元状态权重矩阵；b_c——输入单元状态偏置项；∘——按元素相乘。

6.3.2 输电杆塔应变中短期预测模型

首先对应变时间序列进行分析，考虑周期性的影响，对时间序列的趋势进行建模预估，预测未来 6 h 应变的变化情况，要求模型能准确预测应变曲线的变化趋势，而对数值上的误差相对宽松。以此进行钢构应变时间序列 6 h 滚动预测，判断未来杆塔薄弱点应变的趋势。

时间序列的构成要素有：长期趋势、季节变动、循环变动、不规则变动[30]。趋势分量（T）是在较长时期内受某种根本性因素作用而形成的总的变动趋势。季节性分量（S）是在一年内随着季节的变化而发生的有规律的周期性变动。它是诸如气候条件、生产条件、节假日或人们的风俗习惯等各种因素影响的结果。循环变动（C）是时间序列呈现出的非固定长度的周期性变动。循环变动的周期可能会持续一段时间，但与趋势不同，它不是朝着单一方向的持续变动，而是涨落相同的交替波动。不规则变动（I）是时间序列中除去长期趋势、季节变动和循环变动之后的随机波动。不规则变动通常夹杂在时间序列中，致使时间序列产生一种波浪形或振荡式的变动。只含有随机波动的序列也称为平稳序列。

通过对分解出来的各分量分别进行建模和预测，最终组合在一起，构成完整的时间序列预测模型。本书采用常见的加法模型，利用 Python 中的 Statsmodels 工具包将原始时间序列分解为趋势分量 T、季节性分量 S（周期为 1 d）和剩余残差部分 R。分解原理如下：对原数列进行每 1440 min 下的移动平均，消除季节变动和不规则变动，获得序列的趋势项 T，去掉趋势项后，计算每天相同时刻各点的平均数，将其中心化并重复，即可获得季节性分量 S。通过 Statsmodels 工具包，依据加法模型将原时间序列$\{\sigma_t\}$分解为趋势分量 T、季节性分量 S 和剩余残差部分 R。分别采用 ARIMA 模型对 T 和 R 进行建模，获取预测结果，则最终应变预测结果为

$$\hat{\sigma}_t = \hat{T}_t + \hat{R}_t + S_t \tag{6-13}$$

式中：$\hat{\sigma}_t$——时间序列预测结果；$\hat{T}_t$ 和 $\hat{R}_t$——趋势分量 T 和剩余残差部分 R 的预测结果；S_t——季节变动分量在 t 时刻的重复值。该建模方法可消除数据的周期性分量，降低数据的非线性，提高预测结果的准确性。

以 6.2 节 361#杆塔应变监测点 1 在 12 月 19 日 00:00～12 月 23 日 00:00 之间的应变数据为例，由增广迪基-富勒（Augmented Dickey-Fuller，ADF）单位根检验法可知，趋势分量 T 和剩余残差部分 R 均为非平稳时间序列，因此通过差分法将其转化为平稳时间序列，同时确定差分阶数 d。再通过自相关图、偏自相关图以及赤池信息量准则和贝叶

斯信息量准则确定 ARIMA 模型的其他两参数。最终得到趋势分量 T 最优预测模型 ARIMA（8, 2, 2），剩余残差部分 R 最优预测模型 ARIMA（5, 1, 0）。

预测模型建立后，采用 Ljung-Box 检验方法对残差进行检验，检验得到的 p 值分别为 0.9866 和 0.7257，均远大于 0.05，因此接受原假设，认为残差时间序列是白噪声序列，证明 ARIMA 预测模型已将原序列有效信息完全提取出来。

采用上述模型，以 6 h 为周期进行滚动预测，即以最近 96 h 的数据预测未来 6 h，依次滚动，监测点 1 滚动预测结果如图 6-13 所示。

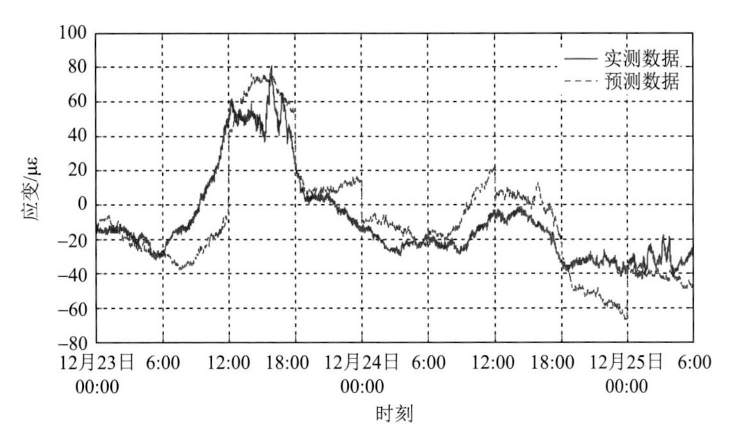

图 6-13　应变中短期预测结果

由图 6-13 可知，预测曲线能较好地反映原始实测数据的变化趋势，预测数据与实测数据单个点最大误差仅为 61 με，计算可得预测值与实际值的总均方根误差为 16.6834。

为证明预测结果不具有偶然性，以另一时段，5 月 2 日 14:14～5 月 10 日 8:14 的应变监测数据为例，建立 6 h 滚动预测模型，其预测结果如图 6-14 所示。由图 6-14 可知，预测曲线与实测数据的趋势基本一致。

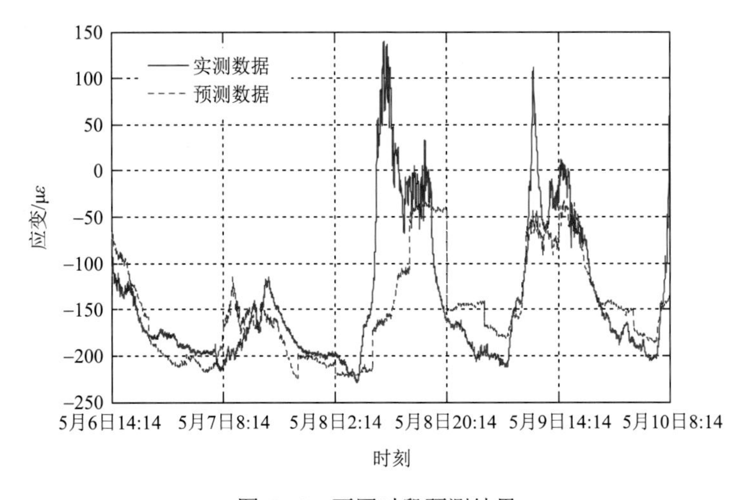

图 6-14　不同时段预测结果

6.3.3 输电杆塔应变超短期预测模型

上述预测模型虽然预测的时间长，预测点数多，但其只能在大体趋势上与实测曲线一致，当遇到突发性扰动时，模型预测结果与真实值差异较大，且无法实时修正。因此，构建超短期预测模型，预测时长在 2 h 以内，每实测到 1 个数据，就将该数据用于后续钢构应变的预测之中，要求模型对应变曲线的变化趋势能准确预测，而且数值上误差相对较小。

针对实测得到的杆塔钢构应变时间序列，分别采用 ARIMA、SVR 和 LSTM 建立预测模型。其中 SVR 预测模型的参数包括核函数宽度函数 g（也有用 σ^2 表示）和惩罚因子 c，LSTM 模型的超参数包括学习率 R_{learning}、批次尺寸 S_{batch}、最大迭代次数 $E_{\max}$、隐藏层神经元数等，都采用网格搜索法进行优化。

ARIMA 为线性预测模型，而 SVR 和 LSTM 为非线性模型。若能将其进行组合，结合模型的优点，实际应用中往往表现出比单一预测模型更好的预测效果和更高的预测精度。常见的混合模型进行时间序列预测时往往首先利用一个线性模型对时间序列进行拟合得到一个预测值，然后利用一个非线性模型处理残差序列，将两个模型的预测值叠加就得到了最终的结果。但是这种方式本质上假设了序列的线性成分和非线性成分是简单的线性相加的关系。实际上这是对这两种成分的复杂关系的简化[31]。

基于此，本书利用线性模型 ARIMA 和非线性模型 LSTM，提出杆塔应变组合预测模型，流程如下：首先确定好 ARIMA 模型的参数，利用 ARIMA 模型对时间序列训练样本$\{\sigma\}$进行预测，得到预测值$\{\sigma'\}$，因为线性模型无法处理序列的非线性成分，所以拟合后的残差中将包含时间序列的非线性相关关系；然后，利用 LSTM 模型去拟合训练样本预测之后的残差序列，得到残差序列的预测值$\{e\}$；再用另一个 LSTM 模型去拟合序列$\{\sigma'\}$、$\{e\}$和实测值$\{\sigma\}$的关系。之后将训练样本数据作为输入量，利用构建好的组合预测模型对其进行预测，并验证模型的预测准确性。预测过程流程图如图 6-15 所示。

以 2019 年 5 月 2 日～2019 年 5 月 10 日的应变监测数据为研究对象，分别采用上述单一应变预测模型和本节提出的 ARIMA-LSTM 组合预测模型对实测数据进行预测。将后 24 h 应变数据作为测试样本，其他数据作为训练样本，向后预测长度分别为 1 h 和 2 h，预测结果如图 6-16 所示。

从预测结果上来看，各模型预测结果均比较理想，预测趋势和实测应变曲线趋势完全一致。从 1 h 预测结果来看，ARIMA 预测模型应变预测偏差为−85 με～134 με，SVR 预测模型预测偏差为−63 με～121 με，LSTM 预测模型预测偏差为−66 με～106 με，基于 ARIMA 和 LSTM 组合预测模型预测偏差为−63 με～87 με，同时相对其他模型，对于大多数点的预测组合模型预测偏差相对更稳定，因此组合模型较单一模型在应变 1 h 预测结果上表现更好。各模型在 2 h 预测结果上也表现出了同样的特性。

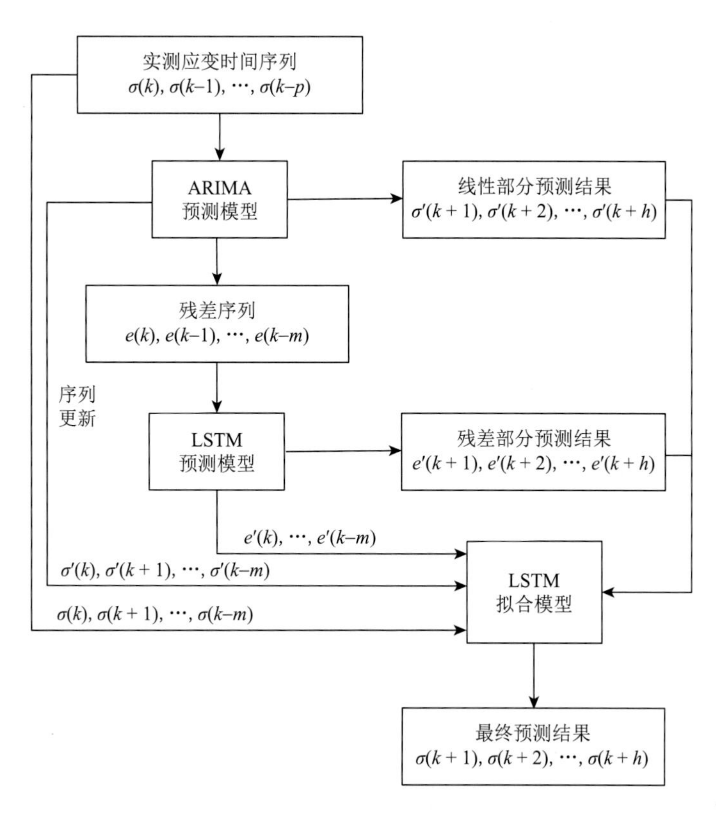

图 6-15　杆塔应变组合预测过程流程图

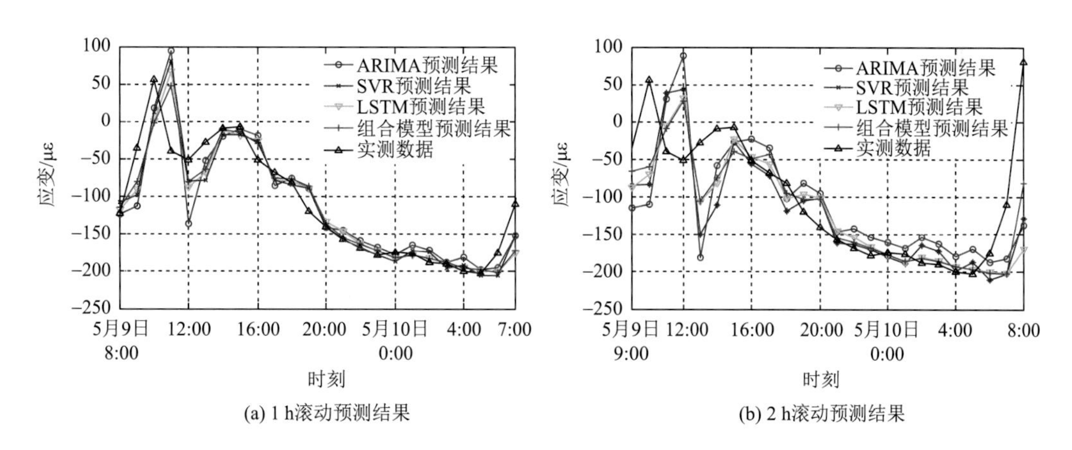

图 6-16　各模型应变预测结果

采用以下三种指标评估和对比各模型预测效果：平均绝对误差（mean absolute error，MAE），均方根误差（root mean squared error，RMSE）和均方百分比误差（mean square percent error，MSPE）[33, 34]，计算公式如下：

$$\mathrm{MAE} = \frac{1}{n}\sum_{t=1}^{n}\left|y_t - \hat{y}_t\right| \tag{6-14}$$

$$\mathrm{RMSE}=\sqrt{\frac{1}{n}\sum_{t=1}^{n}\left(y_t-\hat{y}_t\right)^2} \tag{6-15}$$

$$\mathrm{MSPE}=\frac{1}{n}\sqrt{\sum_{t=1}^{n}\left(\frac{y_t-\hat{y}_t}{y_t}\right)^2}\times 100\% \tag{6-16}$$

式中：n——时间序列预测点数；y_t——时间步为 t 的实际应变值；$\hat{y}_t$——时间步为 t 的预测应变值。这三个指标都是损失性指标，即该指标越大表示预测精度越低。各模型预测指标计算结果如表 6-1 所示。

表 6-1　不同预测模型评价结果

模型	1 h 预测结果			试验值/με		
	MAE	RMSE	MSPE/%	MAE	RMSE	MSPE/%
ARIMA	25.34	40.28	20.03	56.06	78.71	42.80
SVM	22.18	34.81	19.10	47.33	70.94	57.52
LSTM	22.01	33.91	17.20	41.86	68.74	42.64
组合模型	19.76	30.19	14.31	35.95	54.59	42.00

综合表 6-1 各指标以及预测曲线来看，组合预测模型较单一预测模型有优势，是因为组合预测模型不是用单个模型对杆塔钢构应变时间序列进行预测，而是在线性 ARIMA 模型的基础之上，将残差输入 LSTM 模型，残差中包含了时间序列的非线性成分，运用 LSTM 网络去预测非线性残差，最后将 LSTM 预测出的残差和 ARIMA 模型预测出的线性部分进行 LSTM 拟合，最终得到应变预测结果。综合表 6-1 各指标来看，组合预测模型预测效果最优，单一 LSTM 预测模型预测效果其次，单一的 ARIMA 模型、单一的 SVR 模型预测效果较差。这证明了本书提出的 ARIMA-LSTM 组合预测模型针对杆塔钢构应变时间序列预测问题上的优越性。

6.3.4　基于应变预测的杆塔失稳分级预警

通过有限元仿真确定出杆塔临近各级失稳状况时测点钢构的应力应变值，即可推知各预警等级下测点应变变化范围。将上述杆塔中短期、超短期应变时间序列预测模型与有限元仿真结果结合起来，中短期预测提供未来 6 h 变化趋势的大致预测，超短期预测保证未来 2 h 内的应变预测精度，并不断修正预测结果，对杆塔未来的安全状况进行实时预警，从而方便电网工作人员及时做出应对措施[35]。

根据表 4-5 制定的杆塔结构体系失效判据，通过不断改变杆塔所受外部荷载的大小对 361#杆塔进行力学仿真计算，可以得到各测点处角钢在不同工况下的应变变化情况，不同工况下各测点应变计算结果如表 6-2 所示。

表 6-2　不同工况下角钢应变计算结果

测点编号	单元编号	单元应变/με			
		无冰无风（安全）	轻微破坏（一级警戒线）	中等破坏（二级警戒线）	严重破坏（三级警戒线）
1	1571	−75.95	−718.13	−1264.09	−1549.4
2	1572	−78.02	−716.97	−1268.68	−1499.18
3	1573	−78.4	−709.81	−1259.67	−1547.05
4	1574	−78.99	−709.31	−1263.01	−1638.09
5	593	−62.07	566.17	1345.07	1500.87
6	595	−80.48	663.26	1024.53	1420.42
7	597	−81.67	648.12	1410.41	1950.44
8	669	−76.96	654.04	1090.09	1421.76
9	568	−18.96	876.12	1602.1	2613.32
10	1415	−103.88	−753.96	−1009.89	−1294.41
11	1422	−103.88	−603.98	−1218.38	−1612.63
12	575	−18.95	−855.55	−1360.62	−2376.05
13	1254	16.7	−607.02	−1324.92	−1401.23
14	1208	−128.92	−755.09	−1165.41	−1427.41
15	1230	−68.86	−595.27	−1303.76	−2504.72
16	1701	10.85	703.3	1335.18	2103.04

由表 6-2 可知，随着不平衡张力和外荷载的增加，各测点处的钢构单元的应变值也发生显著变化，当各测点角钢的应变量超过约 600 με 时，杆塔辅材开始屈服，此时测点 9 和测点 16 处钢构单元的应力比值分别为 1.34 和 1.24，其余测点处的应力比值为 0.8～1；当测点 15 和测点 16 处角钢应变变化量超过约 1300 με，其余测点处应变改变量超过约 1000 με 时，杆塔发生中等破坏，此时已有部分主材所受应力超过其许用应力而进入屈服状态，测点 13 和测点 14 处的应力比值分别达 1.13 和 1.09；当主材测点应变改变量超过 1400 με，辅材测点应变改变量超过 2000 με 时，杆塔严重破坏，将丧失承载力而面临较大的倒塔风险。

表 6-2 给出了各测点在不同预警等级下的应变变化范围，将其结合输电杆塔应变监测结果及时间序列预测模型对杆塔失稳进行实时分级预警，具体杆塔失稳预警流程图如图 6-17 所示。

依据图 6-17，在获取并保存应变监测数据之后，首先采用 ARIMA 中短期预测模型对各测点的应变时间序列进行未来 6 h 的应变结果预测。将预测结果与表 6-2 中制定的分级预警范围相对照，大体确定未来 6 h 内杆塔的安全状况。以 5 月 9 日 14:00～20:00 的 6 h 内监测点 1 应变预测结果为例，由预测曲线（参见图 6-14）可知，该时间段内应变变化范围为−150～−50 με。由仿真结果来看，测点 1 应变一级预警警戒值为−718.13 με，而预测结果还未达到一级预警警戒值，因此初步认为未来 6 h 内杆塔状况为优，无倒塔风险。

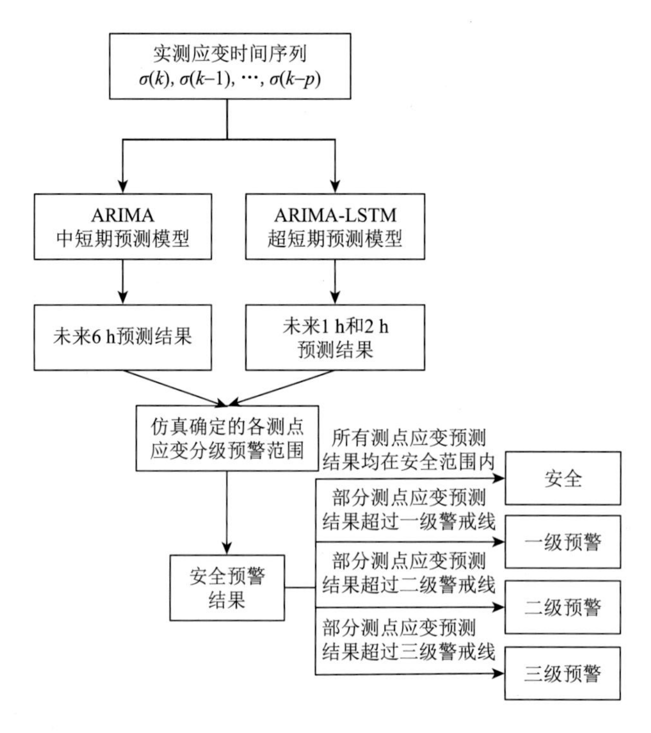

图 6-17　杆塔失稳预警流程图

再结合 ARIMA-LSTM 超短期预测模型，对各测点未来 1～2 h 应变时间序列进行预测，预测时间短、精度高，以修正上述 6 h 预测结果。以 5 月 9 日 18:00～20:00 的监测点 1 应变预测结果为例，由预测曲线（图 6-16）可知，此时间段内预测获得的应变峰值为−154 με，与上述 6 h 内预测结果相近，预测结果还未达到一级预警警戒值，因此判定未来 1～2 h 内杆塔状况为优，无倒塔风险。

针对杆塔各测点的应变实测数据，对其进行上述中短期预测和超短期滚动预测，两相结合，与制定完善的失稳分级预警判据相对照，分析预测结果是否超过一级、二级或三级警戒值，输出总体的预测结果，最终即可滚动预测杆塔未来的安全状况。

6.4　本 章 小 结

本章提出了一种基于光纤光栅应变监测及时间序列预测模型的输电线路杆塔失稳实时分级预警方法。

（1）设计了包含光纤传感器、解调仪、供电系统和无线传输等模块在内的整套输电杆塔薄弱钢构应变监测系统，开展了角钢应变测量试验，探究传感器安装方式等杆塔角钢应变监测相关细节问题。将光纤应变监测系统成功地应用于某 500 kV 输电线路 361# 杆塔的薄弱点应变监测中，获取了实际运行工况下杆塔薄弱钢构应变数据，监测结果表明采集的数据有较高精度，满足工程实际需要，为输电线路状态检修、灾害预防提供了一种有效手段，有较高的推广应用价值。

（2）结合人工智能算法，采用 ARIMA、SVM 和 LSTM 等模型对采集到的应变时间数据进行预测和比较，最终提出了基于 ARIMA 的中短期和 ARIMA-LSTM 组合的超短期应变预测模型，两者相结合为杆塔的失稳预警提供依据。结合杆塔失稳分级预警判据，可对输电杆塔进行失稳实时预警。在灾害发生前为运维人员提供报警信息，有效降低了输电线路发生故障的概率，对保障电网安全稳定运行具有重要意义。

参考文献

[1] 范寒柏，谢汉华. 杆塔倾斜实时监测系统设计及应用[J]. 电力系统通信，2011，32（7）：57-60.

[2] 刘艳，胡毅，王力农，等. 高分辨率 SAR 卫星监测特高压输电杆塔形变[J]. 高电压技术，2009，35（9）：2076-2080.

[3] ZHAO L，HUANG X B，ZHANG Y，et al. A vibration-based structural health monitoring system for transmission line towers[J]. Electronics，2019，8（515）：1-11.

[4] XU Y L，LIN J F，ZHAN S，et al. Multistage damage detection of a transmission tower：Numerical investigation and experimental validation[J]. Structural Control and Health Monitoring，2019，26（8）：1-33.

[5] 李力，刘厚满，文中. 输电线路受外力破坏应变监测方法研究[J]. 工业安全与环保，2011，37（5）：30-32.

[6] 胡光耀. 输电线路覆冰在线监测技术分析[J]. 低碳世界，2016（36）：68-69.

[7] HUANG X B，ZHAO L，CHEN Z L，et al. An online monitoring technology of tower foundation deformation of transmission lines[J]. Structural Health Monitoring，2019，18（3）：949-962.

[8] 黄新波，陈子良，赵隆，等. 110 kV 输电线路铁塔塔基沉降应力仿真分析与试验[J]. 电力自动化设备，2017，37（4）：153-158.

[9] LI M，XU Y J. Fiber Bragg grating sensor technology for status monitoring of overhead transmission line[J]. Telecommunications for Electric Power System，2012，33（11）：59-64.

[10] 王淑红. 单杆钢管塔塔身横担节点及插接节点的力学分析与试验研究[D]. 杭州：浙江大学，2014.

[11] 刘福营. 输电杆塔应力测试实验研究[D]. 南宁：广西大学，2015.

[12] 丁双双，李祖辉，张诚. 振弦式钢板应变计在钢结构施工中应力监测的应用研究[J]. 工程质量，2016，34（6）：73-76.

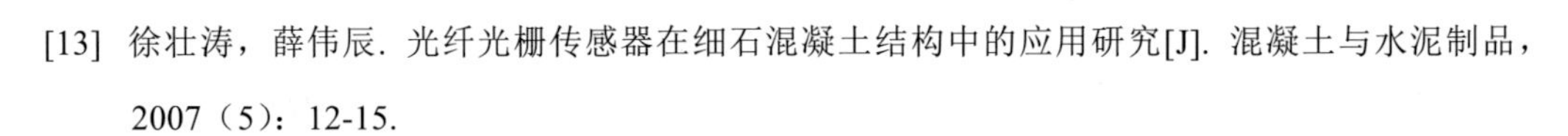

[13] 徐壮涛，薛伟辰. 光纤光栅传感器在细石混凝土结构中的应用研究[J]. 混凝土与水泥制品，2007（5）：12-15.

[14] 栗鸣，徐拥军. 光纤光栅传感技术用于架空输电线路状态监测[J]. 电力系统通信，2012，（11）：59-64.

[15] 朱小平. 光纤光栅传感技术理论及其实验研究[D]. 杭州：浙江大学，2005.

[16] 孙汝蛟. 光纤光栅传感技术在桥梁健康监测中的应用研究[D]. 上海：同济大学，2007.

[17] 古祥科，张轩，万书亭，等. 基于光纤光栅传感器的输变电杆塔微观应力应变研究[J]. 云南电力技术，2016，44（2）：36-38.

[18] 黄新波，廖明进，徐冠华，等. 采用光纤光栅传感器的输电线路铁塔应力监测方法[J]. 电力自动化设备，2016，36（4）：68-72.

[19] 吴晓冬. 光纤 Bragg 光栅应变传感技术及其应用研究[D]. 杭州：浙江大学，2005.

[20] GHOSH C，PRIYE V. Highly sensitive FBG strain sensor with enhanced measurement range based on higher order FWM[J]. IEEE Photonics Journal，2020，12（1）：1-7.

[21] 周文峰. 输电线路杆塔力学特性分析及应变监测技术研究[D]. 武汉：武汉大学，2020.

[22] 涂云东. 时间序列分析[M]. 北京：人民邮电出版社，2022.

[23] YUNUS K，THIRINGER T，CHEN P. ARIMA-based frequency-decomposed modeling of wind speed time series[J]. IEEE Transactions on Power Systems，2015，31（4）：2546-2556.

[24] MURTHY K，SARAVANA R，KUMAR K. Modeling and forecasting rainfall patterns of southwest monsoons in north east India as a SARIMA process[J]. Meteorology on Atmospheric Physics，2018，130（1）：99-106.

[25] 章江. 时间序列预测方法及其在电力系统中的应用[D]. 长沙：湖南大学，2018.

[26] DONG G S，LI R，JIANG J，et al. Multigranular wavelet decomposition-based support vector regression and moving average method for service-time prediction on web map service platforms[J]. IEEE Systems Journal，2020，14（3）：3653-3664.

[27] 王素. 基于深度学习的时间序列预测算法研究与应用[D]. 成都：电子科技大学，2022.

[28] 杨训政. 基于 RNN 的发电机组排放预测及发电调度研究[D]. 合肥：中国科学技术大学，2016.

[29] 芦婧. 基于长短期记忆网络的短期风速组合预测研究[D]. 天津：天津大学，2017.

[30] 刘云鹏，许自强，董王英，等. 基于经验模态分解和长短期记忆神经网络的变压器油中溶解气体浓度预测方法[J]. 中国电机工程学报，2019，39（13）：3998-4007.

[31] ZHANG L，RUAN J J，DU Z，et al. Short-term failure warning for transmission tower under land

subsidence condition[J]. IEEE Access，2020（8）：10455-10465.

[32] 田中大，李树江，王艳红，等. 基于 ARIMA 与 ESN 的短期风速混合预测模型[J]. 太阳能学报，2016，37（6）：1603-1610.

[33] IDREES S M，ALAM M A，AGARWAL P. A prediction approach for stock market volatility based on time series data[J]. IEEE Access，2019（7）：17287-17298.

[34] LIU S F，GU S Y，TIE B. An automatic forecasting method for time series[J]. Chinese Journal of Electronics，2017，26（3）：445-452.

[35] ZHANG L，RUAN J J，DU Z Y，et al. Transmission line tower failure warning based on FBG strain monitoring and prediction model[J]. Electric Power Systems Research，2023，214：1-8.

第 7 章

特高压直流线路短路工况下间隔棒向心力动态分析

7.1　特高压直流线路间隔棒向心力研究的背景和意义

特高压输电线路的安全稳定运行是实现“建设具有中国特色国际领先的能源互联网企业”战略的前提保证和有效手段。金具作为特高压输电线路众多元件的支撑和连接部件，是整条线路的“关节”，其健康状况直接关乎线路的安全稳定运行。特高压输电线路输送容量大、距离远，因此往往服役环境复杂，不同地区金具承载特征差别大。截至 2019 年 6 月，特高压建成“九交十直”，核准在建“三交一直”工程，已投运特高压工程累计线路长度达 27 570 km。以±1100 kV 吉泉线为例，其起点位于西北极寒大风区，终点位于东南沿海重腐蚀区[1]。此外，目前特高压输电线路运行经验积累少，设计存在优化空间。

根据运维单位统计，金具缺陷占特高压输电线路缺陷的 23%，联板大变形、间隔棒损坏以及地线预绞式金具脱出等缺陷，涉及多条特高压直流线路工程。其中，间隔棒在输电线路正常运行情况下起到保持分裂导线几何形状、限制子导线之间相对运动的作用[2-4]，间隔棒承载能力研究对于保障特高压输电线路安全运行具有重要意义。

然而现有间隔棒在设计时只考虑了普通工况下的机械性能，兼顾考虑一定的冰荷载，没有考虑舞动、脱冰等冲击荷载对线夹结构强度的要求，也没有考虑夹头、橡胶垫与导线的强度匹配，导致间隔棒在恶劣环境下容易发生框板破损、关节撕裂、线夹磨损等各种破坏，如图 7-1 所示。并且对于直流特高压线路，直流短路电流作用下间隔棒的受力特征也不明确。

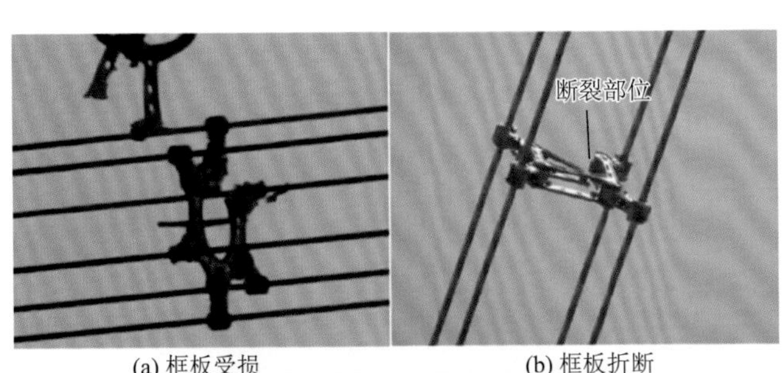

(a) 框板受损　　　　(b) 框板折断

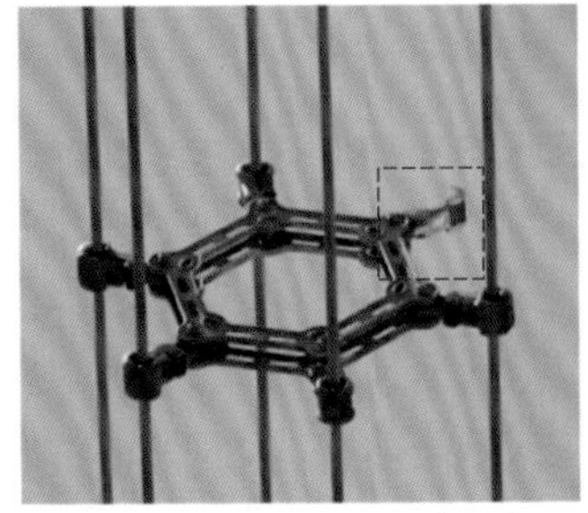

(c) 夹头磨损导致导线断线

图 7-1　间隔棒不同损坏形式照片

耐受短路电流向心力是衡量间隔棒力学性能的主要指标[5]。现有国内外的研究学者对短路故障下间隔棒承载能力进行了相关研究，Manuzio[6]提出了间隔棒短路电流向心力计算公式，表明间隔棒向心力与短路电流大小、导线张力和分裂间距等参数相关。Manuzio 公式如下：

$$P = kI_{cc}\sqrt{T\lg\frac{S}{D}} \tag{7-1}$$

式中：P——短路电流向心力，N；k——与子导线分裂数有关的系数；I_{cc}——短路电流，kA；T——子导线张力，N，通常为 25% CUTS；S——子导线分裂圆直径，mm；D——子导线直径，mm。

我国间隔棒设计中，标准《间隔棒技术条件和试验方法》（DL/T 1098—2016）[7]给出了短路电流向心力设计的推荐计算公式，其本质上是在 Manuzio 公式的基础上明确了子导线分裂数有关的系数 k 与分裂数的具体关系。短路电流向心力计算公式为

$$F = 3.132\frac{I_{cc}}{n}\sqrt{(n-1)F_T\lg\frac{s}{d}} \tag{7-2}$$

式中：n——子导线根数；F_T——子导线张力，取未短路时静止导线张拉力。式（7-2）是在式（7-1）的基础上明确了子导线分裂数有关的系数 k 与分裂数的具体关系，本质上还是 Manuzio 公式。

针对短路工况下间隔棒耐受电磁力的相关研究，李升来等[8]根据现有四分裂阻尼间隔棒运行情况，分析了间隔棒在正常运行、短路情况下的受力状态，结果表明：受中框和悬臂节点刚度影响，变形主要集中在夹头支臂。Metha 等[9]提出了导体之间的电磁力计算公式，可为输电导线短路电流电磁力计算提供依据。严波等[10-13]在此基础上，基于有限元软件开发了用户自定义程序，实现了电磁力作用下间隔棒受力的有限元仿真以及舞动模拟。该模拟方法不基于向心力计算公式，可以更为客观地对传统短路电流下特高压直流线路间隔棒设计理论进行评估。

欧珠光等[14]对一个 210 m 档距的导线-间隔棒系统进行了多种电气工况的短路试验，并测试与分析了间隔棒所受短路冲击力。胡建平等[15]分析了间隔棒的常见故障，利用有限元法对间隔棒在线路正常运行、短路、不均匀覆冰 3 种工况下的受力状态、应力分布等力学性能进行了模拟，通过模态分析计算出间隔棒振动时的固有频率，指出间隔棒线夹是最容易发生故障的部位，因风致振动和应力集中产生的疲劳是引起间隔棒机械破坏的最主要因素，最后提出了改善间隔棒受力特性的技术方案。

现有关于间隔棒承载能力的研究大多是通过 Manuzio 公式计算得到间隔棒向心力，然后采用试验或者数值仿真的方法将该向心力施加在间隔棒线夹上，评估间隔棒的承载性能[16-20]，但是缺乏对导线-间隔棒整体模型在短路电流下间隔棒承载性能的分析。目前针对特高压短路工况下间隔棒承载能力的研究较少，现有±800 kV 特高压直流线路在

进行间隔棒设计时仍采用传统的 Manuzio 公式，没有考虑直流与交流短路之间的区别，无法确定公式是否适用。目前，针对±800 kV 特高压直流线路，其设计短路电流为 50 kA，通常采用 1.2 的安全系数，参照《间隔棒技术条件和试验方法》（DL/T 1098—2016）规定的经验公式进行验算，与超高压线路相比短路向心力的计算并没有改变。在设计过程中也没有考虑直流与交流短路之间的区别。同时现有研究缺乏对导线-间隔棒整体模型在短路电流下间隔棒承载性能的分析，对于短路电流过大时子导线的碰撞作用缺乏分析。

因此，有必要建立考虑子导线碰撞过程的导线-间隔棒整体有限元动态仿真模型，分析不同短路电流下间隔棒向心力在短路过程中的动态变化，以及获取真实的±800 kV 特高压直流线路短路电流变化曲线，分析实际短路电流下间隔棒向心力的实际变化过程。研究成果可用于指导实际特高压直流输电线路间隔棒的设计，对短路工况下输电线路金具部件的力学失效研究有一定的参考价值。

7.2　短路工况下间隔棒向心力动态仿真

本节基于动态仿真分析方法，建立分裂导线和间隔棒有限元模型，计算短路工况下子导线在短路电磁力作用下互相吸引、靠近过程中间隔棒向心力动力响应。在动态仿真过程中，考虑子导线电磁力随间距变化对间隔棒所受向心力的影响，同时考虑子导线可能发生的碰撞现象，提出短路工况下间隔棒向心力动态仿真分析方法，计算得到不同短路电流下间隔棒向心力动态变化过程，并将计算结果与《间隔棒技术条件和试验方法》（DL/T 1098—2016）间隔棒承受的向心力计算公式得到的结果进行对比和分析。

7.2.1　动力仿真模型

以某±800 kV 直流线路为研究对象，建立导线和间隔棒的有限元模型。该档导线的档距为 290 m，6 分裂，导线型号为 JL1/G2A-1250/100 钢芯铝绞线，导线弹性模量为 65 200 N/ mm^2，单根分裂导线截面积为 1350.03 mm^2，单位长度单根分裂导线质量为 4252.3 kg/km，子导线分裂圆半径为 500 mm。导线建模按照悬链线方程式建模。

间隔棒型号为 FJZ-650/48D，图纸如图 7-2 所示。由于间隔棒主要受压材料为铝合金，采用截面为圆形的梁单元来建模。其弹性模量设置为 71.7 GPa，泊松比为 0.33，密度为 2.73×10^3 kg/m^3，截面直径设置为 5 cm，截面积为 1963.5 mm^2。分裂间距为 500 mm，可推算出模型中间隔棒上各点相对同一截面对应子导线的坐标如图 7-3 所示（单位为 m）。

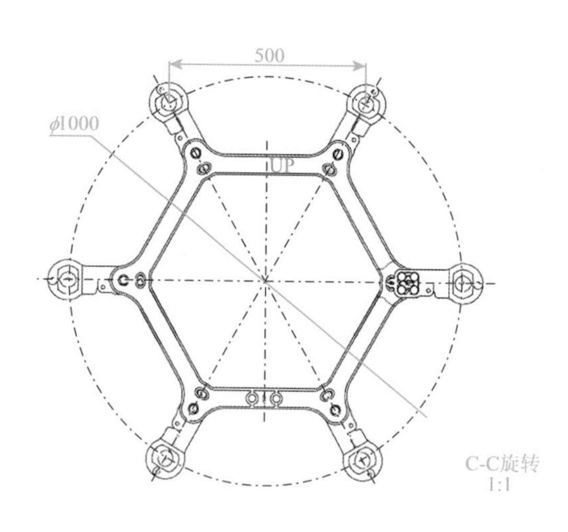

图 7-2　FJZ-650/48D 间隔棒图纸

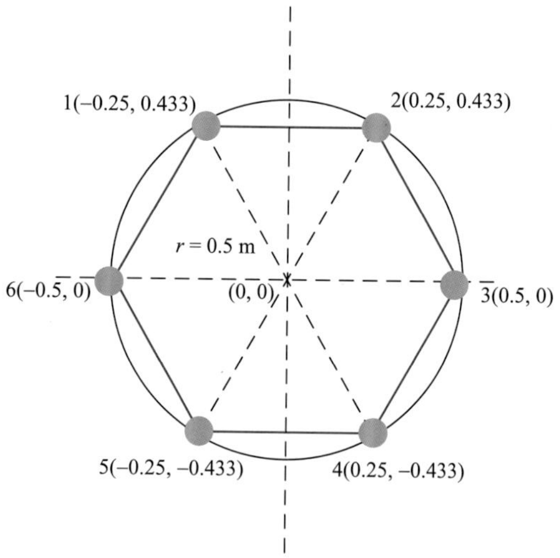

图 7-3　间隔棒各端点坐标示意图

各间隔棒位置依据候效不等距次档距布置原则[21, 22]进行计算。由于导线档距为 290 m，先依据式（7-3）计算次档距数：

$$N = \frac{L}{S_{\max}} \tag{7-3}$$

式中：L——档距，即 290 m；$S_{\max}$——对于开阔地带，按最大平均次档距 66 m 来推算，对于非开阔地带，按 76 m 来推算。本节取 76 m，N 向上进位取整数即为 4，则实际平均次档距 S 为 72.5 m。

当 $N = 4$ 时，不等次档距简化计算式为

$$L = 0.6S + S + 0.85S + S + 0.55S \tag{7-4}$$

因此 4 个间隔棒位置分别为(距一侧导线挂点)43.5 m、116 m、177.625 m、250.125 m。将间隔棒按 1～4 编号，所有间隔棒在导线上的分布位置如图 7-4 所示。

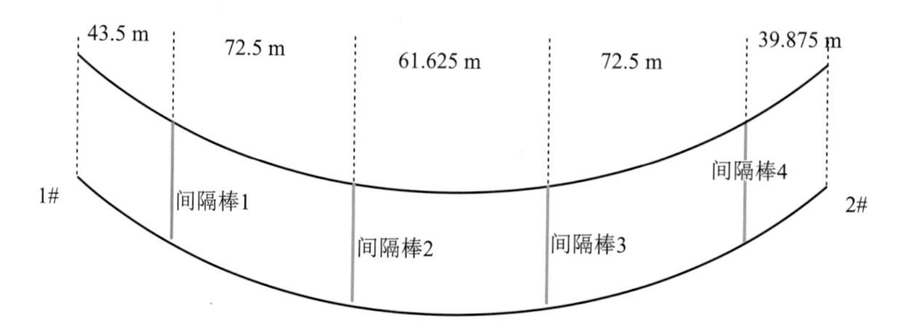

图 7-4　间隔棒位置分布示意图

在动力分析过程中，6 个子导线在电磁引力的作用下不断向中点靠近，由于结构对称，同一平面内 6 个子导线对应节点所受电磁引力时刻相同，所以任一时刻各子导线对应位置处向中心点的位移相同。假设在任一时刻同一平面内各子导线位置始终构成正六边形，为简化计算模型，仅将子导线 3 和 6 作为研究对象，将间隔棒模型也相应进行简化，建模时每根分裂子导线划分为 400 个单元，2 个子导线及 4 个间隔棒的有限元模型示意图如图 7-5 所示。动力计算中各间隔棒所受轴力即为 6 分裂间隔棒向心力。

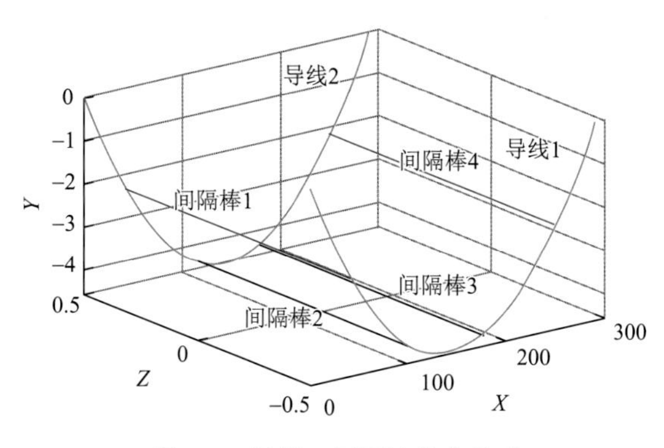

图 7-5　导线、间隔棒简化模型

7.2.2　动力仿真方法

在自重静力学计算结果的基础上，对两子导线施加 Z 向上的电磁力，计算导线和间隔棒的动力响应。短路工况下，每根分裂子导线均受到其他 5 根子导线对其的电磁吸力。以分裂子导线 1 为例，受到的电磁力示意图如图 7-6 所示。

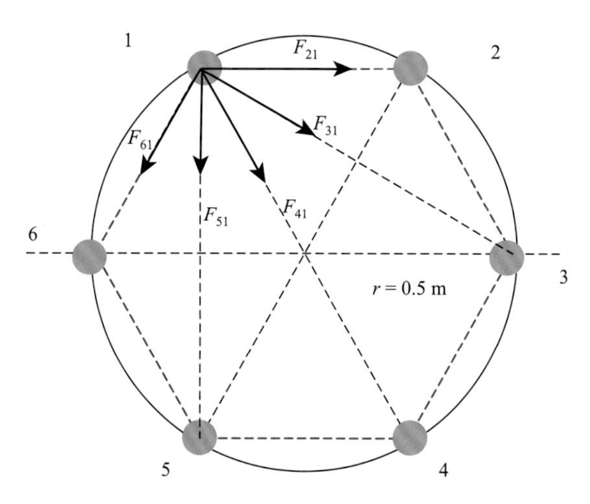

图 7-6　导线、间隔棒受到的电磁力示意图

对于分裂子导线 1，单位长度下短路电流作用下其他子导线对其的电磁力为

$$F_{21}=F_{61}=\frac{\mu_0 I^2}{2\pi r},\quad F_{31}=F_{51}=\frac{\mu_0 I^2}{2\sqrt{3}\pi r},\quad F_{41}=\frac{\mu_0 I^2}{4\pi r} \tag{7-5}$$

合力为

$$F=\frac{1}{2}(F_{21}+F_{61})+\frac{\sqrt{3}}{2}(F_{31}+F_{51})+F_{41}=\frac{5\mu_0 I^2}{4\pi r} \tag{7-6}$$

依据式（7-6），可计算得到短路电流为 I 时各子导线受其他子导线的吸力大小，将吸力沿坐标轴分解，即可推知每根子导线对应坐标轴应加载的线荷载。

随着时间的变化，式（7-6）中子导线间距 r 也随着节点位移发生改变，对于图 7-5 中子导线 1 上的节点 i，式（7-6）中 r 与其位移 δ 关系为

$$r=r_0-2\delta_Z(i) \tag{7-7}$$

对于子导线 2 上的节点 i，式（7-6）中 r 与其位移 δ 关系为

$$r=r_0+2\delta_Z(i) \tag{7-8}$$

式中：r_0——初始间距 100 cm；$\delta_Z(i)$——节点 i 在 Z 向上的位移。

因此子导线 1 上的节点荷载为

$$f(i)=\frac{5\mu_0 I^2(l_{i1}+l_{i2})}{8\pi[r_0-2\delta_Z(i)]} \tag{7-9}$$

相应地，子导线 2 上的节点荷载为

$$f(i)=\frac{5\mu_0 I^2(l_{i1}+l_{i2})}{8\pi[r_0+2\delta_Z(i)]} \tag{7-10}$$

式中：l_{i1} 和 l_{i2}——与导线节点 i 相邻两单元的长度。

对于子导线 1，当 $2\delta_Z(i)<r_0$ 时，导线受到 Z 正向的电磁力；当 $2\delta_Z(i)>r_0$ 时，导线受到 Z 负向的电磁力。子导线 2 与子导线 1 相类似。

电磁力作用下各子导线动力方程如下：

$$\boldsymbol{M}a+\boldsymbol{C}\delta+\boldsymbol{K}v=\boldsymbol{F} \tag{7-11}$$

式中：$\boldsymbol{M}$、$\boldsymbol{C}$ 和 $\boldsymbol{K}$——导线系统的质量矩阵、阻尼矩阵和刚度矩阵；$\boldsymbol{F}$——外荷载列向量，此处应包含导线及间隔棒系统本身所受自重荷载及电磁引力荷载。

将式（7-11）改写为微分形式，结合外荷载的计算，可得到动力计算过程中待求解方程组如下：

$$\begin{cases}\dot{\delta}_X=v_X\\ \dot{\delta}_Y=v_Y\\ \dot{\delta}_Z=v_Z\\ \begin{bmatrix}\dot{v}_X\\ \dot{v}_Y\\ \dot{v}_Z\end{bmatrix}=\boldsymbol{M}^{-1}\left\{\begin{bmatrix}[0]\\ [g(i)]\\ [f(i)]\end{bmatrix}-\boldsymbol{C}\begin{bmatrix}v_X\\ v_Y\\ v_Z\end{bmatrix}-\boldsymbol{K}\begin{bmatrix}\delta_X\\ \delta_Y\\ \delta_Z\end{bmatrix}\right\}\end{cases} \tag{7-12}$$

式中：$[g(i)]$——每个节点重力荷载所组成的列向量；$[f(i)]$——每个节点电磁力荷载所组成的列向量，依据节点位移变化分别按式（7-9）和式（7-10）进行计算。通过四阶 R-K 法[23]对上述方程组求解即可得到导线和间隔棒的动力响应。

由上述电磁力荷载计算过程可知，节点电磁力荷载与导线短路电流的平方成正比。当电磁力过大时，两子导线可能出现部分节点接触的现象。因为两子导线无法互相穿越，对子导线位移产生限制，所以依据两子导线在短路电磁力作用下能否出现接触、碰撞的现象，分别选取两种不同的工况，采取不同的仿真分析方法来获取子导线位移响应及分裂导线向心力动态变化结果。

1. 子导线无碰撞工况分析方法

当短路电流较小时，子导线无法发生接触及碰撞过程。直接采用上述四阶 R-K 法求解式（7-12），对导线有限元模型进行时间积分即可。需注意的是，子导线间距的变化会影响到各节点电磁力的计算，所以在每一时间步必须更新子导线 1 和子导线 2 上对应节点的间距，重新计算电磁力荷载列向量。整体计算流程如图 7-7 所示。

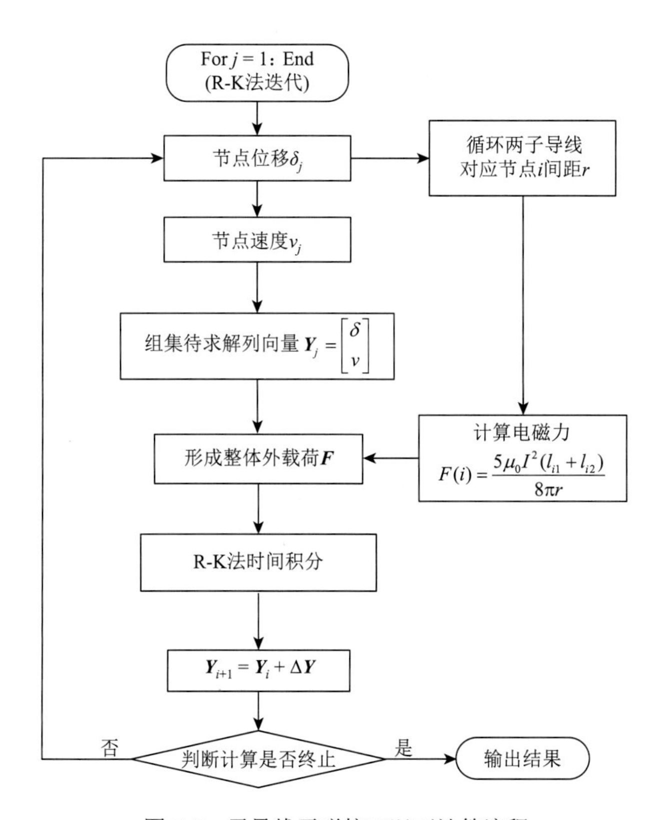

图 7-7　子导线无碰撞工况下计算流程

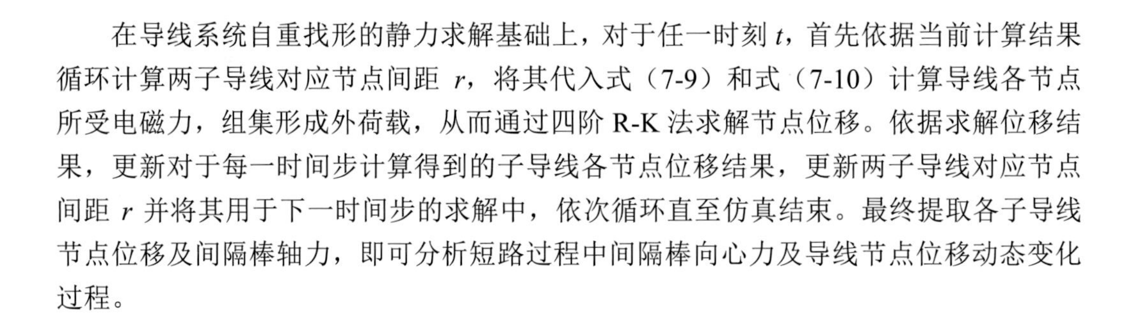

在导线系统自重找形的静力求解基础上，对于任一时刻 t，首先依据当前计算结果循环计算两子导线对应节点间距 r，将其代入式（7-9）和式（7-10）计算导线各节点所受电磁力，组集形成外荷载，从而通过四阶 R-K 法求解节点位移。依据求解位移结果，更新对于每一时间步计算得到的子导线各节点位移结果，更新两子导线对应节点间距 r 并将其用于下一时间步的求解中，依次循环直至仿真结束。最终提取各子导线节点位移及间隔棒轴力，即可分析短路过程中间隔棒向心力及导线节点位移动态变化过程。

2. 考虑子导线碰撞的动力分析方法

分析实际短路工况下子导线运动过程可知，当两子导线触碰时，不会发生穿越现象，而是碰撞弹开，实际上各子导线位移存在限值。理想情况下，假设每次子导线碰撞过程不发生能量损失，则碰撞区域的导线节点应位移不变，沿 Z 向的速度反向，两子导线会出现弹跳，之后在电磁引力作用下再次靠近、碰撞弹开，一直重复此过程，直到由于阻尼的作用最终吸引到一起。但实际上碰撞过程中存在能量损失，导线靠近时电磁力很大，而子导线振动速度较小，极端情况下有可能出现两子导线对应节点触碰后就粘连在一起，此时不会出现弹跳、吸引的重复过程。假设碰撞过程中速度损失率为 k，即能量的损失率为 k^2，则仿真过程中整体计算流程图如图 7-8 所示。

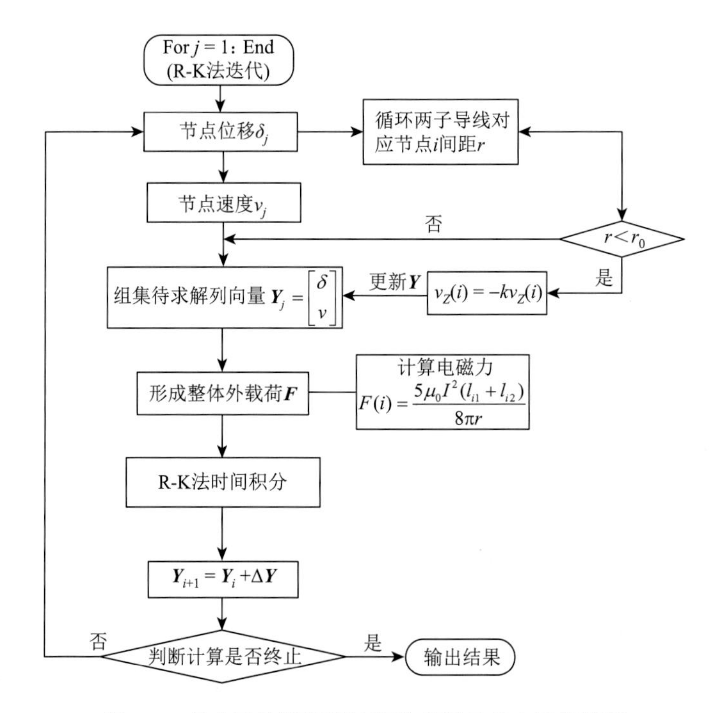

图 7-8　考虑子导线碰撞过程的有限元动力计算流程

在导线系统自重找形的静力求解基础上，对于任一时刻 t，首先依据当前计算结果循环计算两子导线对应节点间距 r，若 r 小于子导线直径，则认为此时两子导线发生接触，碰撞之后对应子导线节点出现反弹，令此时对应节点 Z 向的速度变为上一时间步的 k 倍，而位移不变，重新组集此时间步的待求解列向量 $\boldsymbol{Y}$，继续按如未发生碰撞的仿真流程进行时间积分直至循环终止。计算完成后，提取各子导线节点位移及间隔棒轴力，即可分析短路过程中间隔棒向心力及导线节点位移动态变化过程。

7.3　不同短路电流下间隔棒向心力仿真结果分析

7.3.1　10 kA 短路电流下计算结果

当短路电流为 10 kA 时，由于两子导线所受电磁引力较小，子导线无法发生接触及碰撞过程。直接采用上述四阶 R-K 法对导线有限元模型进行时间积分即可。

由于该档导线上存在 4 个间隔棒，为描述子导线吸引过程中不同位置节点的运动情况，将该档导线划分为 5 段，即 a 段、b 段、c 段、d 段、e 段。分别取每段子导线中点位置作为动力计算中位移变化的监测点，观察两子导线在短路电磁力吸引下逐渐靠近的过程，分析子导线位置变化与间隔棒承载力的变化关系。两子导线上的监测点位置如图 7-9 所示。

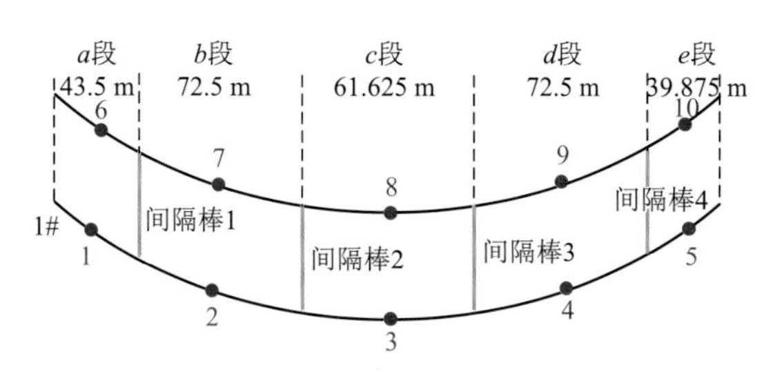

图 7-9　导线位移监测点示意图

采用动力仿真计算得到的垂直导线平面方向（Z 向）各测点位移-时间曲线如图 7-10 所示。

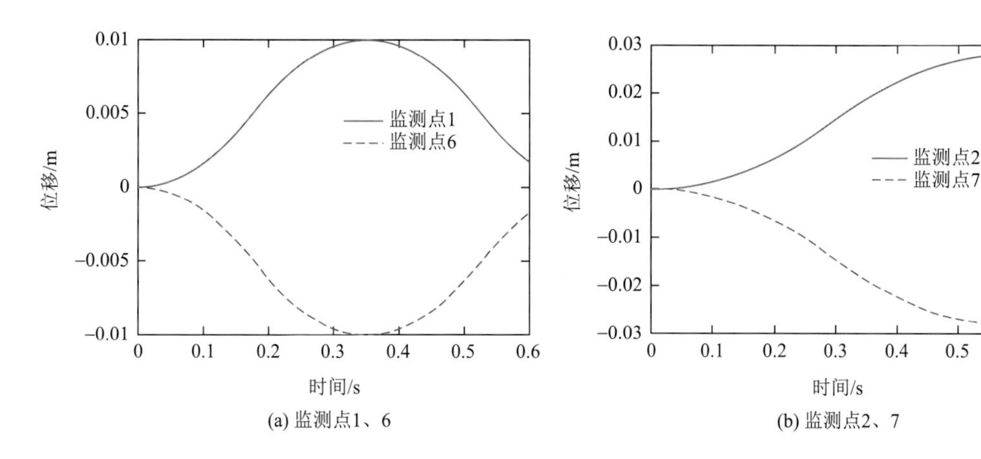

(a) 监测点1、6　　(b) 监测点2、7

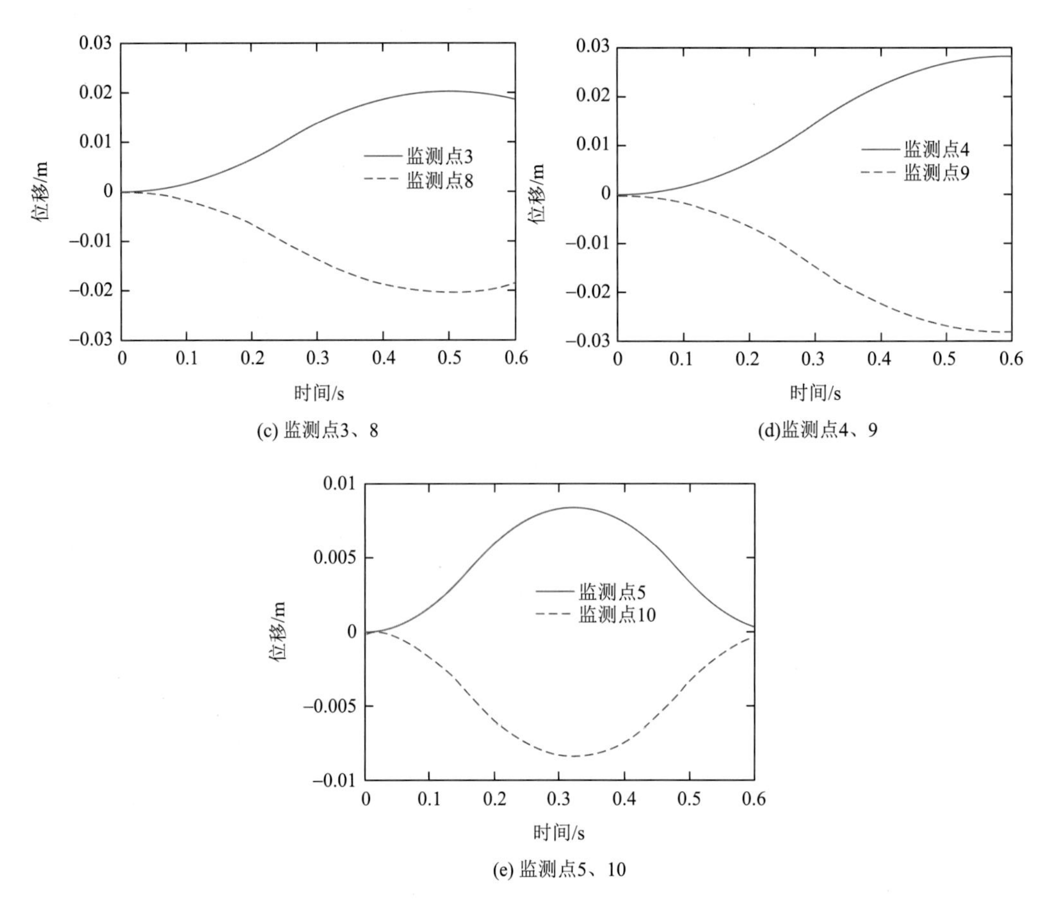

(c) 监测点3、8

(d)监测点4、9

(e) 监测点5、10

图 7-10　10 kA 短路电流下各监测点位移-时间曲线

随时间变化，两子导线在 *XZ* 平面内的位置如图 7-11 所示。

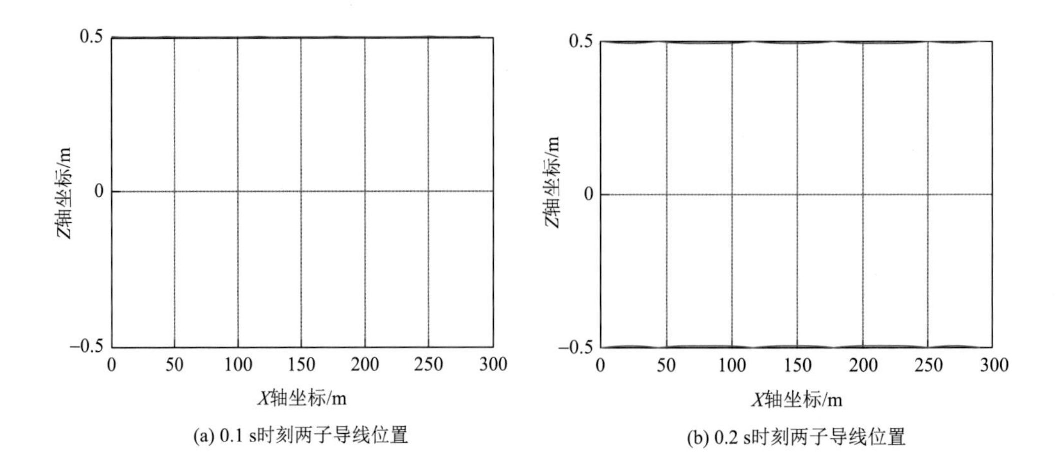

(a) 0.1 s时刻两子导线位置

(b) 0.2 s时刻两子导线位置

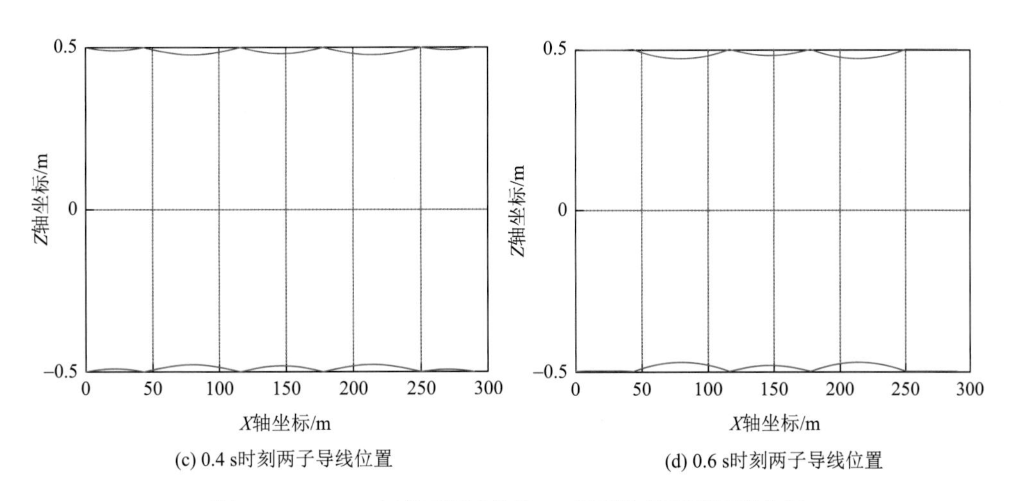

(c) 0.4 s时刻两子导线位置　　(d) 0.6 s时刻两子导线位置

图 7-11　10 kA 电流下两子导线 *XZ* 平面位置随时间变化图

由上述仿真结果可知，在短路电磁力的吸引下，两子导线逐渐向中间平面靠近。各监测点沿 *Z* 向的位移不断增大至峰值，之后缓慢减小。其中，*a* 段导线和 *e* 段导线由于长度较短，相比于其他段导线更快振动至峰值位置，而 *b*～*d* 段子导线则在 0.5～0.6 s 才运动至峰值位置。各段子导线不断靠近至峰值后，在重力作用下出现往回摆动的现象。在当前短路电动力作用下，两子导线无法接触，也不会出现碰撞、穿越等现象。

提取各间隔棒的轴力-时间曲线如图 7-12 所示，由于所建立的有限元模型已将 6 分裂间隔棒进行了简化，各间隔棒的轴力即是其端点所承受的向心力。

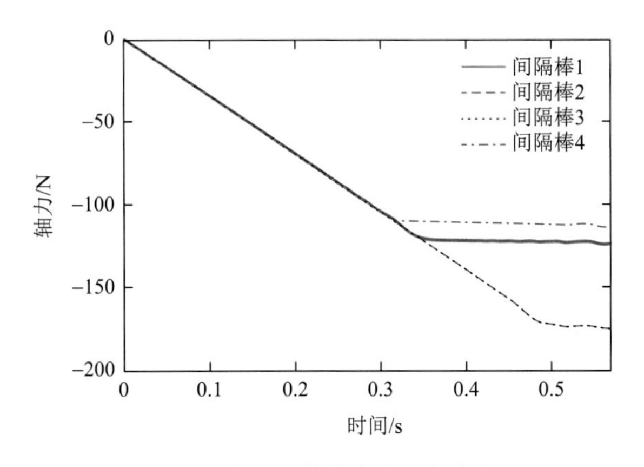

图 7-12　各间隔棒轴力随时间变化图

由上述仿真结果可知，随着两子导线不断靠近，各间隔棒的轴力也随之增大。约 0.3 s 时 *a* 段导线和 *e* 段导线沿 *Z* 向位移曲线达到峰值，此时与之相关的间隔棒 4 和间隔棒 1 轴力也先后达到峰值。0.5 s 时 *b*、*c* 段导线沿 *Z* 向位移曲线达到峰值，此时间隔棒 2 和 3 向心力达到峰值，之后几乎保持稳定状态。间隔棒 1～4 峰值向心力分别为 121 N、112 N、176 N 和 176 N。

7.3.2　45 kA 短路电流下计算结果

当短路电流为 45 kA 时，子导线将发生接触及碰撞过程。考虑碰撞过程中能量的损失率，仿真以下两种极端工况下间隔棒动态受力的变化情况：第一种工况假设子导线的碰撞为理想碰撞过程，子导线弹开，能量不发生碰撞损失；第二种工况假设子导线碰撞后不弹开，动能完全转化为内能，碰撞过程中能量损失率为 100%。采用 7.2 节所述方法进行有限元动态仿真分析。

1. 理想碰撞过程（能量的损失率为 0）

当碰撞过程视为理想情况时，每次碰撞前后对应节点的位移不变，速度反向，此时碰撞过程不发生能量损失。两子导线会出现弹跳，之后在电磁引力作用下再次靠近、碰撞弹开，一直重复此过程，直到由于阻尼的作用最终吸引到一起。仿真过程中时间步长设为 10^{-5} s，仿真总时长为 2 s，仿真耗时约 72 h。

45 kA 短路电流下，各测点沿 Z 向位移-时间曲线如图 7-13 所示。提取导线上各节点随时间变化的坐标位置，两子导线在 XZ 平面内的位置图如图 7-14 所示。

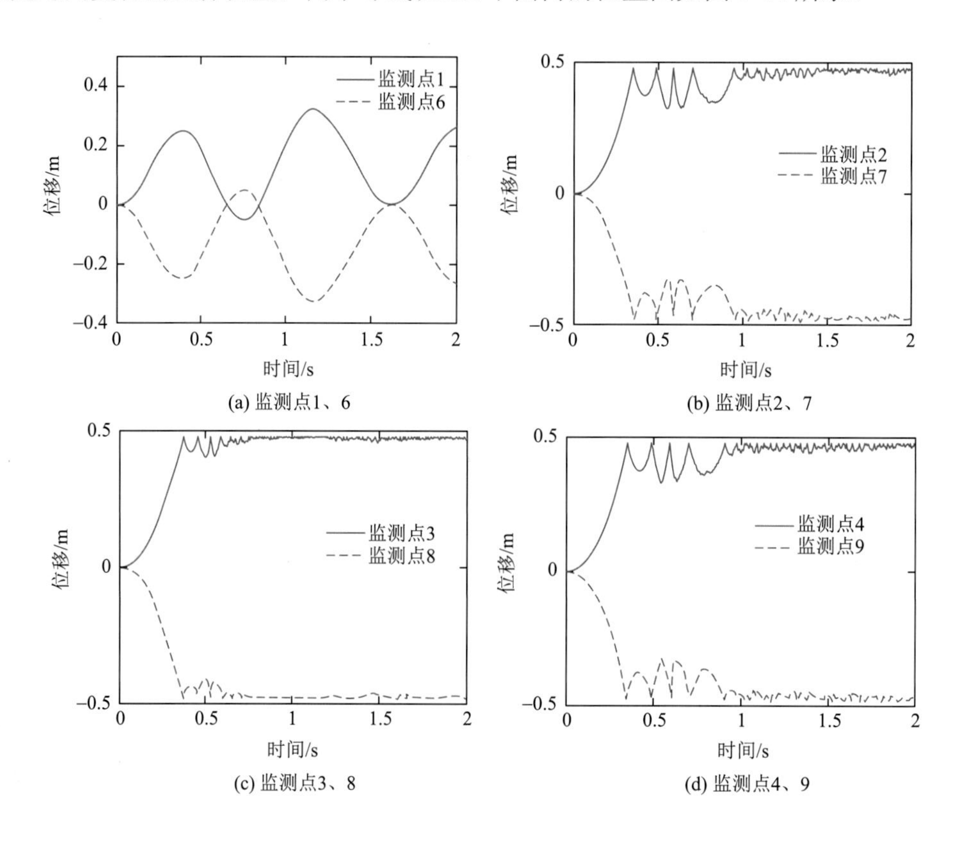

(a) 监测点1、6　(b) 监测点2、7

(c) 监测点3、8　(d) 监测点4、9

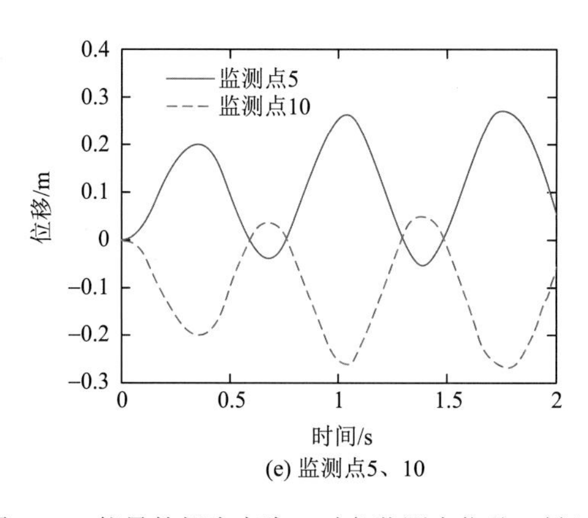

(e) 监测点5、10

图 7-13　能量的损失率为 0 时各监测点位移-时间曲线

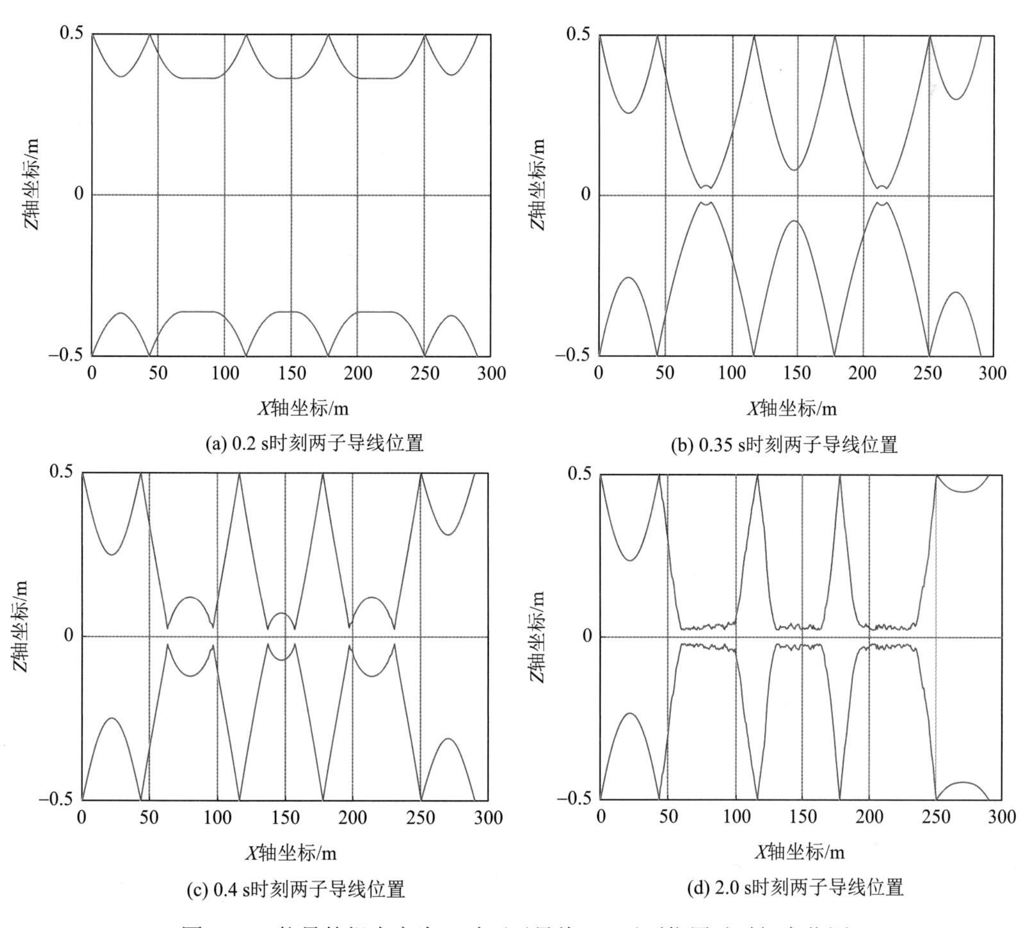

(a) 0.2 s时刻两子导线位置

(b) 0.35 s时刻两子导线位置

(c) 0.4 s时刻两子导线位置

(d) 2.0 s时刻两子导线位置

图 7-14　能量的损失率为 0 时两子导线 *XZ* 平面位置随时间变化图

由上述仿真结果可知，短路故障发生后，在电磁力作用下两子导线随时间增大不断靠近，在约 0.35 s *b*～*d* 段导线开始出现接触，随后向各子导线初始位置反弹。随后 *b*～*d* 段导线越来越多的导线节点出现接触、反弹的现象，但在阻尼作用下每次反弹的幅度越来越小，约 1.6 s 之后，b～d 段导线部分节点几乎完全粘连在一起，反弹幅度很小，最终两子导线位置处于稳定状态。

导线上各节点振动位移也与预期一致，很好地模拟了两子导线接触后碰撞弹跳的过程。当各子导线节点位移达到限值时，速度反向，位移减小；之后在电磁力作用下速度减小至 0，随后反向增大，导致相应的导线节点不断处于位移增大、减小的循环过程中。对于粘连 b～d 段导线中间大部分节点，其每次碰撞弹跳的幅度越来越小，1.5 s 后碰撞导致的位移变化在 0.05 m 范围内，此时粘连段导线几乎完全紧贴。从始至终 a 段导线和 e 段导线无法接触，因此一直在重复靠近、分开、再靠近的过程。

提取各间隔棒的向心力随时间变化曲线，如图 7-15 所示。

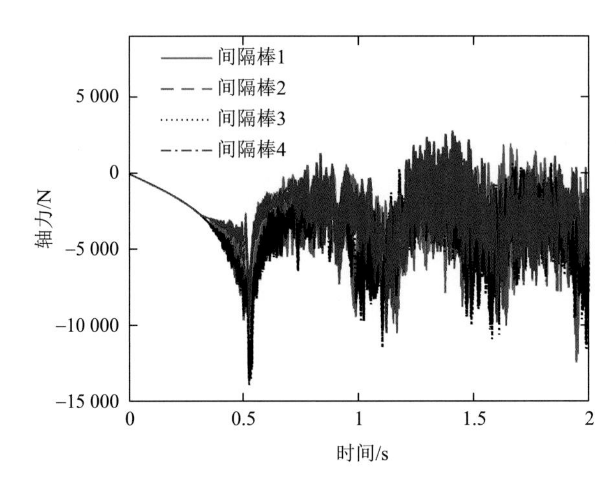

图 7-15　各间隔棒向心力随时间变化曲线

由图 7-15 可知，在约 0.35 s 之前，两子导线在电磁力作用下互相靠近，各间隔棒的向心力也随时间不断增大至约 3200 N。0.35 s 后，开始出现部分子导线节点碰撞回弹，随着越来越多的子导线节点互相接触、碰撞，各间隔棒轴力不断振荡，轴力大小也不断增大。在阻尼的作用下，各导线节点回弹位移逐渐减小，越来越多的子导线节点开始粘连到一起，轴力最终也趋于稳定，稳定阶段各间隔棒向心力在 0～10 000 N 不断波动。碰撞过程中各间隔棒向心力峰值出现在约 0.55 s 时刻，最大间隔棒向心力约为 13 860 N，远大于 10 kA 短路电流下间隔棒承载的向心力峰值。

2. 碰撞后粘连（能量的损失率为 100%）

仍以短路电流 45 kA 为例，考虑极端情况，碰撞后导线动能完全转化为内能，碰撞过程中能量损失率为 100%，每次碰撞前后对应节点的位移不变，速度几乎突变为 0，两子导线接触部分直接粘连到一起，而不会出现两子导线弹跳、靠近的重复过程。

对于每一时间步计算得到的子导线各节点位移结果，首先计算对应节点的间距 r，

若 r 小于子导线直径 0.041 46 m，则认为此时两子导线发生接触，令此时对应节点 Z 向的速度突变为 0，而位移不变，表示碰撞过程中的能量损失率为 100%。之后重新组集此时间步的待求解列向量 $\boldsymbol{Y}$，继续进行时间积分直至循环终止。

采用上述有限元计算方法，仿真计算考虑子导线接触后粘连过程中的子导线位移变化及各间隔棒向心力变化情况。仿真过程中时间步长设为 10^{-5} s，仿真总时长为 2 s，仿真耗时约 72 h。

在此仿真工况下，各测点沿 Z 向位移-时间曲线如图 7-16 所示。提取导线上各节点随时间变化的坐标位置，两子导线在 XZ 平面内位置图如图 7-17 所示。

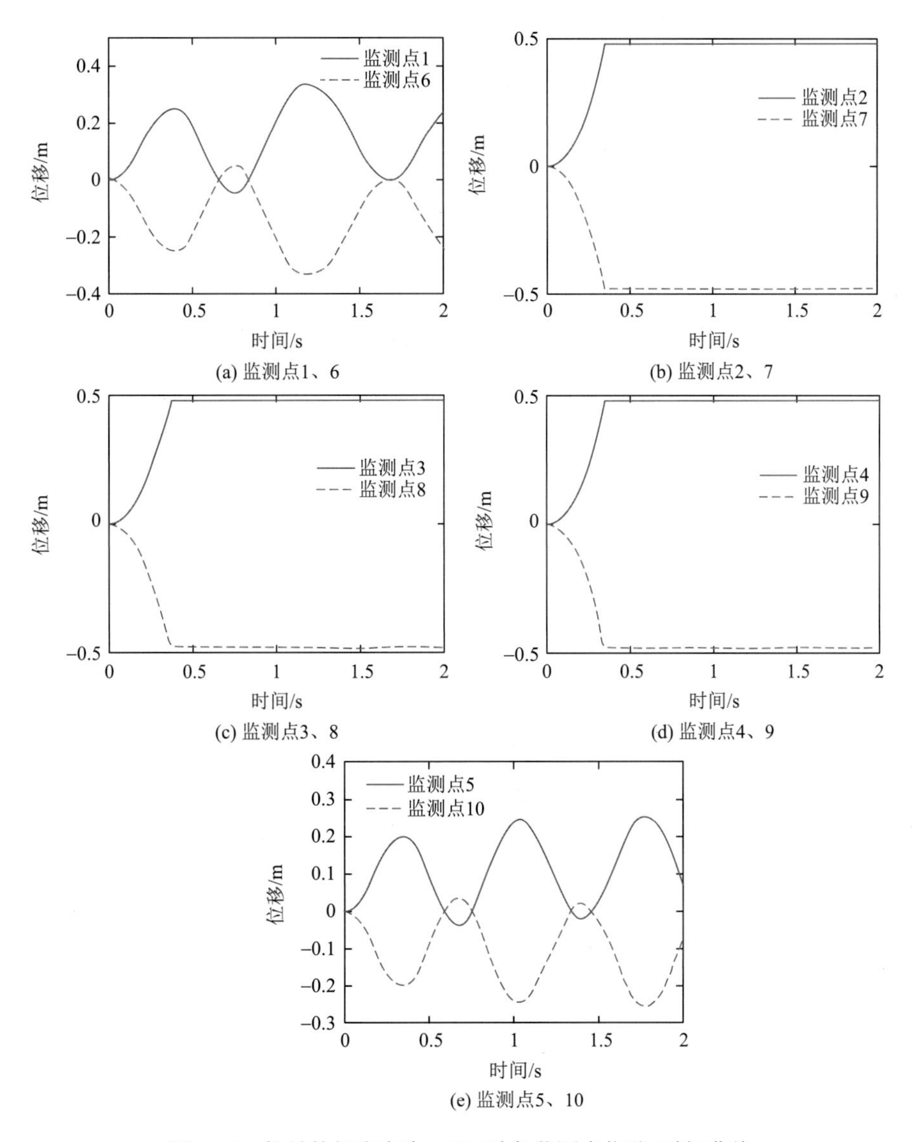

图 7-16　能量的损失率为 100%时各监测点位移-时间曲线

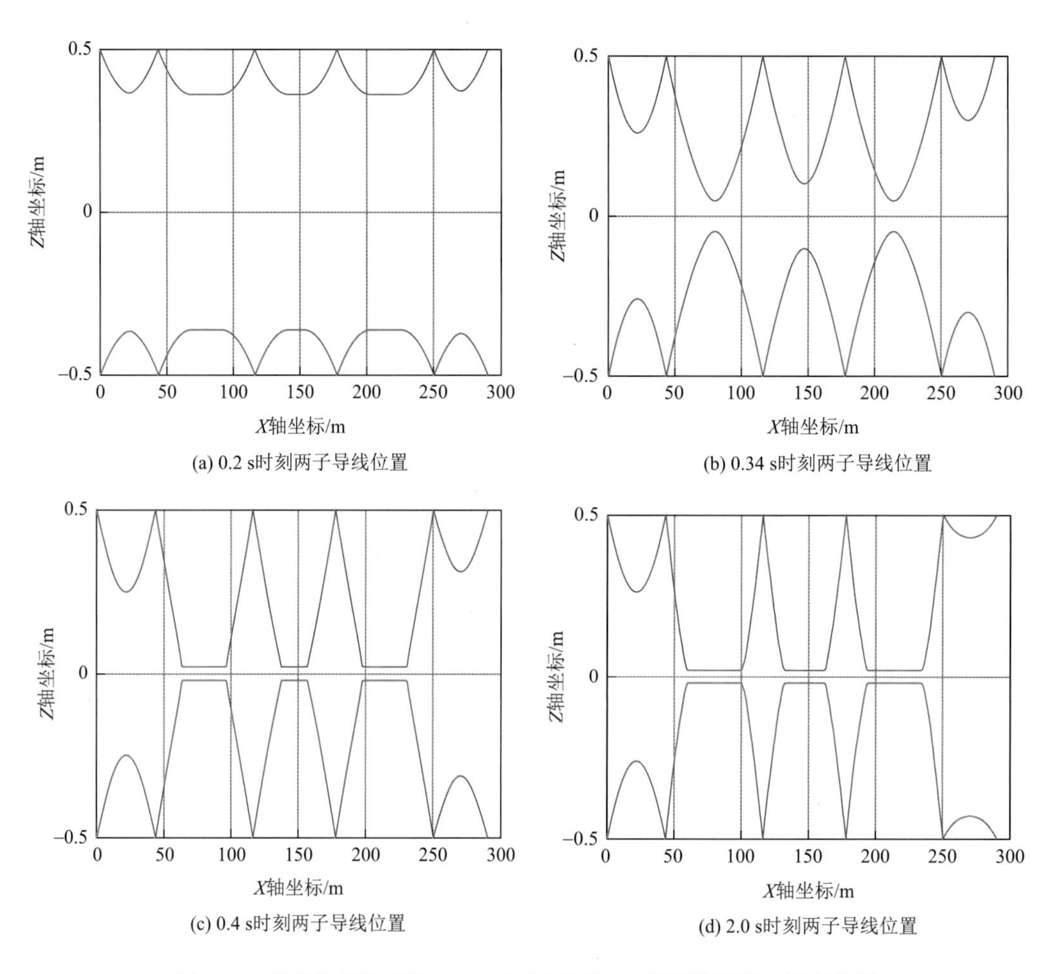

(a) 0.2 s时刻两子导线位置

(b) 0.34 s时刻两子导线位置

(c) 0.4 s时刻两子导线位置

(d) 2.0 s时刻两子导线位置

图 7-17 能量的损失率为 100%时两子导线 XZ 平面位置随时间变化图

由仿真结果可知，在电磁力作用下，两子导线随时间的增加不断靠近，在约 0.35 s b～d 段导线开始出现接触并粘连，随后越来越多的导线节点出现粘连现象，导线粘连部分不断增长，约 0.5 s 导线粘连段长度达到峰值；0.5 s 之后，在导线内力和自重作用下部分导线出现回弹，但此时接触部分的两子导线间距很小，电磁力较大，对导线的回弹起抑制作用，导线回弹被限制，导致 b～d 段导线粘连段的节点位置几乎不再改变。而从始至终 a 段导线和 e 段导线无法接触，因此与上述考虑理想碰撞工况下的仿真结果相同，一直在重复靠近、分开、再靠近的过程。导线上各节点振动位移与预期一致，当位移达到限值时，速度突降为 0，同时接触段的两子导线电磁吸力较大，限制了子导线回弹的幅度，导致接触段导线 b～d 段各节点位移保持不变；而未接触段（a 段和 e 段）导线仍一直处于位移增大、减小的循环过程中。

提取各间隔棒的向心力随时间变化曲线，如图 7-18 所示。

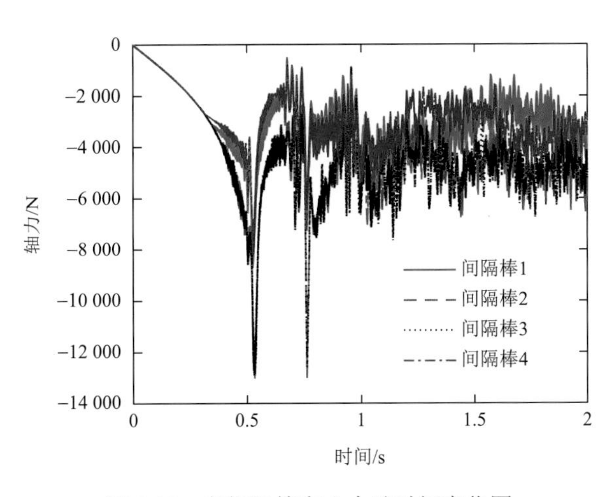

图 7-18　各间隔棒向心力随时间变化图

由图 7-18 可知，在约 0.35 s 之前，两子导线在电磁力作用下互相靠近，此过程中各间隔棒轴力变化与理想碰撞过程中的分析一致。0.35 s 后，开始出现部分子导线节点粘连现象，随着越来越多的子导线节点互相粘连，各间隔棒轴力不断振动，轴力大小也不断增大，在约 0.5 s 时达到峰值。因为碰撞过程中设置了能量损失率为 100%，所以每次接触后导线系统的动能不断减小，这也导致 0.5 s 后各间隔棒轴力仍在 2000～6000 N 振动，但最终逐渐趋于稳定，稳定阶段导线各节点位移波动范围远小于上述考虑理想碰撞下的节点波动范围，对应的各间隔棒向心力变化范围也远远小于上述理想碰撞下向心力动态变化范围。

综合上述计算及分析结果，在考虑子导线接触、碰撞的情况下，45 kA 短路电流下该 6 分裂导线各间隔棒向心力在两种极端工况下间隔棒向心力计算结果对比如表 7-1 所示。

表 7-1　两种极端工况下计算结果对比

间隔棒向心力	计算工况		误差
	能量损失率为 0%	能量损失率为 100%	
接触前	3 200 N	3 200 N	0
峰值	13 860 N	13 030 N	6.0%
最终稳定时	0～10 000 N	2 000～6 000 N	—

由上述统计及分析结果可知，当能量损失率设置为 0%时，子导线碰撞被视为理想碰撞工况，b～d 段子导线接触后弹开，在电磁引力作用下又被吸引在一起，不断重复碰撞、回弹、再碰撞过程，最终分裂导线向心力在 0～10 000 N 范围内波动。而当能量损失率设置为 100%时，碰撞导致导线系统动能快速减小，b～d 段子导线接触后吸引在一起，在电磁引力作用下子导线回弹过程被抑制，导致接触段的导线位移基本不变，逐渐趋于稳定，最终输电线路向心力波动范围远小于前者。对于非接触段 a 和 e 段子导线，从始至终无法接触，没有碰撞过程，所以非接触段的子导线节点位移计算结果基本一致。两种极端工况下输电线路向心力峰值出现时刻都在 0.55 s 左右，峰值都在 13～14 kN，

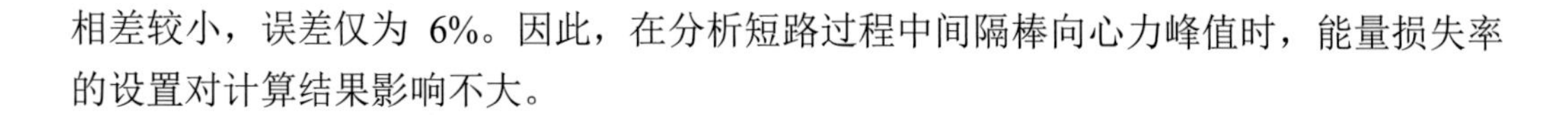

相差较小，误差仅为 6%。因此，在分析短路过程中间隔棒向心力峰值时，能量损失率的设置对计算结果影响不大。

7.3.3 不同短路电流下动力计算结果汇总

基于上述导线、间隔棒系统动力分析有限元模型，采用上述仿真方法，分别设置导线短路电流为 10 kA、30 kA、45 kA、60 kA 和 75 kA，仿真分析短路电流变化对间隔棒向心力动态变化情况的影响。

不同短路电流下间隔棒动态向心力随时间变化曲线如图 7-19 所示。

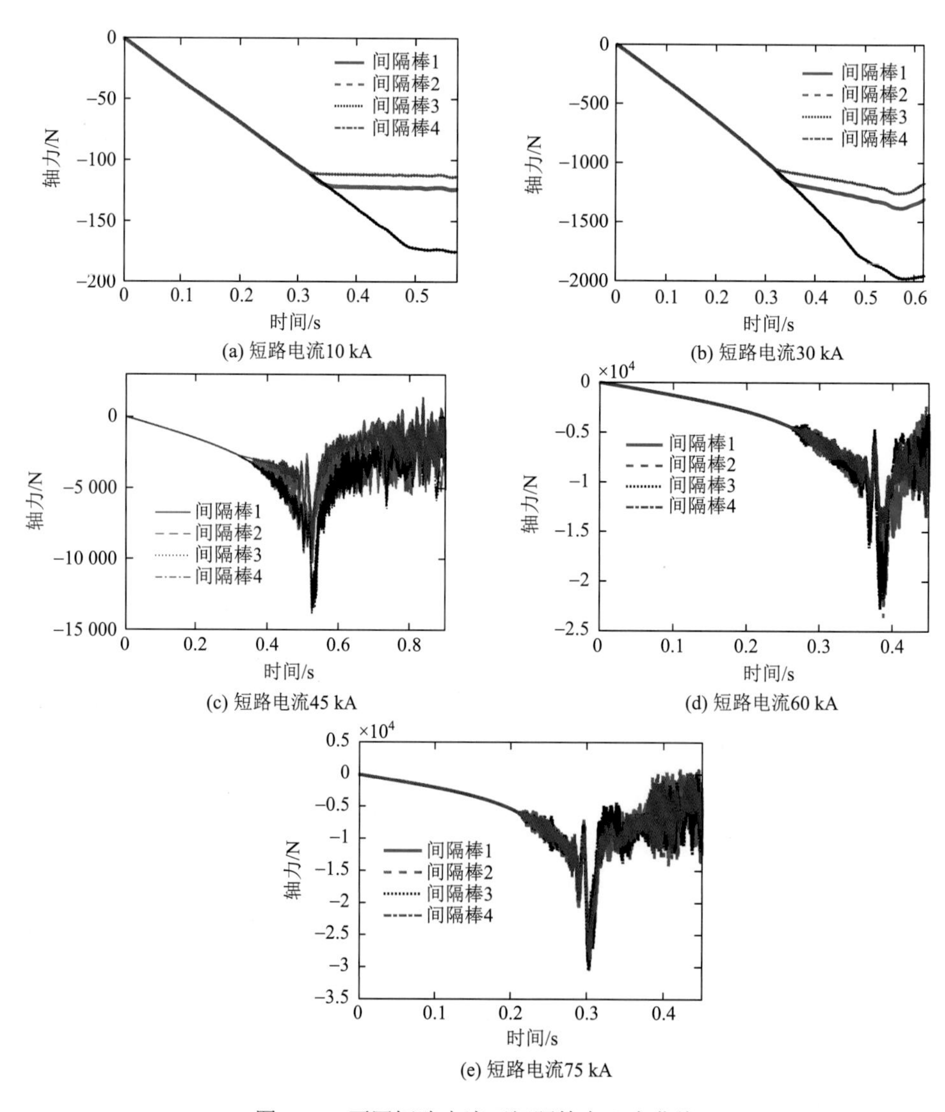

图 7-19　不同短路电流下间隔棒向心力曲线

由图 7-19 可知，当导线短路电流在 30 kA 以内时，子导线在电磁力作用下互相靠近，但无法接触到一起，不会出现碰撞现象，此时计算得到的间隔棒向心力较小，各间隔棒向心力峰值在 2 kN 以内。当导线短路电流超过 45 kA 时，电磁力过大，两子导线会接触，从而出现碰撞、回弹的循环过程。子导线碰撞后，随着碰撞节点个数的不断增加，各间隔棒向心力不断增大，同时曲线波动也越来越大。各间隔棒向心力峰值均在 14 kN 以上。短路电流为 75 kA 时，间隔棒向心力峰值约为 30 kN。

将上述动力有限元仿真结果与《间隔棒技术条件和试验方法》（DL/T 1098—2016）推荐的短路电流向心力计算公式（Manuzio 公式）计算结果进行比较，分析标准公式是否适用于特高压输电线路短路工况下间隔棒向心力的计算。计算公式如式（7-2）所示，其中 n 为子导线根数，取 6；s 为子导线分裂圆直径，1 m；d 为子导线直径 0.0414 m；F_T 为子导线张力，取未短路时静止导线张拉力，依据静止工况下有限元模型仿真结果，各子导线端部拉力为 83.72 kN。

不同短路电流下输电导线向心力峰值与标准给出的经验公式对比结果汇总如表 7-2 所示。

表 7-2　不同短路电流计算结果汇总

短路电流/kA	子导线是否发生碰撞	向心力峰值		
		有限元计算/N	经验公式/N	误差/%
10	否	176	3 534	95
30	否	1 976	10 601	81
45	是	13 860	15 901	13
60	是	23 550	21 202	11
75	是	30 500	26 502	15

由表 7-2 可知，对于未发生子导线碰撞的工况，即当导线短路电流在 30 kA 以内时，各间隔棒向心力峰值远小于经验公式（7-2）计算结果，计算误差均在 80%以上。当导线短路电流超过 45 kA 时，电磁力过大，两子导线会接触，从而出现碰撞、回弹的循环过程，此时通过动力有限元仿真结果计算得到的向心力峰值与标准给出的公式计算结果基本接近，误差均在 15%以内。其中，短路电流为 45 kA 时，动力有限元仿真结果稍小于经验公式计算结果，但 60 kA 和 75 kA 动力有限元仿真结果计算得到的向心力峰值稍大于经验公式计算结果，且随着电流增大，误差也有进一步增大的趋势。

7.4　±800 kV 输电线路实际短路工况模拟及分析

本节以某实际±800 kV 输电线路为例，通过动模试验系统仿真 6 分裂导线短路工况下短路电流的变化过程，将其作为荷载施加于输电线路-间隔棒动态有限元仿真模型中，分析实际短路电流下输电线路向心力的动态变化过程。

7.4.1 ±800 kV 输电线路短路电流仿真

以某实际±800 kV 输电线路为例，通过搭建包含整流侧、输电线路和逆变侧的真实特高压直流输电网仿真模型，模拟近端短路过程中导线短路电流的变化，为后续短路故障下间隔棒承载动力分析提供基础。

实时数字仿真系统（real time digital simulation system，RTDS）是由加拿大 Maniloba 直流研究中心开发的专门用于实时研究电力系统的数字动模系统，该系统中的电力系统元件模型和仿真算法建立在已广泛应用的 EMTP（electro-magnetic transient program）和 EMTDC（electro-magnetic transient in DC system）基础上。作为一种能够对实际控制、保护设备或智能终端进行闭环测试的实时全数字电磁暂态电力系统模拟装置，RTDS 不仅能实时精确仿真复杂电力系统，而且可以通过 D/A 转换输出物理量，形成数字-物理闭环测试回路，以达到接近现场实际测试环境的目的，这一成熟的工业级仿真在电力系统研究中得到了广泛应用[24, 25]。因此，本节采用 RTDS 建立某实际±800 kV 输电线路短路故障实时仿真模型，考虑极端短路工况，对短路电流的变化情况进行准确计算。

考虑极端工况，当该特高压直流线路采用双极运行方式，短路故障发生于近端（即靠近整流侧）时，系统短路电流最大，对间隔棒承载力的要求也最为严苛。因此，本节在 RTDS 建模中采用双极运行方式，其中输电线路额定电流为 4 kA，电压为±800 kV，额定运行功率为 6400 MW，具有两个 12 脉动串联阀组。输电线路总长为 1935 km，所有线路模型均采用分布参数模型。

该特高压直流线路短路故障发生位置及设置示意图如图 7-20 所示。

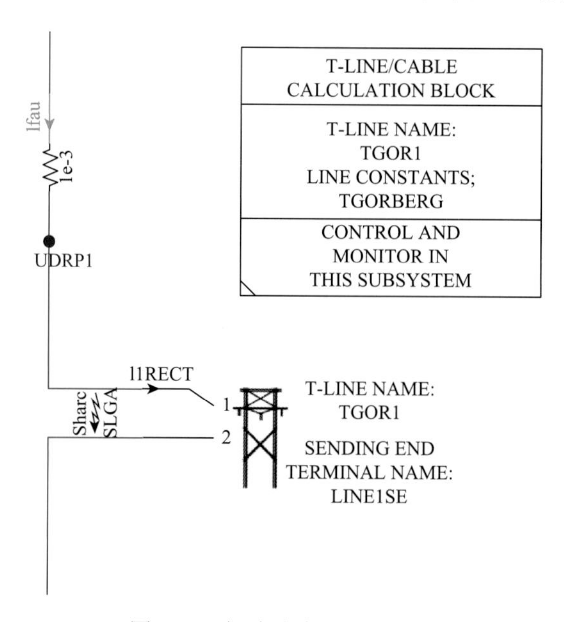

图 7-20　短路故障设置示意图

特高压直流输电线路每极由两个阀组，即双 12 脉动换流器构成，同极换流阀的换流特性、相互影响情况、闭锁控制策略和保护配置将变得更为复杂。考虑到特高压直流短路故障发生后，一般保护装置动作时间应在 5～10 ms，通过强制移相的方式，升高整流站触发角，使直流输电系统的能量快速送回交流系统，达到迅速隔离故障或紧急停运的目的[26, 27]。因此，设置故障开始时刻为 0.07 s，持续时间 0.5 s。在故障发生 10 ms 后，保护装置动作。采用 RTDS 进行仿真，仿真结果如图 7-21 所示。其中，图 7-21（a）为故障和保护动作时序；图 7-21（b）为两极电压在故障发生前后的变化波形；图 7-21（c）和图 7-21（d）为故障发生前后导线短路电流变化波形及峰值附近的放大图。

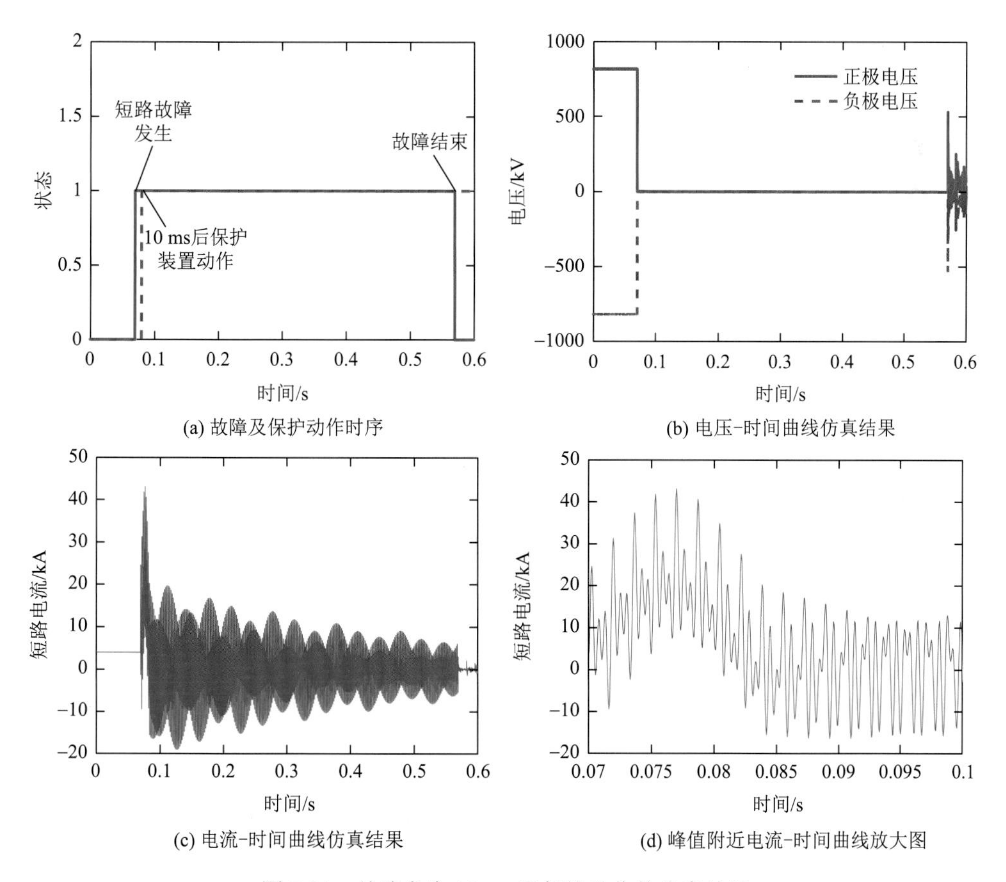

图 7-21　故障发生 10 ms 后保护动作的仿真结果

由上述仿真结果可知，0.07 s 短路故障发生后，导线短路电流由原本的 4 kA 快速增大至峰值 43 kA，并以约 0.625 ms 的周期快速波动。10 ms 后保护装置动作，能量迅速释放，短路电流快速减小，之后短路电流曲线基本在±10 kA 范围内波动。

为进一步获取更严苛的短路故障工况，同时分析保护装置动作时间对短路电流变化的影响，设置当短路故障发生 40 ms 后，保护装置动作。故障时序示意图及电压、电流随时间动态变化的仿真结果如图 7-22 所示。

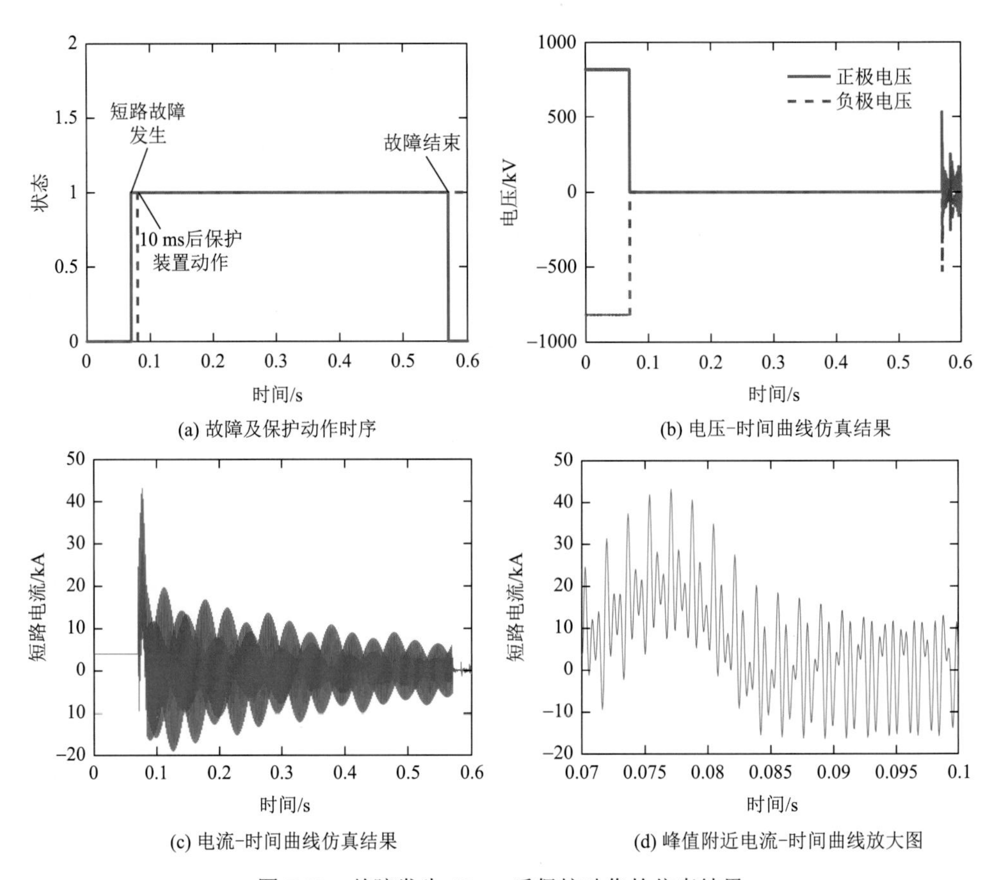

图 7-22　故障发生 40 ms 后保护动作的仿真结果

相比于故障发生 10 ms 后保护动作的仿真结果，短路故障发生后导线短路电流峰值较接近，都在 41～43 kA。但由于保护装置动作较晚，初期短路电流总体更大，故障发生后 50 ms 内短路电流波峰都在 30 kA 及以上。随着保护装置动作，短路电流波动范围不断减小，故障发生 150 ms 后短路电流基本都在±10 kA 范围内波动。因此，该工况下间隔棒承载力峰值更大，仿真条件更严苛。后续采用图 7-22 所示的短路电流波形计算短路工况下间隔棒承载动力的变化情况。

7.4.2　间隔棒向心力动态仿真分析

将上述动模试验系统仿真得到的实际短路电流波形应用于输电线路-间隔棒动力计算有限元模型之中，计算并分析实际短路故障发生及保护装置动作前后输电线路向心力变化情况。

具体仿真流程如 7.2 节所述。但与前述计算过程的区别在于：在任一时刻 t，都需要依据 RTDS 仿真结果确定电流 $I(t)$，将其代入式（7-9）和式（7-10）计算导线各节点所受电磁力，组集形成外荷载，从而通过四阶 R-K 法求解节点位移。

仿真过程中时间步长设为 10^{-5} s，仿真总时长为 1.5 s，仿真耗时约为 60 h。提取不同时刻导线上各节点的坐标位置，两子导线在 *XZ* 平面位置随时间变化图如图 7-23 所示。

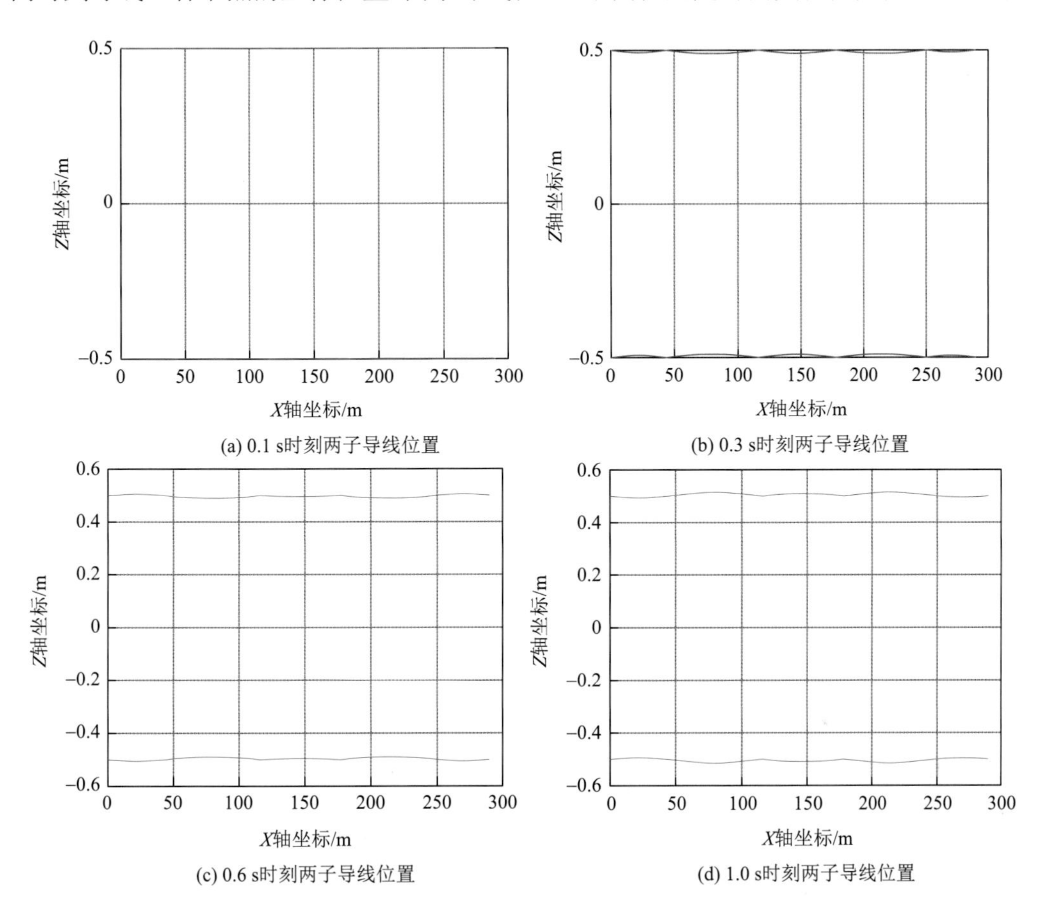

图 7-23　实际短路电流下两子导线在 *XZ* 平面位置随时间变化图

各监测点垂直导线平面方向（*Z* 向）位移-时间曲线如图 7-24 所示。

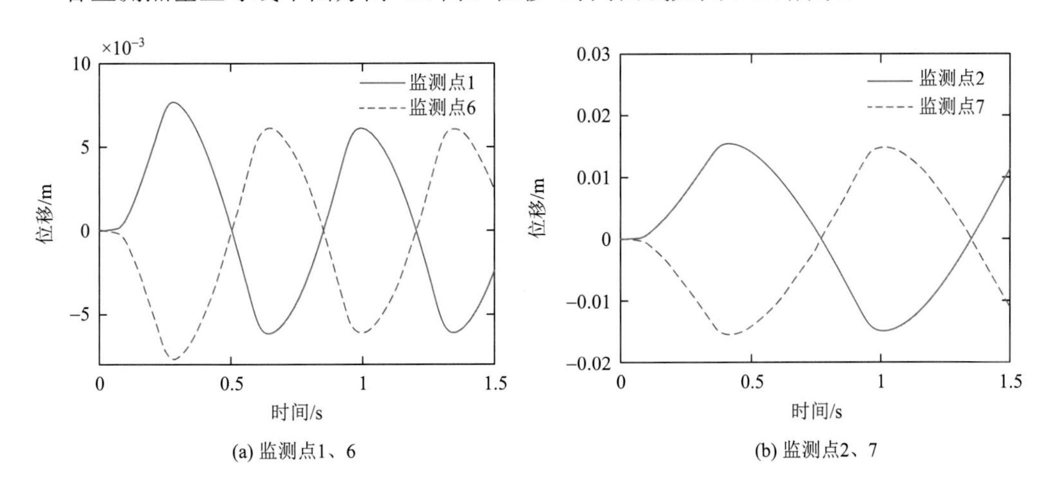

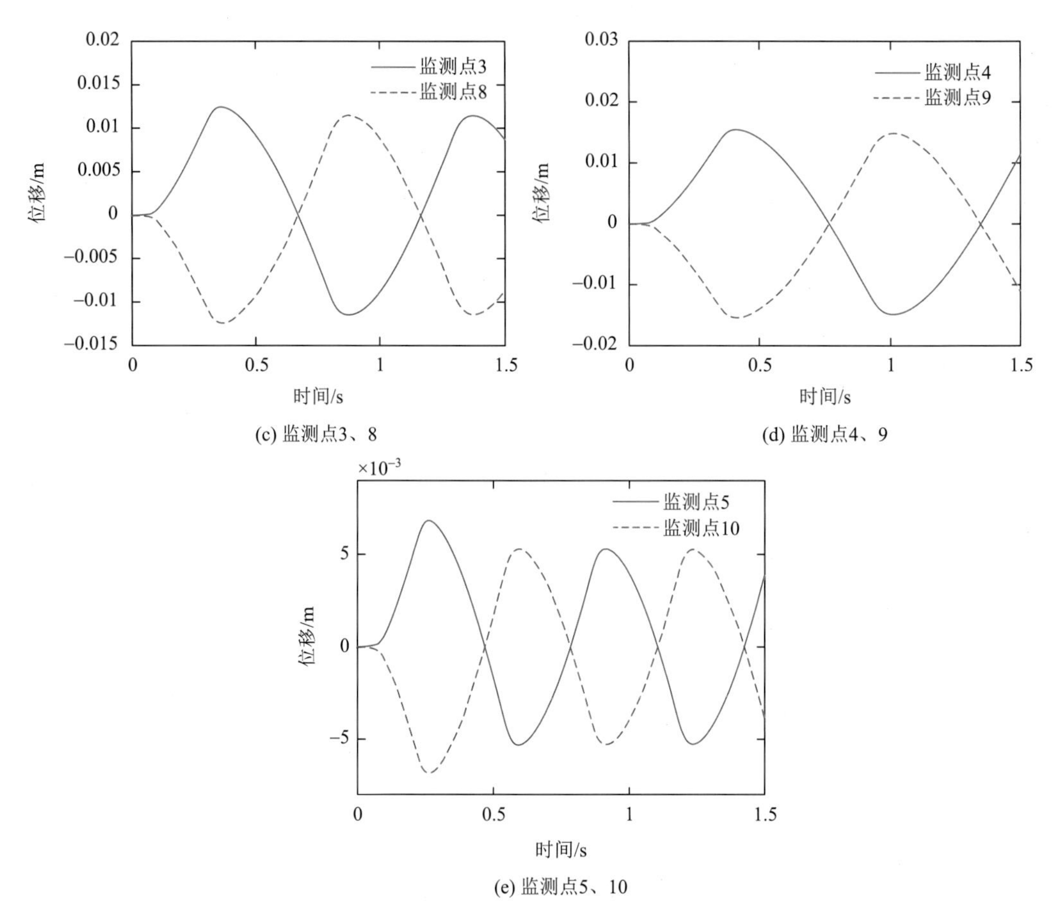

(c) 监测点3、8

(d) 监测点4、9

(e) 监测点5、10

图 7-24　实际短路电流下各监测点位移-时间曲线

由仿真结果可知，结合导线实际短路电流-时间曲线，0.07 s 前导线电流为 4 kA，两子导线保持在原始位置。0.07 s 后，短路电流快速波动，总体峰值不断增大，两子导线在电磁力作用下不断靠近，在 0.3 s 左右 a 段导线和 e 段导线中点位移达到峰值，之后位移减小，表明此时这两段导线靠近之后在重力作用下回弹至初始位置。0.4 s 左右 b～d 段导线中点位移达到峰值，此时两子导线在水平面上距离最接近，最小值约为 0.964 m，相比于初始间距 1 m 变化很小。之后两子导线一直在重复靠近、分开的小幅摆动过程。

虽然短路电流峰值约 42 kA，但观察电流-时间波形可知，电流曲线以约 0.625 ms 的周期快速波动，近似脉冲形状，因此子导线之间的电磁力也随之快速波动，且大部分时间短路电流峰值不超过 10 kA，导致两子导线向中心偏移的位移很小，不超过 0.018 m，远远小于两子导线初始间距 1 m，不会出现两子导线接触或碰撞的现象。

提取各间隔棒的轴力-时间曲线，如图 7-25 所示。由于动力仿真模型中已将 6 分裂间隔棒简化为单根直线单元模拟，各间隔棒轴力即为间隔棒向心力。

由图 7-25 可知，短路故障发生后，两子导线在电磁力作用下互相靠近，此过程中各间隔棒轴力随时间不断增大。0.3～0.4 s 期间 a 段导线和 e 段导线靠近，之后分离，各节点位移达到峰值，此时间隔棒 1 和 4 向心力也达到峰值，约 80 N，之后随着子导线分离，向心力不断减小，直至出现反向增大。0.5～0.6 s 期间 b～d 段导线靠近之后分离，各节点位移达到峰值，此时间隔棒 2 和 3 向心力也达到峰值，约 92 N。随着子导线越过初始平衡位置，原本受压力作用的间隔棒 2 和 3 变为拉伸状态，因此向心力随着节点位移的增大而反向增大。直至 0.9～1 s，两子导线位移达到峰值，间隔棒向心力也达到了峰值，随后随着子导线靠近又变为压缩状态。随着子导线的小幅摆动，间隔棒的向心力也在 −90～85 N 来回变化。

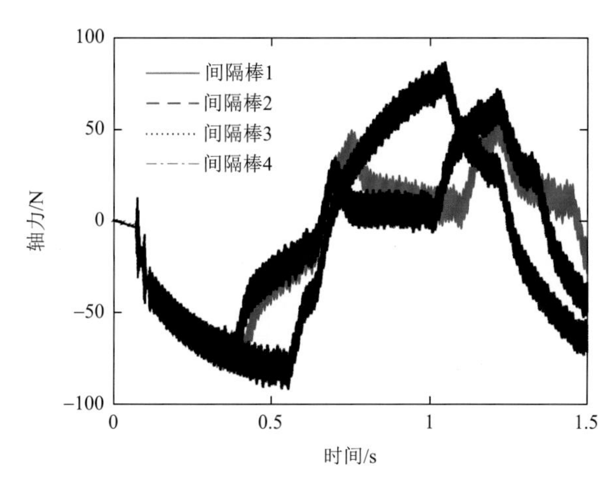

图 7-25　各间隔棒向心力随时间变化图

依据上述仿真分析结果，即使考虑极端工况，当该±800 kV 特高压直流线路采用双极运行方式，短路故障发生于近端（即靠近整流侧）时，只要保护装置正常动作，输电线路向心力在短路后约 0.53 s 到达峰值，约 92 N，远小于间隔棒所能承载的向心力限值。因此，依据仿真结果，该±800 kV 特高压直流线路短路工况下间隔棒能正常工作，不会出现因向心力过大而出现破坏的现象。

7.5　本 章 小 结

本章提出了特高压输电线路短路工况下间隔棒向心力动态变化分析方法，比较了不同短路电流下间隔棒向心力峰值与现有经验公式的差异，计算了极端工况下实际特高压输电线路短路电流曲线，分析了实际短路工况下间隔棒向心力变化过程。

（1）建立了包含导线、间隔棒在内的短路工况下特高压输电线路动力有限元分析模型，考虑了子导线间距减小对电磁力变化的影响，考虑了子导线碰撞过程，提出了四阶 R-K 法对仿真模型进行求解，可对短路电流下特高压输电线路间隔棒向心力及导线节点位移变化等进行计算。

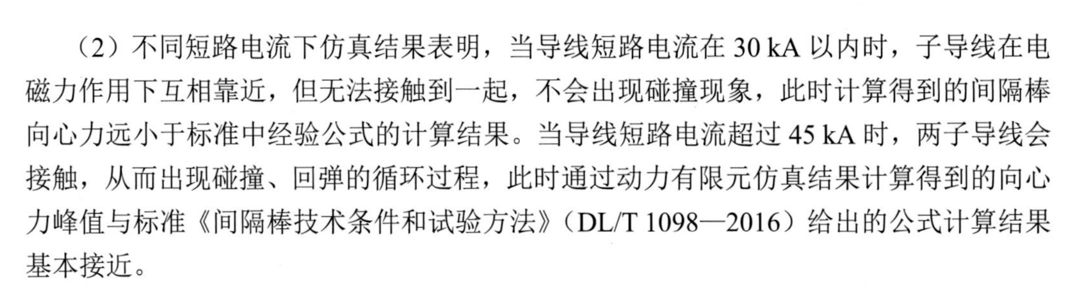

（2）不同短路电流下仿真结果表明，当导线短路电流在 30 kA 以内时，子导线在电磁力作用下互相靠近，但无法接触到一起，不会出现碰撞现象，此时计算得到的间隔棒向心力远小于标准中经验公式的计算结果。当导线短路电流超过 45 kA 时，两子导线会接触，从而出现碰撞、回弹的循环过程，此时通过动力有限元仿真结果计算得到的向心力峰值与标准《间隔棒技术条件和试验方法》（DL/T 1098—2016）给出的公式计算结果基本接近。

（3）通过 RTDS 动模试验系统搭建了包含整流侧、输电线路和逆变侧的真实特高压直流输电网仿真模型，模拟了近端短路过程中导线短路电流的变化。从短路电流仿真结果来看，短路故障发生后，导线短路电流由原本的 4 kA 快速增大至峰值 43 kA，并以约 0.625 ms 的周期快速波动。保护装置动作后，能量迅速释放，短路电流快速减小，之后短路电流基本都在 10 kA 以内。

（4）即使考虑极端工况，短路故障发生在近端（即靠近整流侧）时，故障发生后子导线在电磁引力作用下快速靠近，输电线路向心力在短路后约 0.53 s 到达峰值，约 92 N，远小于间隔棒所能承载的向心力限值。之后由于保护装置动作，短路电流减小，子导线小幅摆动，间隔棒向心力在–90～85 N 来回波动。因此，在保护正常动作的情况下，该±800 kV 特高压直流线路短路工况下的间隔棒能正常工作，不会因向心力过大而出现破坏的现象。

参 考 文 献

[1] 刘振亚. 特高压直流输电理论[M]. 北京：中国电力出版社，2013.

[2] 王黎明，曹露，梅红伟，等. 1000 kV 特高压交流紧凑型输电线路综合工况下间隔棒抑制效果仿真研究[J]. 高电压技术，2017，43（11）：3661-3667.

[3] 易辉. 我国 500 kV 线路四分裂间隔棒运行情况[J]. 高电压技术，2001，27（2）：78-81.

[4] 张殿生. 电力工程高压送电线路设计手册[M]. 北京：中国电力出版社，2008.

[5] 司学振，陶亚光，宋高丽，等. 短路电流下间隔棒受力仿真研究[J]. 河南科技，2020，（13）：138-141.

[6] MANUZIO C.An investigation of the forces on bundle conductor spacers under fault conditions[J]. IEEE Transactions on Power Apparatus and Systems，1967，PAS-86（2）：166-184.

[7] 中华人民共和国国家能源局. 间隔棒技术条件和试验方法：DL/T 1098—2016[S]. 北京：中国标准出版社，2016.

[8] 李升来，周晋. 多端柔性直流线路四分裂阻尼间隔棒性能分析[J]. 武汉大学学报（工学版），2018，51（S1）：327-330.

[9] MEHTA P R，SWART R L. Generalized formulation for electromagnetic forces on current-carrying conductors[J]. IEEE Transactions on Power Apparatus and Systems，1967，86（2）：155-166.

[10] YAN B，LIU X H，LU X，et al. Investigation into galloping characteristics of iced quad bundle conductors[J].Journal of Vibration and Control，2016，22（4）：965-987.

[11] MOU Z Y，YAN B，YANG H X，et al. Study on anti-galloping efficiency of rotary clamp spacers for eight bundle conductor line[J]. Cold Regions Science and Technology，2022，193：103414.

[12] 周林抒，严波，赵洋，等. 电磁力对双分裂导线舞动的影响[J]. 振动与冲击，2016，35（4）：141-147.

[13] 伍川，严波，张博，等. 变化的气动力和电磁力对覆冰双分裂导线舞动的影响[J]. 应用力学学报，2019，36（2）：364-371.

[14] 欧珠光，张宏志，李普安，等. 紧凑型送电线路相间间隔棒力学性能试验研究[J]. 湖北水力发电，2000（4）：35-38.

[15] 胡建平，高虹亮. 基于有限元法分析间隔棒力学性能[J]. 电力建设，2009，30（12）：32-34.

[16] 冯珂. 多分裂输电导线承载力性能研究[D]. 武汉：武汉理工大学，2020.

[17] GHASSEMI M . High surge impedance loading（HSIL）lines：A review identifying opportunities，challenges，and future research needs[J]. IEEE Transactions on Power Delivery，2019，34（5）：1909-1924.

[18] LOGIC N，HEYDT G，KROESE A，et al. A GUI for the calculation of collapsing current for overhead vertically bundled conductors[J]. IEEE Power Engineering Society General Meeting，2004（1）：463-470.

[19] YAN C G，HAO Z G，ZHANG S，et al. Computation and analysis of power transformer winding damage due to short circuit fault based on 3-D finite element method[J]. International Journal of Applied Electromagnetics and Mechanics，2016，51（4）：405-418.

[20] 商全鸿，赵彬. 架空输电线路防舞器排布方案效果评估技术研究[J]. 中国电力，2017，50（5）：121-125.

[21] 程应镗. 间隔棒的安装距离[J]. 电力技术，1983（5）：17-22.

[22] 程应镗. 送电线路金具的设计安装试验和应用[M]. 北京：水利电力出版社，1989.

[23] 王励扬，翟昆朋，何文涛，等. 四阶龙格库塔算法在捷联惯性导航中的应用[J]. 计算机仿真，2014，31（11）：56-59.

[24] 杨林超. 大规模交直流系统动态等值和 RTDS 快速建模方法研究[D]. 杭州：浙江大学，2020.

[25] KIM S W，LEE H J，KIM D S. Power converter design based on RTDS implementation for

interconnecting MVDC and LVDC[J]. Journal of Electrical Engineering & Technology，2022，17（3）：1751-1760.

[26] 张颖，邰能灵，徐斌. 高压直流输电系统阀短路保护动作特性分析[J]. 电力系统自动化，2011，35（8）：97-102.

[27] 倪旭明. 双 12 脉动特高压直流输电系统故障动态特性分析[D]. 广州：华南理工大学，2011.

第8章 基于电磁激振的输电线路自适应舞动试验系统

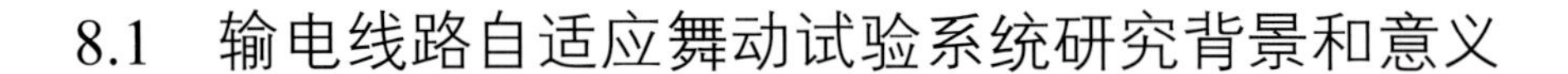

8.1 输电线路自适应舞动试验系统研究背景和意义

输电线路舞动事故给电网系统的正常、安全运行带来了极大的威胁，造成了重大的经济损失和严重的社会影响。目前，我国还没有舞动状态可控的输电线路舞动试验系统，相关输电线路舞动机理的研究尚不成熟，在线路舞动时缺乏科学的风险评估方法和舞动抑制手段。针对输电线路舞动对导线、杆塔、金具等结构部件的损毁，无法开展定量的舞动破坏、疲劳损伤研究。同时，舞动防治装置的验证和舞动抑制装置的研发缺乏试验基础。因此，从理论和实际出发，结合新的试验现象和分析手段，完善和丰富对导线舞动问题的认识和理解，通过试验模拟实际舞动现象，进而提出抑舞措施，有着非常重要的工程实际应用价值。

8.1.1 舞动试验研究现状

目前，国内外在输电线路舞动方面开展了大量的试验，现有的舞动试验主要包括风洞缩尺比例模型试验和真型输电线路舞动试验[1]。

风洞试验是研究风工程问题最常用的办法。风作用在非圆形截面的覆冰导线上，会产生升力、阻力和扭矩，这三个空气动力荷载是研究导线舞动的必要条件[2]。而实际输电线路覆冰的形状对覆冰导线气动特性有着很大的影响。常见的输电线路覆冰形状包括新月形、扇形和 D 形[3, 4]，如图 8-1 所示。

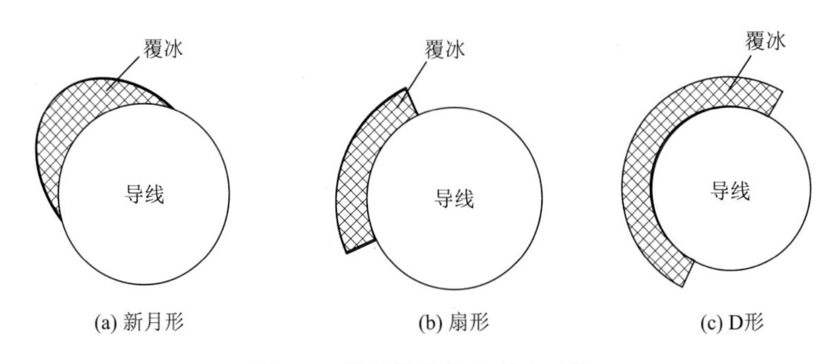

(a) 新月形　　(b) 扇形　　(c) D形

图 8-1　常见输电线路覆冰形状

输电线路风洞试验一方面可以对气动荷载作用下舞动的激发过程、舞动机理、舞动产生的必要条件等进行研究，另一方面可以分析各种覆冰截面下导线的气动力特性，获得气动荷载的空气动力系数，分析风攻角、风速、导线截面等对导线舞动的影响等。

国外，美、加、荷、日、俄等国都采用风洞试验开展了输电线路舞动相关研究[5]。Keutgen 等[6]采用 1 m 的真实导线模型，覆冰模型由硅树脂材料模拟，对覆冰单导线模型的舞动响应进行了风洞试验，试验激发了导线竖向-扭转耦合舞动，并结合覆冰导线节段模型气动力测试结果和有限元数值模拟讨论了基于准定常假定的非线性舞动模型的可靠性。据此，Muhammad 等[7]基于拉索和四分裂覆冰导线节段模型相结合的方式，提出了一种舞动试验模型，该模型可考虑输电线路几何非线性特征，同时可通过调整拉索方环结构的位置来改变扭转自振频率。Price 等[8, 9]通过风洞试验研究了不同湍流度和雷诺（Reynolds）数下光滑和绞股导线背风侧子导线升力和阻力系数随子导线间相对位置的变化规律。Loredo-Souza 等[10]针对双分裂覆冰导线模型开展了风洞试验，分别测试和探究了两根子导线在风荷载作用下的阻力系数曲线和气动力特性相关参数。Dyke 等[11]对高压输电线路 D 形覆冰单导线和带有间隔棒的分裂导线的舞动进行了监测，指出舞动的振幅受到风向方位角的严重影响。Alonso 等[12]应用同样的方法研究了三角形截面体的横向舞动滞后现象，并对此进行了风洞试验，验证了舞动滞后现象与气动力系数曲线拐点数量关系的正确性。

国内方面，华中科技大学李万平等[13, 14]以三分裂导线为研究对象开展了风洞试验，分别探究了新月形和扇形覆冰形状对分裂导线气动力特性的影响。浙江大学王昕[15]对覆冰导线的气弹模型进行了试验，分别对不同冰型下覆冰单导线和分裂导线的气动力特性、舞动响应及舞动产生机理进行了分析。哈尔滨工业大学张博等[16]开展了新月形覆冰导线节段模型的气动弹性试验，采集了不同初始风攻角和风速下覆冰导线在竖向、横向和扭转方向的位移-时程曲线，并分析了各个初始风攻角下覆冰导线位移响应随风速的变化规律。浙江大学吕江[17]和重庆大学王侠[18]针对新月形覆冰四分裂导线进行了气动力试验研究，研究了覆冰厚度对四分裂导线气动力系数的影响，绘制了不同风攻角对应的 Den Hartog 系数曲线及气动力系数曲线，设计了能分别测量分裂导线各子导线气动力荷载的测试装置，针对 D 形覆冰获取了双分裂和六分裂导线不同方向上的气动力大小，研究了分裂子导线的尾流干扰效应。重庆大学蔡萌琦等[19–21]进行了水平风、斜风和湍流下新月形覆冰导线的空气动力特性风洞试验，测试了 14 mm、24 mm 和 33 mm 三种冰厚下单导线、四分裂导线以及覆冰特高压八分裂导线的气动力参数，探究了风速和覆冰厚度对导线气动系数的影响规律。文献[22]～[24]通过开展双分裂和四分裂导线的风洞试验，研究了导线气动力与电磁力变化对覆冰导线舞动的影响。Lu 等[25]通过风洞试验研究了月牙形覆冰和 D 形覆冰导线的气动参数随风速、冰厚、导线类型、束间距和劈裂数的变化特性，根据 Den Hartog 失稳机理和线性舞动模型进行了输电导线失稳分析。研究结果对预测不同天气条件下四束导线的舞动振幅和研究其抗舞动技术具有重要意义。文献[26]和[27]以相似理论为基础，分析了覆冰输电线路结构体系动力特征参数和气动激励下导线动力响应的相似性，提出了相似模型试验的研究方法，开展了覆冰导线舞动随风速变化模拟试验，但模拟试验只考虑了风速的变化，没有针对湍流度等流体本身性质进行考虑和模拟。

综合来说，覆冰输电导线的气动力参数是研究导线舞动的关键因素。现有的风洞试验主要集中在不同风速、覆冰形状、覆冰厚度以及导线分裂数下气动力参数的测量和研究，以及对数值模拟结果的验证，探究不同覆冰形状、风速、风攻角等舞动激发的临界条件，探究单导线或分裂导线气动阻尼特征等。风洞试验的开展对舞动产生的机理研究也有着重要的意义，但受模型缩尺效应及风洞试验平台尺寸限制等因素的影响，现有风洞试验难以模拟实际导线覆冰后受到的非线性气动荷载，从而难以通过试验手段再现真正意义上的导线舞动。除此之外，风洞试验无法还原真实输电线路舞动过程中的振动幅度、频率及动态张拉力等关键特征，也难以用于舞动造成的金具疲劳损伤、杆塔破坏等研究。

在输电线路真型试验方面，自然覆冰状态下真型线路舞动试验是一种研究导线舞动现象的有效手段，有助于直观地理解舞动现象、验证导线舞动计算模型、获取输电线路在舞动作用下的真实响应、测试防舞器的防舞效果等。真型试验能有效弥补风洞试验的不足，但适合舞动发生的气候条件可遇不可求，因此真型试验线路选址往往比较困难。目前，国内外针对真型输电线路建立的舞动试验线路相关信息如表 8-1 所示。

表 8-1　国内外用于舞动研究的试验线路基本信息

试验线路名称	线路长度/m	结构形式	分裂数	测量参数
加拿大魁北克省电力研究院户外试验线	1275	同塔双回，三档六相	单分裂、四分裂	10 min 平均风、视频监测、振动幅值测量
日本 Taikaishi-yama 试验线路	230	单回，两塔两相	四分裂、八分裂	覆冰、风、导线张力、视频监测
日本 Tsuruga 试验线路	694	两档三相	四、六、八分裂	风、舞动轨迹、导线张力
日本 Mogami 试验线路	700	单回，四塔三档两相	六分裂	风、舞动幅值、导线张力
输电线路舞动防治技术实验室（河南）	3715	紧凑型塔，十塔九档	单、双、四、六、八分裂	10 min 平均风、高速风、覆冰、倾角、导线张力、加速度监测、单目舞动测量、视频监测

国外方面，仅日本和加拿大等少数国家建有自己的舞动试验线路。20 世纪 70 年代，日本在 Tsuruga 建立了两档真型试验线路，用于长期观测分裂导线的舞动情况，获取了舞动发生时导线上典型位置处的位移-时程曲线[28, 29]。国内方面，2010 年 10 月，国家电网有限公司在河南郑州附近的尖山地区建成了一座输电线路真型试验研究基地，该基地试验段线路全长 3715 m，共 3 个耐张段，10 基杆塔，档距为 157～657 m。华北电力大学任永辉等[30-32]在该条试验线路上开展了真型线路试验，通过在八分裂试验线路上安装模拟冰，首次实现了特高压输电线路在自然风激励下的人工起舞，识别了舞动相关参数，并验证了新型防舞措施相-地间隔棒抑制舞动的有效性和适用性。文献[33]～[39]针对河南真型试验线路试验基地的六分裂线路段进行了不同覆冰、风速等条件下的舞动数值模拟研究，通过与试验基地现场观测结果进行对比和分析，验证了数值仿真模型的可靠性。在此基础上，对双摆防舞器进行了数值建模，并设计了一种新型的分裂导线减震防舞器。

综合来说，真型输电线路舞动试验能完全还原真实的舞动现象，获取舞动过程中导线典型位置的振动响应，验证导线舞动计算模型，测试防舞器防舞效果，开展舞动破坏性研究等。但由于舞动产生的两大关键因素（风和冰）都是不可控的，真型线路舞动试验开展的气候环境条件要求比较严苛。虽然可以通过在导线上安装人工模拟冰来激发导线舞动，但试验依旧依赖自然风，因而试验效率往往较低[36]。并且由于风速、风向的随机性，即使激发了真型线路舞动，线路振动的状态、幅度等也无法进行控制。

现有试验多是通过人工或自然风引起导线舞动，目前也有部分高校通过在导线端部安装激励装置的舞动试验机来进行导线舞动的模拟。试验机通过电机带动导线端部振动，从而对导线系统进行机械激振，再现舞动现象。华北电力大学高林涛[40]设计了一种基于输电线路端部位移激振器的舞动模拟试验系统，采用压电传感器和张力传感器对舞动过程中位移激励装置的输出特性、导线张力与加速度随时间的变化进行了实时监测。发现当激振频率和导线面外弓形摆振的固有频率一致时，输电导线会发生面外弓形摆振的共振现象，面外弓形摆振的固有频率随着导线弧垂的减小而增大。上海电缆研究所刘斌等[41]依据架空导线发生舞动时呈现椭圆形运动轨迹的特点，设计了一种舞动试验机，通过连接两个曲柄连杆机构的元件使输电导线水平与垂直的两个运动轨迹合成，从而模拟导线的椭圆运动轨迹。浙江大学杨伦[42]研制开发了一种由平行四连杆机构、动力装置、变频装置和机架四部分组成的导线舞动试验模拟加载装置，通过半径调节装置改变每周期电机激励的位移大小，从而实现导线振动幅度的改变。其中，变频器和减速机共同实现导线舞动装置的频率调节。最后依据该舞动试验加载装置分析了舞动幅度、频率变化对杆塔应力的影响。

目前，这种依赖外界位移激振的舞动试验机大多采用电机进行位移激振，只能局限在小模型试验线路上。若将其应用于真型试验线路，则可能出现导线承受过大拉力而断裂。并且实际线路舞动属于自激振动，但现有的舞动试验机一般提供连续的拉力直接带动导线端部做椭圆运动，虽然能使导线振动的幅度和周期可控，但本质上导线振动属于受迫振动，因而无法模拟舞动初期导线系统积聚能量、振动幅度越来越大的激发过程。

8.1.2　自适应舞动试验系统研究意义

综上所述，目前国内外学者针对各种覆冰截面下导线的气动力特性、风攻角、风速、导线截面等对导线舞动的影响分析、导线舞动的数值模拟、防舞装置的设计和验证、舞动试验的模拟及舞动特性的分析等方面均开展了大量的研究工作。但目前的研究仍存在不足之处，主要体现在：

（1）舞动是一类典型的自激振动，而影响输电线路舞动的自然环境因素具有很强的随机性。输电线路覆冰形状具有多变性，在覆冰导线的气动力分析中无法模拟真实覆冰形状，因此无法确定真实覆冰导线的气动力特性。实际线路舞动时风速和风向也存在随机性，但目前关于覆冰导线舞动的数值模拟多在平均风速场中完成，忽略了脉动风速的影响，导致舞动响应数值分析与实际存在出入。因此，舞动数值模拟的应用仍存在较多限制，舞动试验仍是研究舞动失效机理不可替代的重要手段。

（2）舞动试验方面，受风洞实验室尺寸限制和模型缩尺效应等因素的影响，风洞试验难以模拟导线覆冰后受到的非线性气动荷载，从而难以再现真正意义上的输电导线舞动[16]。风洞试验无法还原真实输电线路舞动过程中的振动幅度、频率及动态张拉力等关键特征，也无法用于舞动造成的金具疲劳损伤、杆塔破坏等研究，适用性有限。

（3）对于输电线路舞动真型试验，由于引起线路舞动的冰、风两大关键因素的不可控性，模拟试验受自然条件的限制较大，试验效率往往不高。虽然目前可采用人工模拟并安装于导线上，但实际环境中的风存在随机性，导致试验系统无法获得可控、持续的导线舞动状态。因此，有必要探究新型的真型输电线路舞动试验方法，克服试验对自然风的依赖，实现舞动状态和时间的可控性。

（4）现有的舞动试验机依赖电机进行位移激振，虽然能使导线振动的幅度和周期可控，但本质上导线振动属于受迫振动，只能局限在小模型试验线路上，且难以模拟实际输电线路舞动激发过程。目前，未见有将此种机械激振应用于真型输电线路舞动模拟研究的相关报道，后续可在现有舞动试验机的基础上，结合导线自身的几何非线性，提出自适应激振模拟方法，模拟实际导线舞动激发和维持过程，将能大大提高舞动试验机的应用前景和研究价值。

（5）输电杆塔、绝缘子串、间隔棒、导线连接金具等在线路运行中起到了不可或缺的作用，目前关于舞动过程中导线系统结构部件受力变形、疲劳损伤等方面的细致研究较为少见。针对现有的防舞措施，难以经过真型舞动试验的验证，所以往往难以发挥最大的效能。而实现长时间、幅度可控的舞动特征模拟是舞动破坏定量研究及防舞器效能验证的基础。线路一旦发生舞动，目前尚未有科学的抑制手段，舞动抑制装置的研发缺乏试验基础。因此，建立可控的真型输电线路舞动试验系统对于输电线路及其部件的舞动失效机理研究、防舞器研究及抑舞装置的研发等具有重要意义。

总体来说，实际线路舞动影响因素多，舞动情况复杂，导致输电线路舞动的覆冰和风两大关键因素存在很强的随机性，无法采用准确的数学表达，因此覆冰导线在脉动风场中受到的非线性气动荷载难以进行计算和量化，这也导致现有的线路舞动机理多种多样，但目前还没有一种被人们广泛接受的舞动机理。输电线路舞动的破坏主要表现在其幅度大、持续时间长，但依赖自然风起舞的真型线路舞动试验系统效率低下，同时也难以实现舞动幅度和时间的可控，无法用于导线舞动下杆塔、螺栓、间隔棒等金具的舞动失效机理研究。基于电机激励的舞动试验机虽然能摆脱舞动试验对自然风的依赖，并使导线舞动振幅、频率可调，但现有的舞动试验机只能应用于小模型试验线路，且无法模拟实际舞动激发过程。因此，设计新型的舞动试验激振装置，简单、高效地模拟实际输电线路舞动相关特征仍有待研究。

根据国内外研究现状，针对目前输电线路舞动试验方面研究存在的不足，本章根据输电线路系统的相关特点，基于 Den.Hartog 垂直舞动机理提出采用注入能量持续可控的电磁力自适应激振方式，建立了起舞条件、舞动幅度及持续时间可控的输电线路舞动试验系统构建方法。该试验系统不再依赖自然风，跳过舞动非线性气动荷载模拟这一复杂过程，直接通过电磁激振使静止的导线起舞。考虑导线系统的几何非线性，提出了自适应的端部激振方法，周期性地向导线系统注入正向的能量。设计了适用于真型试验线路的电磁激振装置及其供电系统，通过可控的电磁力实现对线路舞动状态的控制，模拟实际舞动激发过程，再现舞动时导线的相关振动特性以及动张力。建立了自适应电磁激振舞动的机电一体化耦合仿真模型，包含电磁机构出力模型、自适应电路控制、导线/绝缘子串结构动力学模型，采用四阶 R-K 法和纽马克 β 法相结合的方式进行计算，提高了计算效率。依据相似理论设计了缩比模型导线系统，制作了相应的电磁激振装置，开发了导线舞动自适应激振控制、振动状态监测相关的试验系统，通过试验验证了自适应激振方法的有效性和可行性。

舞动自适应激振方法的关键在于通过导线振动状态的监测，自适应确定每次激振的时间间隔，确保激振装置每周期向导线系统输入正向的能量，模拟实际线路舞动激发过程。同时可通过电参量控制来改变激振作用力的大小和时间，从而实现舞动幅度和时间的可控。自适应舞动试验系统可用于试验分析塔型结构、螺栓、绝缘子串、导线、金具在线路舞动时的承受力，开展疲劳损伤分析，评价相间间隔棒、防舞器等的防舞效果等，同时也为研究快速抑制线路舞动的技术及装置提供依据，以此为基础可开展一系列具有理论价值和实际工程意义的研究。

8.2　舞动自适应激振方法研究

8.2.1　舞动试验系统介绍

输电导线由于覆冰而使其圆截面呈非对称截面，当水平方向的风速为 U 的风吹到覆冰导线上时，会产生升力 F_L、阻力 F_D 和扭矩 F_M。

$$\left[F_L\ F_D\ F_M\right]^{\mathrm{T}} = \frac{1}{2}\rho U^2 D\left[C_L(\alpha)\ C_D(\alpha)\ DC_M(\alpha)\right]^{\mathrm{T}} \tag{8-1}$$

式中：ρ——气流密度；D——导线直径；C_L、C_D、C_M——升力系数、阻力系数及扭矩系数，这些系数与覆冰导线截面形状和风攻角 α 有关。

将覆冰导线视为一个同时具有竖向、横向和扭转振动的三自由度系统，则在风激励下可列出其竖向（Y 向）、横向（Z 向）振动及扭转振动的运动方程[43, 44]：

$$\begin{aligned} & m\ddot{y} + \left[2m\zeta_Y\omega_Y + \frac{1}{2}\rho U^2 D\left(\frac{\partial C_L}{\partial\theta} + C_D\right)\right]\dot{y} + k_Y y \\ & = -m_i r\cos\theta_0\ddot{\theta} - \frac{1}{2}\rho u^2 DC_Y\frac{1}{U}\frac{\mathrm{d}z}{\mathrm{d}t} + \frac{1}{2}\rho U^2 DC_Y\frac{\partial C_Y}{\partial\theta} \end{aligned} \tag{8-2}$$

$$\begin{aligned} & m\ddot{z} + \left(2m\zeta_Z\omega_Z + \frac{1}{2}\rho U^2 DC_D\frac{1}{U}\right)\dot{z} + k_z z \\ & = -m_i r\sin\theta_0\ddot{\theta} + \frac{1}{2}\rho U^2 D\frac{\partial C_D}{\partial\theta}\theta \end{aligned} \tag{8-3}$$

$$J\ddot{\theta}+\left(2J\zeta_{\theta}\omega_{\theta}+\frac{1}{2}\rho U^{2}D^{2}\frac{\partial C_{M}R}{\partial\theta U}\right)\dot{\theta}+\left(k_{\theta}-\frac{1}{2}\rho U^{2}D^{2}\frac{\partial C_{M}}{\partial\theta}-m_{i}rg\sin\theta_{0}\right)\theta$$
$$=-m_{i}r\cos\theta_{0}\ddot{y}-m_{i}r\sin\theta_{0}\ddot{z}-\frac{1}{2}\rho U^{2}D^{2}C_{M}\frac{1}{U}\dot{z} \tag{8-4}$$

式中：m——单位长度导线质量；m_i——覆冰质量；θ——导线扭转角；θ_0——初始凝冰角；J——单位长度导线等效转动惯量；ζ_Y、ζ_Z、ζ_θ——导线竖向、横向、扭转的阻尼比；ω_Y、ω_Z、ω_θ——导线竖向、横向、扭转方向的振动频率；k_y、k_z、k_θ——导线竖向、横向、扭转方向的刚度；C_L、C_D、C_M——导线升力系数、阻力系数、扭矩系数；r——导线半径；C_Y——竖向风荷载系数；R——特征半径，此处可取导线半径 r。

当方程（8-2）左端的阻尼项小于 0 时，有

$$2m\zeta_{Y}\omega_{Y}+\frac{1}{2}\rho U^{2}D\left(\frac{\partial C_{L}}{\partial\theta}+C_{D}\right)<0 \tag{8-5}$$

出现“负阻尼”，系统将会产生垂直自激振动。本质上当覆冰截面的气动升力负斜率幅值大于气动阻力时，导线竖向运动将失稳而引发舞动。这种舞动称为垂直激发舞动，也称 Den.Hartog 舞动[45]。Den.Hartog 舞动的激发模式是一种不需要扭转振动参与的无扭转模型。

与之相似，当方程（8-4）左端的阻尼项小于 0 时，有

$$2J\zeta_{\theta}\omega_{\theta}+\frac{1}{2}\rho U^{2}D^{2}\frac{\partial C_{M}}{\partial\theta}\frac{R}{U}<0 \tag{8-6}$$

将会产生扭转自激振动，系统失稳。但是，扭振并不是舞动，只有当它通过耦合而激发大幅度垂直方向振动时才是 Nigol 扭转舞动[46, 47]。

舞动本质上属于驰振，因此振动的频率与导线系统本身的固有频率相近。无论是 Den.Hartog 舞动还是 Nigol 扭转舞动，最终都出现了垂直方向上的失稳，从而导致导线振动幅度不断增大，而水平方向振幅为受迫振动，幅度较小，舞动轨迹一般是椭圆。因此，本书提出的舞动激振系统依据 Den.Hartog 舞动激发机理，在竖直平面内对导线进行机械激振，通过周期性地向系统注入正向的能量来模拟实际舞动中从风汲取的能量积累过程，示意图如图 8-2 所示。

所设计的舞动激振系统通过时变可控出力的电磁激励装置，对导线端部施加激励，使导线起舞。输电线路舞动激振试验系统包括：传感器、电磁出力装置、信号传输线、数据采集系统、牵引线、计算机、控制器、开关组、支撑部件等。通过可控的脉冲电磁引力或斥力，周期性地对导线注入冲击性的机械能，使原来处于静止的导线产生运动，随着注入机械能量的不断增加，当大于系统阻尼消耗的能量时，导线的运动幅度不断加剧，系统总动能和势能就会越来越大，最终由于阻尼形成稳定的振动模式。通过对电磁力的幅值、作用时间的控制来改变线路的舞动幅度、形态和舞动时间等。

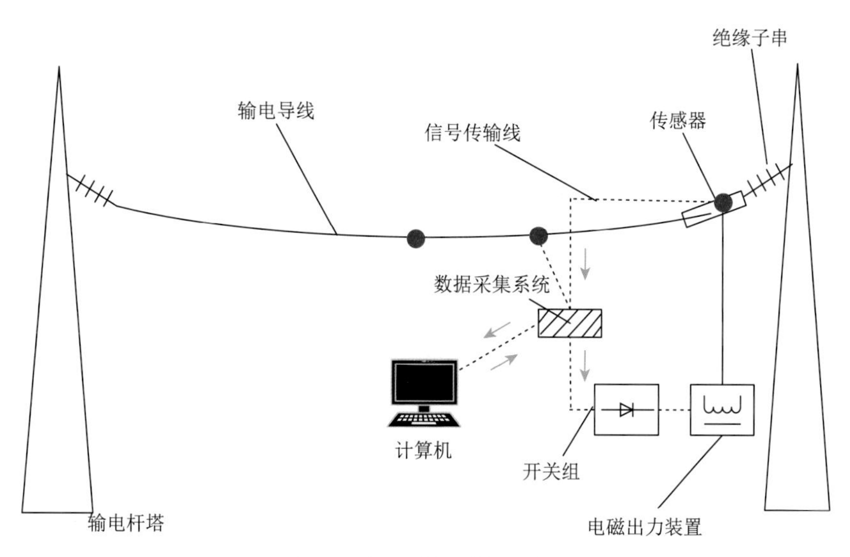

图 8-2 舞动激振系统示意图

在输电线路舞动激振过程中，导线系统能量变化过程如下：

$$\Delta E_{\mathrm{k}} + \Delta E_{\mathrm{p}} + \int \sigma \mathrm{d}\varepsilon + Q_{\mathrm{d}} = W \tag{8-7}$$

式中：ΔE_{k} 和 ΔE_{p}——系统的动能和重力势能变化量；$\int \sigma \mathrm{d}\varepsilon$——系统应变能变化量；$Q_{\mathrm{d}}$——系统阻尼耗散的能量；$W$——外力做功，即电磁激振力对线路结构体系所做的总功。

从能量变化过程来看，本试验系统通过竖直平面内的机械激振模拟导线竖向运动失稳的过程，导线在电磁激振力的作用下不断形成行波向导线另一端传递能量。只要电磁激振力在每周期内都向系统注入正向的能量，随着时间的持续，系统总动能和势能就会越来越大，最终由于阻尼形成稳定的舞动过程。从能量的角度来看，两者的舞动激发过程是相同的，导线系统动能和势能的变化本质上就是舞动现象的直接反映。

因此，本书所提出的舞动试验系统将能模拟 Den.Hartog 舞动的激发和维持过程。不同于现有的舞动试验机直接带动导线做循环振动，本书所提出的导线舞动试验系统有能量积累的过程，可以更好地模拟实际线路舞动激发过程，不至于使导线瞬间承受过大的张拉力，导致导线断裂、杆塔受损的现象。同时试验系统采用了可控电磁激振的方式，每周期激振的能量完全可控，因此，当外界环境荷载变化对导线振动幅度产生影响时，可通过增大或减小电磁激振力的方式及时进行调整，保持导线振动状态的稳定。因此，试验系统对天气因素的随机性有一定的抗干扰能力。

8.2.2 自适应激振方法

以某实际 300 m 档距线路为例，探究线路舞动自适应激振方法。通过释放欧拉梁单元弯曲自由度模拟输电导线，绝缘子串采用桁架单元模拟。所用导线型号为 LGJ-630/55，四分裂，导线弹性模量为 65 000 N/mm^2，拉断力为 164.4 kN，单根分裂导线截面积为

696.22 mm^2，单位长度单根分裂导线质量为 2206 kg/km。耐张塔绝缘子串型号为 XWP-400 悬式瓷绝缘子，串长 6 m。建模时将多分裂导线等效为单根计算，导线共划分为 200 个单元。采用悬链线公式对导线进行建模，采用瑞利阻尼来描述覆冰导线的阻尼。

经自重下的导线找形之后，对有限元模型进行模态分析，并将面内的模态分析结果与理论公式计算结果相对比，验证有限元模型的正确性。前四阶的模态分析结果如表 8-2 所示。理论公式如下所示：

$$F_{vn} = \frac{n}{2L}\sqrt{\frac{T}{q}} \tag{8-8}$$

表 8-2　输电导线面内模态分析结果

半波数	振型	固有频率/Hz	
		理论计算	仿真值
1		0.1983	0.1979
2		0.3967	0.3954
3		0.5950	0.5926
4		0.7933	0.7891

由表 8-2 可知，通过有限元模态分析、理论公式模态分析两种方法得到的固有频率值一致，说明有限元模型建立的正确性。

对导线端部节点施加竖直向下的集中力荷载，大小为 5 kN，作用时间 0.1 s，采用自适应步长进行仿真，计算结果如图 8-3 所示。

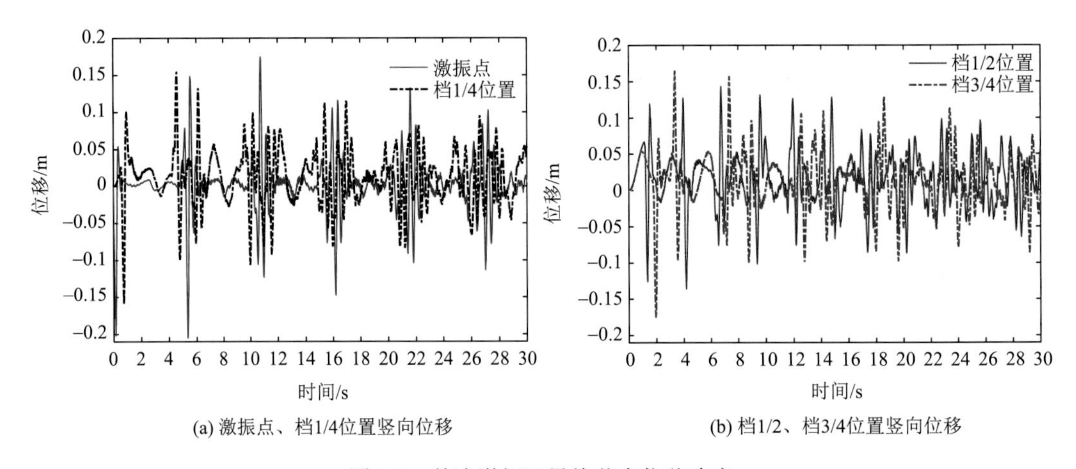

(a) 激振点、档1/4位置竖向位移　(b) 档1/2、档3/4位置竖向位移

图 8-3　单次激振下导线节点位移响应

由图 8-3 可知，随着端部激励的加载，激振点向下急速运动，位移从 0 m 不断增大至 0.2 m，振荡之后恢复平稳。激振波向导线另一端传递，导致导线上其他各点也出现了相似的振动特性。经 1.25 s 后档 1/2 位置开始振荡，经约 2.5 s 后激振波传递到导线另一端部，对应二阶固有频率。之后激振波反射回激振侧，导线上各点又依次开始振荡。激振波传递周期约为 5 s，与导线一阶固有频率相对应。

考虑到实际舞动振动的频率与导线系统本身的固有频率相近，利用激振波互相叠加的特性，设置每次端部激振的间隔时间约为 2.5 s，这样导线上总会存在两个反向的半波，半波交汇以增大导线振动的幅度。仿真中每次激振的集中力仍为 5 kN，作用时间 0.1 s，位移和频谱分析结果如图 8-4 所示。

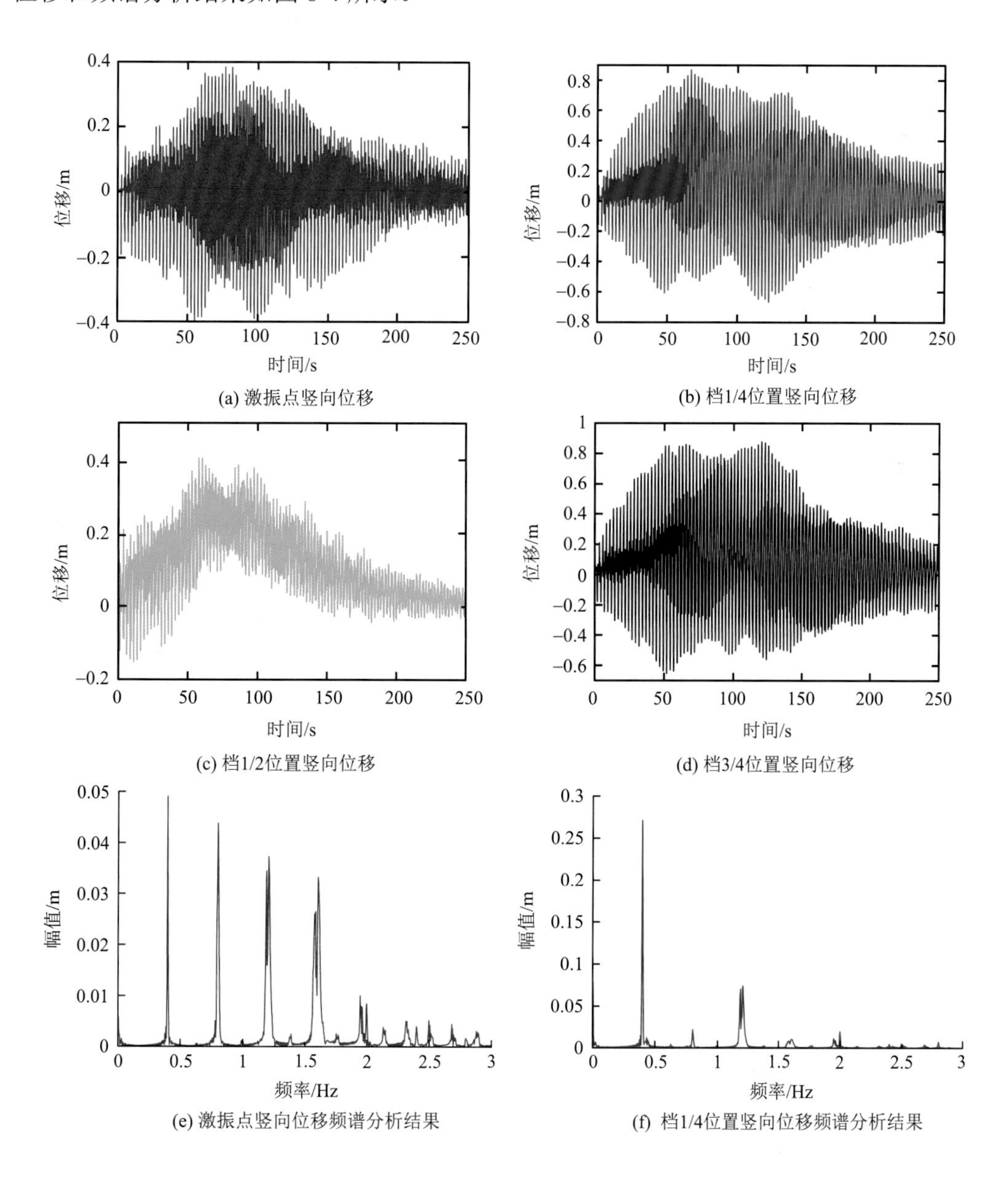

(a) 激振点竖向位移

(b) 档1/4位置竖向位移

(c) 档1/2位置竖向位移

(d) 档3/4位置竖向位移

(e) 激振点竖向位移频谱分析结果

(f) 档1/4位置竖向位移频谱分析结果

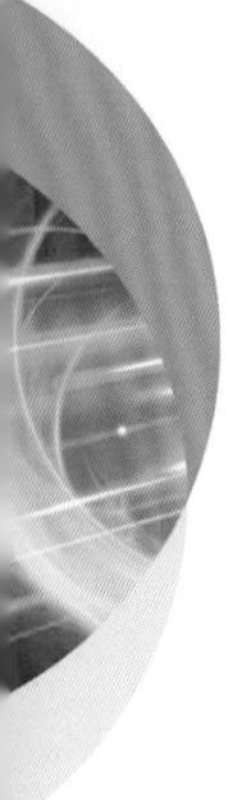

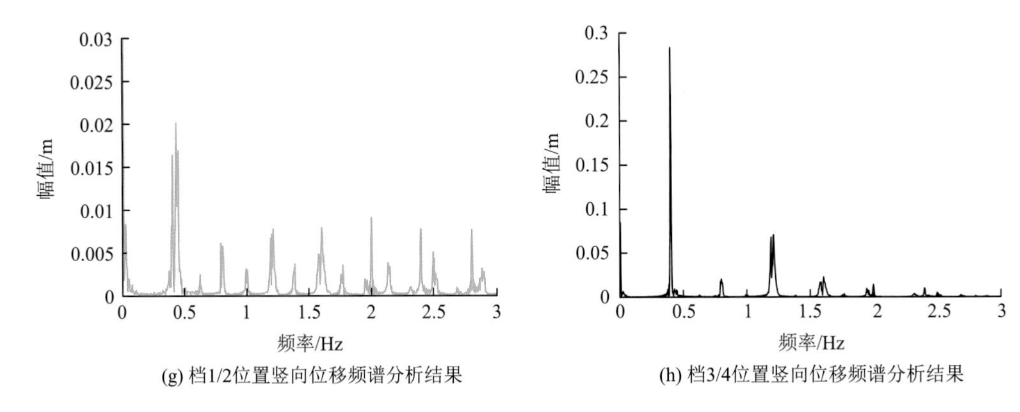

(g) 档1/2位置竖向位移频谱分析结果　　(h) 档3/4位置竖向位移频谱分析结果

图 8-4　固定时间间隔激振有限元仿真结果

由图 8-4 可知，采用此种激励方式，在前 50 s 导线上档 1/4 和 3/4 位置垂直方向上振动幅值不断增大，与实际线路舞动的激发过程相似；50～140 s 振动幅度稳定在 1.4 m 左右，各点频谱图峰值都与二阶固有频率对应，其他阶次的频谱分量较小，档 1/4 和 3/4 位置振动幅度最大，档 1/2 位置振动幅度最小，仅 0.2 m。选取稳定舞动阶段 100～120 s 内各点位移-时间曲线放大图，如图 8-5 所示，各点振动频率约等于系统二阶固有频率，线路整体振动形态呈现双半波，很好地实现了 Den.Hartog 双半波舞动特征的还原。

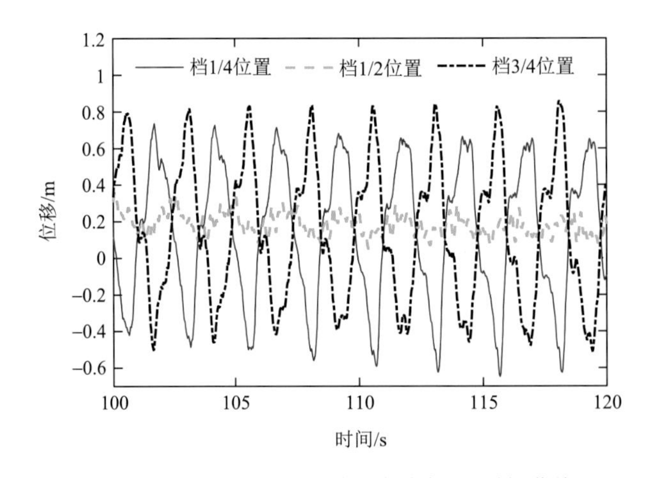

图 8-5　100～120 s 内导线上各点位移-时间曲线

140 s 后，导线上各典型点振动幅度持续减小。档 1/4 和档 3/4 位置振动幅度由 1.4 m 减小至约 0.6 m，激振点处振动幅度减小至仅 0.2 m，档 1/2 位置振动幅度减小至不足 0.1 m。可见此种激励方式难以维持导线舞动状态。这主要是因为输电导线系统是大变形结构体系，具有很强的几何非线性特征，导致随着导线形态的改变，其固有频率也会随之改变，激振波传递到另一侧的时间也会改变，因此采用固定时间间隔激振既不能最高效率地快速激发导线舞动，也难以一直维持导线舞动的幅度。

综上，采用对应导线系统二阶固有频率的方式对导线端部进行固定时间间隔的激振，能模拟实际导线舞动激发过程和稳定振动阶段，导线档 1/2 振动幅度最小，而档 1/4 和档 3/4 振动幅度最大，各点振动频谱峰值与二阶固有频率相近，振动形态为双半波，很好地实现了 Den.Hartog 双半波舞动特征的还原，但此种激振方式难以长期维持导线的振动状态。

分析可知，当导线上存在两个反向的激振波时，想要增大振动幅度模拟实际线路起振，关键因素在于要精准捕捉到激振波从另一侧反射回来到达激振点的时刻，此间隔时间随导线幅度、状态变化而变化，之后电磁牵引装置需要在激振点向下运动的过程中施加同向激振力，才能向系统注入正向能量增大振幅。简而言之，通过对导线振动相关参数，如位移、加速度或应力数据进行监测，捕捉到激振波返回激振点的时间，在激振点从最高点向下运动的时间段施加激振力，才能向系统注入正向能量，使导线振动幅度增大。由固定时间激励下的导线系统动力有限元仿真结果可知，位移-时间曲线相对加速度和应力曲线来说变化更平滑，且在稳定阶段其变化周期与系统二阶固有频率对应，因此采用位移或加速度数据对激振间隔时间进行判断相对简单。

给出激振力作用时间的判断依据如下：第一个激振力的作用时间为 0 时刻，第二个激振力的起始作用时间约为 2.5 s（对应二阶固有频率），从第三次激振开始，由于每次激振间隔时间接近 2.5 s，设置时间参数 α 来帮助控制系统精确找到激振波从另一侧反射回来到达激振点的时刻，通过激振点位移和速度参数 β 和 γ 来判断激振点处于向下运动的过程中，且处于电磁装置出力作用范围之内：

$$\Delta t > \alpha \ \& \ \beta_1 < \delta < \beta_2 \ \& \ v < \gamma \tag{8-9}$$

取 $\alpha = 2.42$，$\beta_1 = 0.04$，$\beta_2 = 0.1$，$\gamma = -0.04$，采用上述判断条件开展输电线路有限元动态仿真计算，当监测到需要施加的激振力时，即在导线端部激振点处施加一个向下的集中力，大小仍为 5 kN，每次激振作用时间为 0.1 s。由于双半波舞动幅值最大出现在档 1/4 和档 3/4 位置，给出档 1/4 位置的位移-时间曲线和频谱分析结果，如图 8-6 所示。

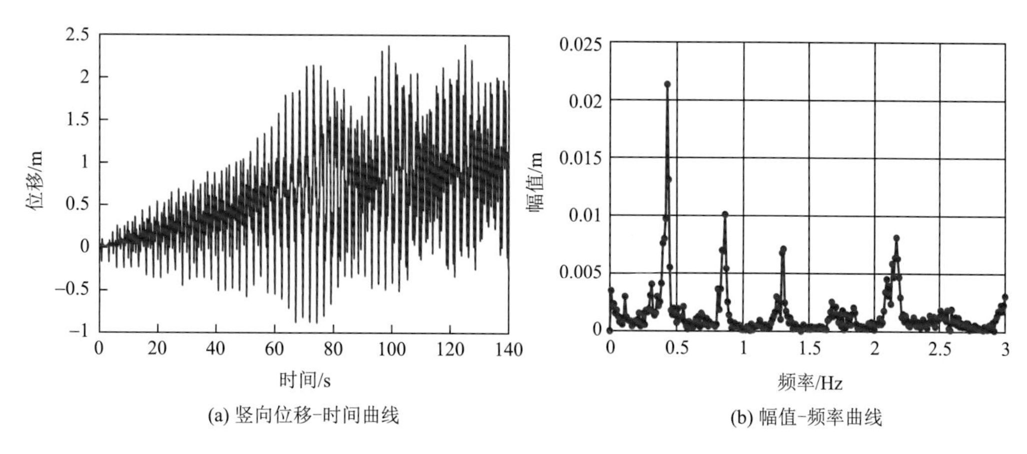

(a) 竖向位移-时间曲线　　(b) 幅值-频率曲线

图 8-6　自适应激振下档 1/4 位置仿真结果

由图 8-6 可知，按照此种激振方式，确实能快速有效地增大导线振动幅度。0～70 s 内导线振动幅值快速增大，70 s 左右幅值到达峰值，测点 2 与测点 4 在–0.83～2.14 m 内振动，振动幅值达到了 2.97 m，远大于上述固定时间间隔激振下导线的振动幅值。70 s 后，振动幅值不断出现减小、增大的重复过程，幅值在 2～2.97 m 内波动。频谱图峰值约 0.4 Hz，与二阶固有频率相对应。综合来看，此种自适应激振方式能有效模拟实际线路起舞和舞动维持现象。

8.2.3 激振方法验证

2010 年河南省电力公司河南电力科学研究院在河南新密市尖山建立了我国首个真型试验线路综合试验基地，舞动及其防治技术是该试验线路的主要研究内容之一。线路全长 3715 m，共 3 个耐张段，10 基杆塔，档距在 157～657 m。其中，3#～4#杆塔之间为紧凑型六分裂试验线路段，安装了 D 形人工覆冰模型用以舞动试验研究，现场采用单目测量技术测得了该档导线典型点的舞动轨迹，同时记录了靠近杆塔连接处的导线张力时程。本节以河南省舞动试验线路为研究对象，采用上述自适应激振方法对该试验线路进行激振，将动态仿真结果与实测随机风下导线舞动现场记录数据进行对比，分析导线振动过程中的幅度、频率、张拉力等相关特征的变化情况，验证所提舞动激振方法的有效性。

参照实际线路参数建立 3#～4#杆塔之间导线和绝缘子串的有限元模型。采用等效圆截面来模拟覆冰导线的真实截面，并假设覆冰沿导线均匀分布。D 形覆冰导线等效力学参数如表 8-3 所示。

表 8-3　D 形覆冰导线等效力学参数

直径 d/mm	密度 ρ/(kg/m^3)	弹性模量 E/MPa	切变模量 G/MPa
46.52	1 116.2	15 510	1 877

文献[34]采用数值方法对该档六分裂导线进行了模态分析，该档导线的一阶和二阶固有频率分别为 0.163 Hz 和 0.332 Hz。依据本书作者的仿真结果，该档六分裂导线的静态张力实测值为 106 kN，本节数值模拟得到的导线静态张力为 107.54 kN，相对误差仅 1.45%，与实测值接近，认为所建立的该档线路有限元模型能较好地模拟实际线路。

1. 实测随机风下的舞动现场记录

试验现场记录了导线上一些典型点的位移-时程曲线以及靠近 3#塔连接处的导线张力时程。试验中部分监测点在导线上的位置示意图如图 8-7 所示。

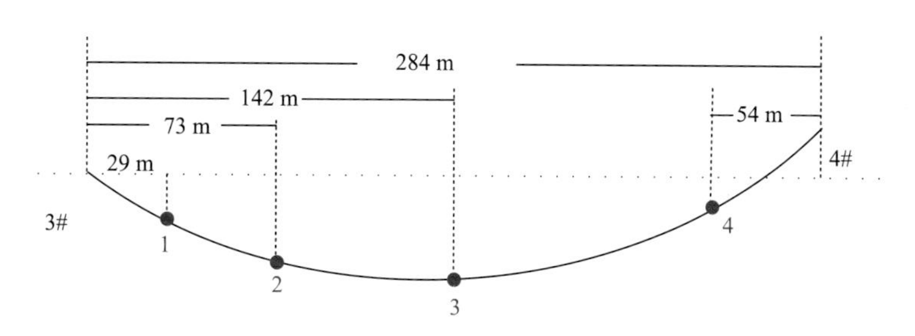

图 8-7　部分监测点位置示意图

选取试验导线舞动状态相对稳定的某时间段，各监测点的现场位移记录和频谱分析结果如图 8-8 所示。

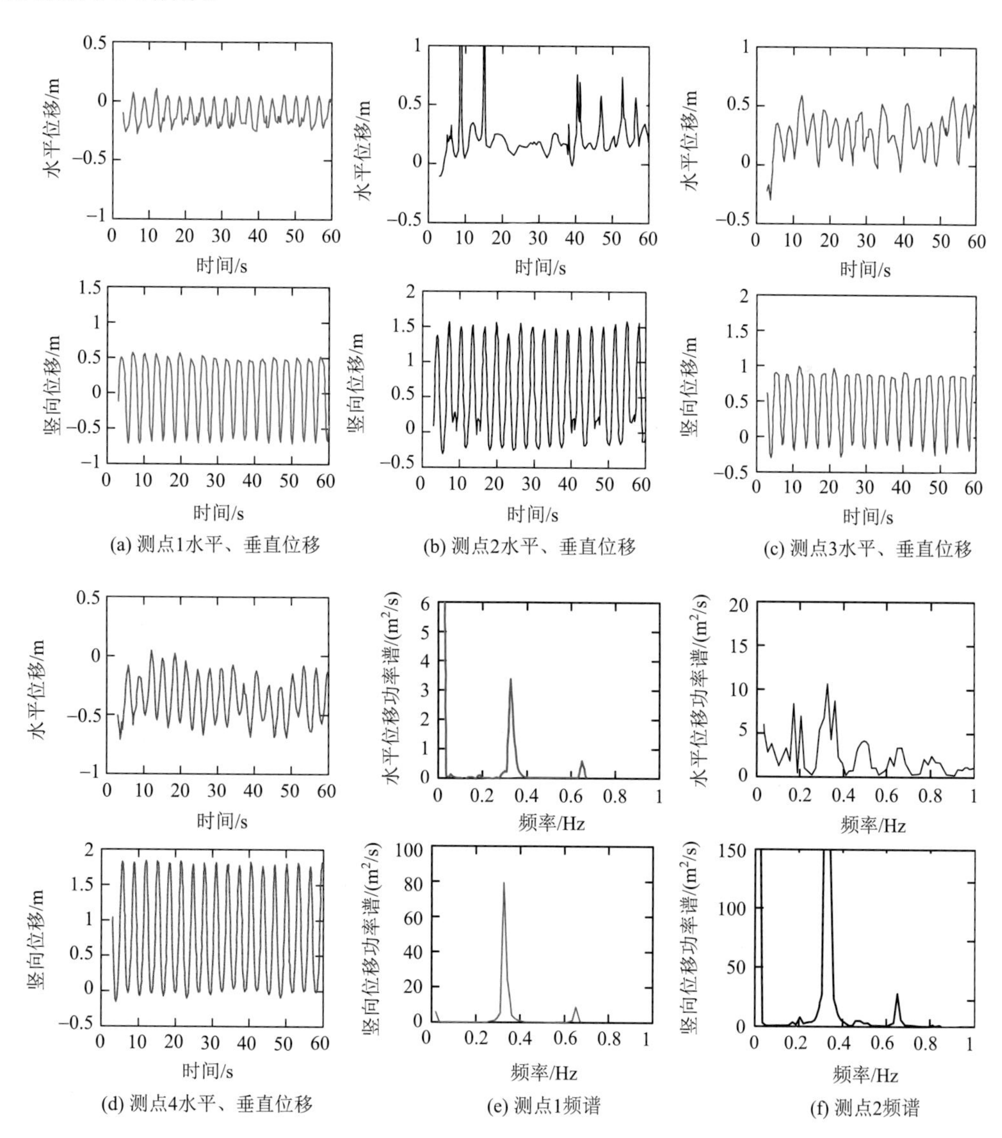

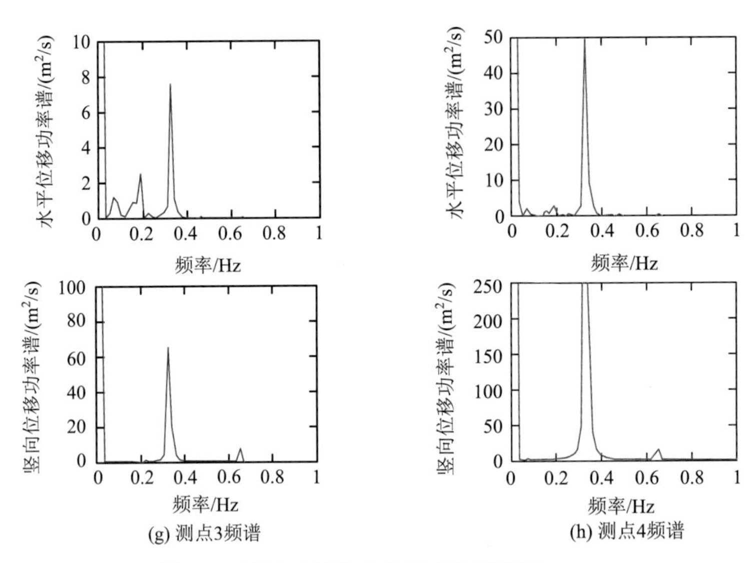

(g) 测点3频谱

(h) 测点4频谱

图 8-8　试验时导线上各测点位移记录

分析各测点实测位移-时程曲线可知，测点 1 垂直振幅为 1.3～1.5 m，水平振幅约为 0.43 m；测点 2 和测点 4 振幅较大，垂直振幅最大达到了 1.6～1.8 m，水平振幅稳定在约 0.4 m；测点 3 现场记录的水平振幅约为 0.5 m，垂直振幅稳定在约 1.1 m。总体来说，靠近档 1/4 位置导线振动幅值较大，靠近档 1/2 位置垂直位移较小。由于水平方向为受迫振动，各点水平振动幅度都很小，稳定在 0.4～0.5 m。从频谱分析结果来看，各测点竖直振动在 0.333 Hz 附近有峰值，该频率接近于导线垂直双半波模态的固有频率。而各测点水平振动都对应于竖直方向的振动频率，集中在 0.333 Hz 附近。此外，各测点垂直位移频谱图在 0.65 Hz 频率附近均有一个小的峰值，说明振动中包含四半波模态成分。综上，本次试验中导线舞动属于竖直方向失稳引发的 Den.Hartog 舞动，主要表现为双半波模式，同时振动中包含四半波模态成分。振动中在档 1/2 位置形成了驻点，因此靠近档 1/2 位置的测点 3 的振动幅度明显小于其他测点的振动幅度。

2. 自适应端部激励下的振动响应

采用 8.2.2 小节提出的自适应端部激励方法，对该六分裂导线进行端部的激振，与实际舞动的监测结果进行对比。激振点选择靠近 3#杆塔的导线端部位置，以档 1/4 位置导线振动幅值作为线路舞动幅值的控制参数，参考各监测点的垂直位移实测记录数据，期望模拟得到的导线舞动振幅稳定在(1.6±0.2)m。设置电磁力为 6 kN，每次激振作用时间 0.1 s，当档 1/4 位置导线振动幅值超过 1.8 m 时，停止激振力的施加，舞动幅值随即减小，当档 1/4 位置导线振动幅值小于 1.4 m 时，依据激振点位移和速度等参数判断激振施加条件对导线进行激振使振动幅值增大直至再次超过 1.8 m，重复此过程以维持导线的舞动。

设置 $\alpha = 2.82$，$\beta_1 = 0.01$，$\beta_2 = 0.1$，$\gamma = -0.5$，仿真时长设为 400 s，采用此激振策略下导线各测点位移-时程曲线和频谱分析结果如图 8-9 所示。

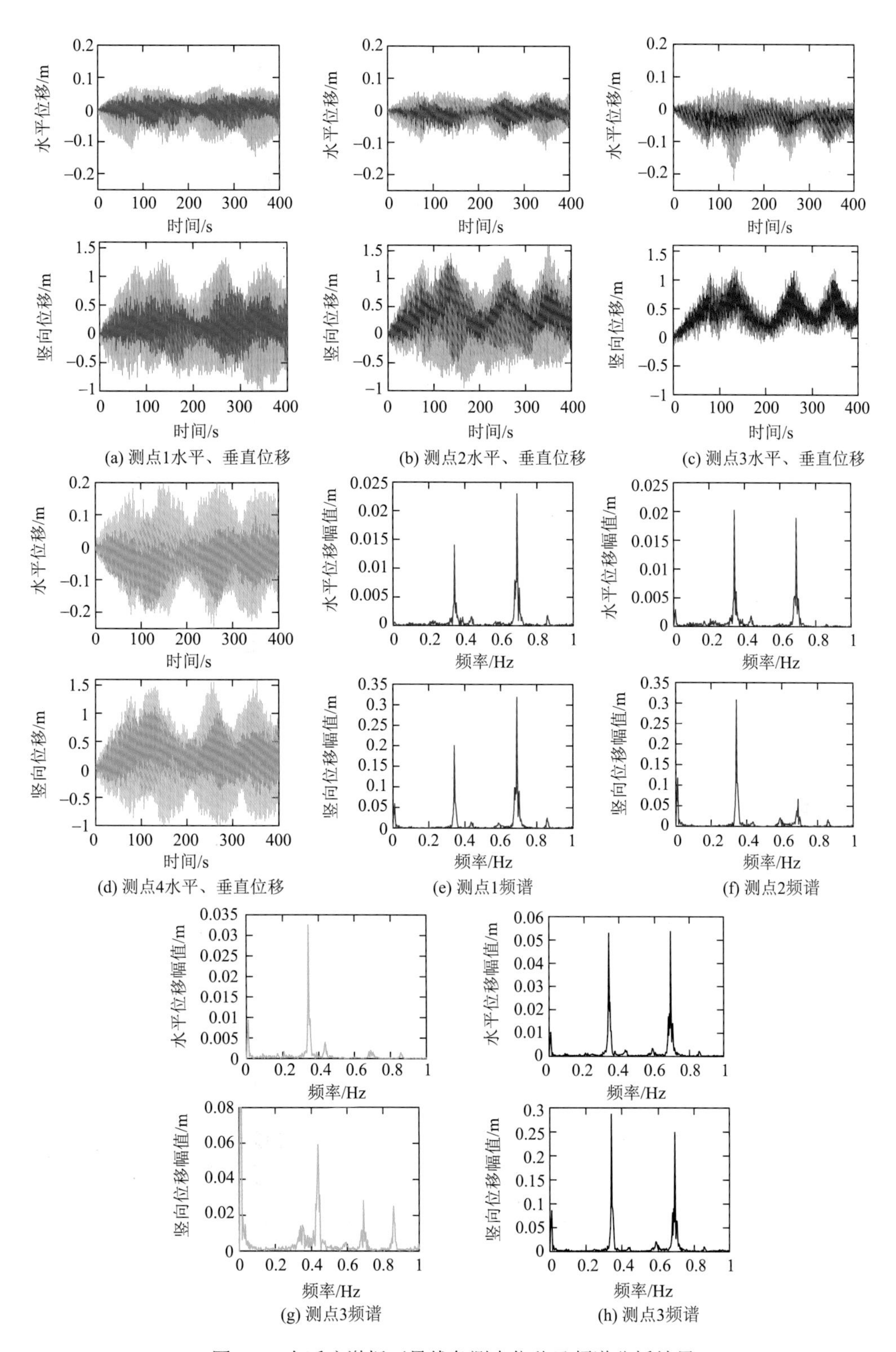

(a) 测点1水平、垂直位移　(b) 测点2水平、垂直位移　(c) 测点3水平、垂直位移

(d) 测点4水平、垂直位移　(e) 测点1频谱　(f) 测点2频谱

(g) 测点3频谱　(h) 测点3频谱

图 8-9　自适应激振下导线各测点位移及频谱分析结果

从各测点位移-时程曲线上看，前 70 s 起振阶段，各测点竖直方向位移不断增大直至约 1.8 m。70～400 s 舞动维持阶段，测点 1、2、4 振幅基本在 1.4～1.8 m 波动，测点 3，即导线中点竖直方向上振幅较小，维持在 0.4～0.9 m，符合双半波垂直舞动的特征，在档 1/2 位置附近形成驻点，导致其竖向位移小于导线上其他测点位移。各测点水平方向上的振幅基本不超过 0.4 m，其中测点 1～3 水平振幅维持在约 0.15 m，测点 4 水平振幅维持在 0.3～0.4 m。从各测点位移频谱上看，竖向和水平位移频谱均在 0.34 Hz 和 0.68 Hz 处有两个峰值，其中测点 1 主峰值为 0.68 Hz，其余测点主峰值均接近导线垂直双半波模态的固有频率。说明自适应激振下的舞动主要表现为双半波模式，同时包含有四半波模态成分。综合来看，基于端部自适应激振的方式能有效模拟实际舞动激发过程，并维持舞动幅度使其与真型线路实际舞动记录结果近似。同时舞动频率及模式与现场记录基本一致，符合实际线路垂直方向失稳引发的双半波舞动的相关特征。

对于该档试验线路，静止导线的拉力实测值为 106 kN，定义舞动过程中导线的动态张拉力与静态张拉力之比为动拉力系数，实测的动拉力系数与自适应激振下拉力系数随时间变化曲线对比如图 8-10 所示。

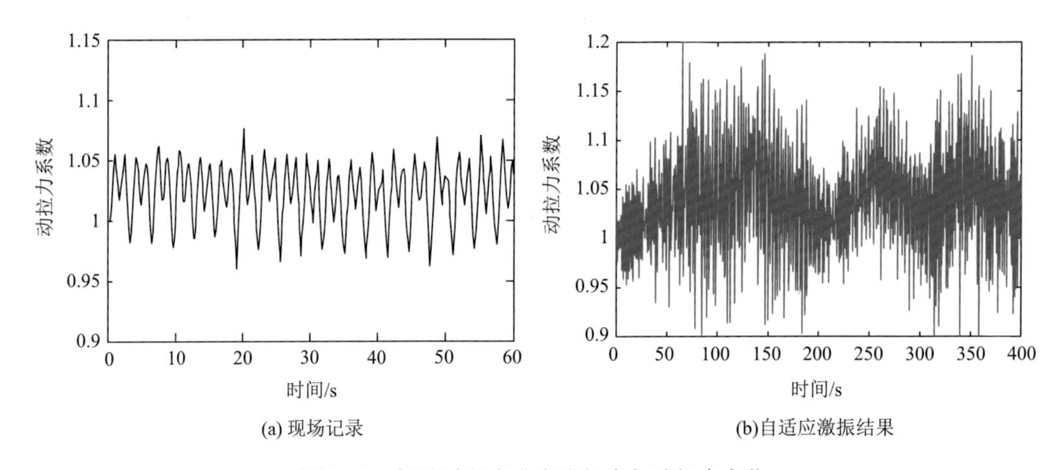

(a) 现场记录　　(b)自适应激振结果

图 8-10　舞动过程中动态张拉力与动拉力变化

由图 8-10 可知，现场记录的导线舞动动态张拉力系数变化范围在 0.97～1.02，动态张拉力变化范围为 103～108 kN。基于端部自适应激振的导线舞动张拉力系数变化范围在 0.95～1.15，动态张拉力变化范围为 102～124 kN。自适应激振下导线舞动数值模拟得到的张力幅值变化略大于现场记录值，这主要是由于现场记录的时段较短，记录数据较少，舞动幅值在该时间段内几乎无变化，同时采样频率相对更小，而自适应激振下动力仿真总共 400 s，期间舞动幅值变化稍大，导致对应的动态张拉力变化范围也较大。

从位移-时程曲线分析结果来看，自适应激振下导线垂直方向上舞动幅值与实际现场记录结果基本相同，实际现场记录时段 60 s，最大振动幅度稳定在 1.6～1.8 m，自适应激振下仿真时长 400 s，包含了导线起舞阶段和维持阶段，最大舞动幅度在 1.4～1.8 m

波动；两种工况下导线水平振动幅度都较小；从频谱分析结果来看，两者频谱分析结果都表现为主峰值接近导线垂直双半波模态的固有频率，同时包含四半波模态成分；从导线动态张拉力随时间的变化来看，两者的动拉力系数变化范围基本相同。说明本节提出的输电线路自适应激振方法能有效还原实际线路双半波垂直舞动的幅值、频率、舞动模式及动态张拉力等关键特征，可以进一步用于舞动及其防治技术的研究。

8.3　大功率电磁牵引装置及其供电系统

依据上述分析，要模拟实际输电导线舞动激发过程及控制舞动幅度，导线端部施加的激振力的幅值和间隔时间必须可控，保证每周期向导线系统注入正向能量。以河南尖山真型试验线路为例，若要维持导线振动幅度在 1～2 m，激振需提供均值 5～10 kN 的脉冲激振力，单次激振下带动导线激振点位移应在 20 cm 及以上，激振间隔时间需依据导线激振点的加速度、位移、速度等信号自适应确定。

基于电流的作用时间和大小易于控制，本节以河南尖山真型试验线路为研究对象，设计了基于引力原理的螺管式电磁铁用作输电线路的电磁激振装置。探究了机构相关参数对电磁出力及导线振动响应的影响，设计了供电回路。建立了自适应电磁激振舞动的机电一体化耦合仿真模型，包含电磁机构出力模型、电路控制、导线/绝缘子串结构动力学模型，并提出了四阶 R-K 法和纽马克 β 法相结合的求解算法，对连续自适应激振下导线振动响应进行了分析。

8.3.1　电磁牵引装置设计

电磁铁磁性的有无可以用通、断电流控制，磁性的大小可以用电流的强弱或线圈的匝数来控制，因而适合作为输电线路舞动试验系统激振装置。针对线路舞动的相关特征，所设计的电磁铁需要具备长行程、大出力的特性。常见的电磁铁结构包含吸盘式、表面式、螺管式电磁铁等。吸盘式、表面式电磁铁仅在衔铁位于铁芯表面附近时才产生较大的电磁，行程较短，且会对导线激振点振动造成限制，因此螺管式电磁铁更适宜用作输电导线系统的舞动激振装置。其中衔铁在线圈中做上下运动，从而周期性地向导线系统输入正向的能量以模拟实际导线激振的过程。

基于螺管式电磁铁的输电线路舞动试验系统设计图如图 8-11 所示。

电磁线圈由直流电源供电，衔铁通过绝缘拉杆与导线端部紧密连接。在导线起振之后，每周期导线振动信号传输至采集卡，经程序处理后，由控制模块依据自适应激振间隔判据判断是否应当使电磁线圈通电。当控制模块经由数字 I/O 设备输出信号使开关导通后，电磁线圈通电并产生磁场，衔铁立即受到向下的电磁引力作用，从而带动导线端部快速运动，周期性地向导线系统注入正向能量。

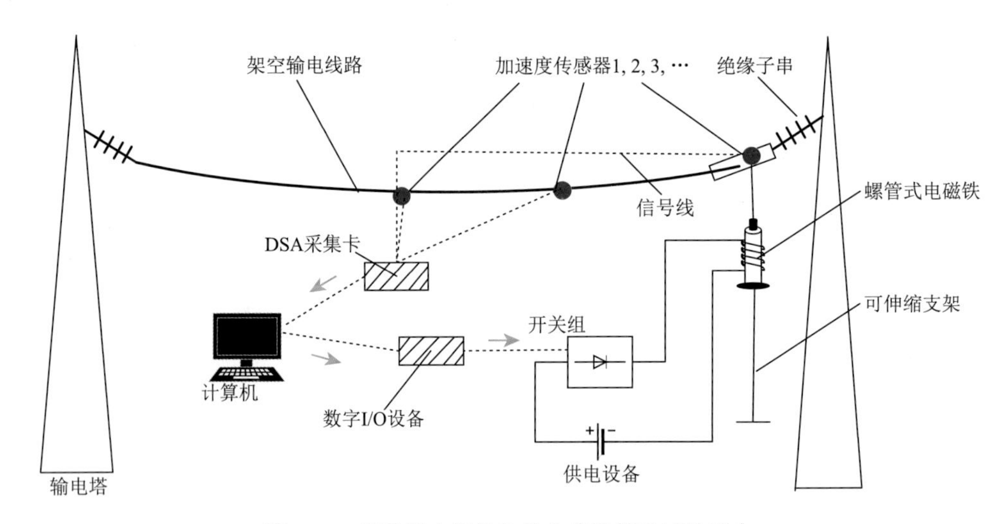

图 8-11　基于引力机构的输电线路舞动试验平台

在线圈电流恒定的情况下，电磁铁的出力大小只与衔铁位移直接相关。因此，已知电流大小的情况下，电磁铁对激振点的激振力大小与激振点位移一一对应。在电磁铁相关参数设计中，只需要探究不同参数下电磁铁出力随位移的变化关系即可，而无须考虑导线系统振动对电磁铁出力特性的影响。对于不带外壳的螺管式电磁铁，其设计参数包括衔铁轴向长度 h、半径 w_1、线圈内径 r_1、径向厚度 w_2 和轴向长度 l。与斥力机构类似，衔铁外壁与线圈内壁间隙距离越小，相同参数下衔铁所受电磁力越大，机构能量利用率越高，但考虑到绝缘要求，保证线圈内壁和衔铁外壁的间隙距离为 1 cm。考虑现有 IGBT（insulated gate bipolar transistor）切断电流的能力，设计过程中线圈电流最大不超过 2 kA。衔铁的材料选用常见的国产软磁材料电工纯铁 DT4C，其饱和磁感应强度较大，一般在 1.8 T 以上，磁滞效应较小，且容易被磁化，剩磁较低且容易消除，常用于电磁铁铁芯的制作[48, 49]。

建立螺管式电磁铁二维轴对称静磁场有限元分析模型，考虑电磁铁出力随位移的变化关系及衔铁质量对导线振动特性的影响对电磁铁相关参数进行优化设计，具体设计过程省略，最终设计螺管式电磁铁相关参数如表 8-4 所示。

表 8-4　螺管式电磁铁相关参数制定

项目	参数	项目	参数
线圈材料	铜	衔铁材料	电工纯铁 DT4C
线圈内径 r_1/mm	83	线圈匝数	10×80
线圈外径 r_2/mm	183	衔铁径向厚度 w_1/mm	73
线圈轴向厚度 h_2/mm	800	衔铁轴向厚度 h_1/mm	600
线圈导体部分直径/mm	5	线圈绝缘部分厚度/mm	2.5

本试验系统可通过线圈电流的变化来改变电磁铁出力大小，从而控制导线的振动幅度，为探究线圈电流对激振点向下位移过程中电磁铁出力的影响，分别设置线圈电流为

0.25 kA、0.5 kA、1 kA 和 2 kA，对不同电流下电磁出力特性进行仿真计算，仿真结果如图 8-12 所示。

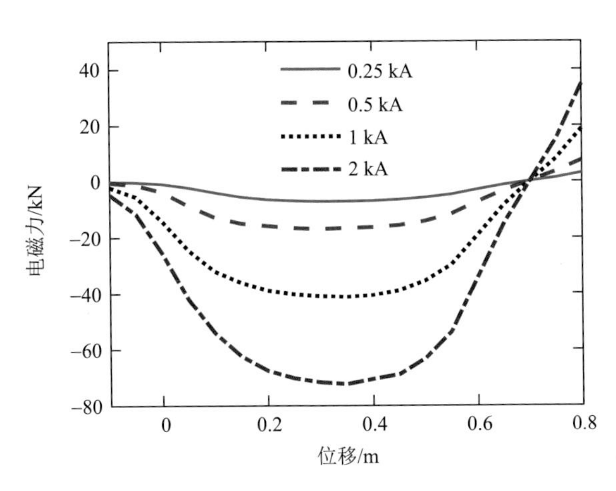

图 8-12 线圈电流对电磁力影响分析

依据仿真结果，统计不同线圈电流下对应电磁力曲线峰值及有效作用范围等，如表 8-5 所示。以电磁力超过 1 kN 来定义电磁铁有效作用范围。

表 8-5 不同线圈电流下电磁铁出力汇总

仿真结果	线圈电流			
	0.25 kA	0.5 kA	1 kA	2 kA
电磁力峰值/kN	−7.13	−16.98	−41.2	−72.37
峰值出现位置/m	0.35	0.35	0.35	0.35
有效作用范围/m	0.65	0.7	0.8	0.8

8.3.2 供电系统设计

将电磁铁线圈等效为一个电阻和电感串联的结构，若以电压为 U 的直流电压源为线圈供电，则该回路存在以下电压平衡方程：

$$U = R_c i + \frac{d\psi}{dt} = R_c i + L_c \frac{di}{dt} + i\frac{dL_c}{dt} \tag{8-10}$$

式中：R_c——线圈等效电阻；L_c——线圈等效电感。

式（8-10）中最后一项可转化为

$$i\frac{dL_c}{dt} = i\frac{dL_c}{d\delta}\cdot\frac{d\delta}{dt} = iv\frac{dL_c}{d\delta} \tag{8-11}$$

式中：v 和 δ——衔铁运动速度和位移，与激振点一致。

故式（8-10）可转化为

$$U = Ri + L_{\mathrm{c}}\frac{\mathrm{d}i}{\mathrm{d}t} + iv\frac{\mathrm{d}L_{\mathrm{c}}}{\mathrm{d}\delta} \tag{8-12}$$

由式（8-12）可知，线圈电流 i 的变化与线圈电感 L_{c}、电感梯度 $\frac{\mathrm{d}L_{\mathrm{c}}}{\mathrm{d}\delta}$ 及衔铁的速度 v 有关。

经计算，所设计的电磁线圈电阻计算结果为 0.59 Ω，线圈电感在电磁力有效作用范围内变化范围为 40～117 mH。即使考虑极端情况，取衔铁位移为 0，此时不同线圈电流下的线圈电感最小，约 40 mH，也需要经过至少 200 ms 的时间才能使线圈电流基本到达恒定值。但由导线系统结构动力仿真结果可知，电磁力作用时间过长会阻碍导线自由振动，引入谐波，因此需要线圈电流快速上升和切断。同时使线圈电流快速上升至恒定值也能提高系统的作用效率，防止因感应涡流带来的电磁斥力削弱了向下的电磁引力。综上，需要设计电磁线圈的供电回路，使电流快速上升和切断。

所设计的电磁线圈供电回路示意图如图 8-13 所示。

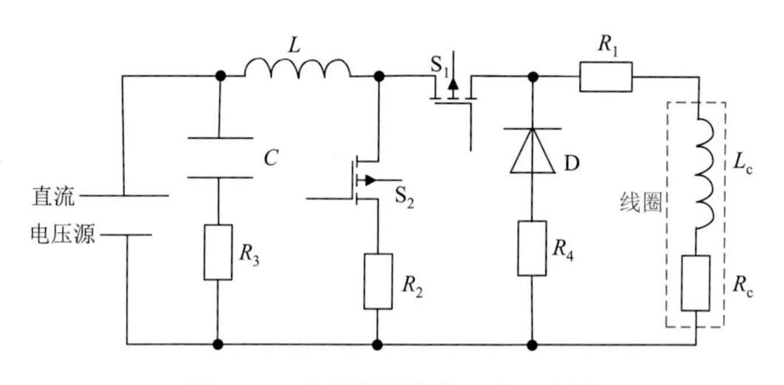

图 8-13　电磁线圈供电回路示意图

因为本试验系统所需电流为周期性的脉冲直流，所以采用稳压电容 C 来使输出电压始终保持恒定。而电源启动后电流由 0 上升至额定值所需时间过长，在线圈支路串联电阻 R_1，减小线圈电流上升的时间常数，但同时要相应升高电源输出电压 U，提高了电源输出功率。考虑到长时间工作时，随着每周期开关的通断，直流电源需多次经历电流的突变，可能会损坏电源，因此采用开关 S_1 和 S_2 切换支路，同时在主回路串联大电感 L 来控制电源电流稳定在额定值附近，也能帮助线圈电流更快地上升至峰值。R_2 的电阻值与电磁线圈电阻相近，使电源不会经历电流突变过程。电磁线圈为储能元件，当突然切断线圈电流时，开关 S_1 会产生较大的过电压，可能损坏开关器件，因此采用续流二极管 D 和大电阻 R_4，当开关 S_1 断开时，线圈电流经续流二极管 D 完全释放于大电阻 R_4 上，既能快速实现线圈电流降至 0，也能避免开关 S_1 承受较大过电压而损坏。

以线圈工作电流 0.5 kA 为例，由于线圈电阻为 0.59 Ω，电压源可选用输出电压 1 kV，额定功率在 500 kW 左右的直流电压源。S_1 和 S_2 应选用能通过 0.5 kA 电流的可控开关，如 IGBT 或 MOSFET 等电力电子开关。R_1 和 R_2 可分别选用 1.41 Ω 和 2 Ω 的电阻。为使

S_1断开时线圈电流快速下降，R_4阻值应较大，可选用 50 Ω 的电阻，稳压电容 C 为 100 mF，电阻 R_3 阻值为 10 Ω，主回路电感可选用 1 H。

初始时断开 S_1，闭合 S_2，主回路电流快速上升至额定值，当监测系统监测到线圈需要通电时，闭合开关 S_1，断开 S_2，当线圈需要断电时，闭合开关 S_2，断开 S_1。

当线圈需要通电时，考虑到线圈为电感元件，通电后电流上升需要一定的时间，若开关 S_1 和 S_2 同时切换，主回路电流可能瞬间下降至较小值，影响电源寿命，因此每当线圈需要通电时，闭合开关 S_1 约 4 ms 后再断开 S_2。当需要切断线圈电流时，两开关开断时间可能存在一定差异（微秒级），为避免出现两开关都处于断开状态的“死区”，设置每周期两开关动作时有 0.5 ms 的时间间隔，即当监测系统监测到线圈需要通电时，闭合开关 S_1，4 ms 之后再断开 S_2；当线圈需要断电时，闭合开关 S_2，0.5 ms 之后再断开 S_1，这样可保证每个时刻都有一条支路处于工作状态。

在 Simulink 中搭建电磁线圈供电回路仿真模型。依据输电导线二阶固有频率，本试验系统激振间隔时间在 3 s 左右，因而仿真总时长设置为 5.5 s，仿真时间步长设为 10^{-7} s，共包含两次完整的电磁铁工作过程，每次线圈电流通电时间为 0.1 s，分别在 2 s 和 5 s 时刻开始开关切换动作，使电磁铁产生出力带动导线振动，仿真结果如图 8-14 所示。

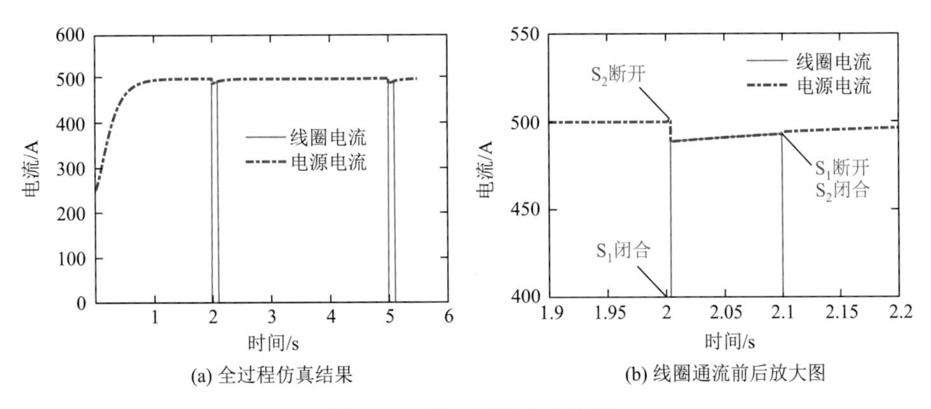

图 8-14　供电回路仿真结果

由图 8-14 可分析仿真过程中开关切换及相应的电流变化过程。初始时断开 S_1，闭合 S_2，电源电流经过约 0.9 s 上升至额定值。在 2 s 时刻，由于 S_1 闭合，线圈电流快速上升，电源电流相应增大至 505 A，4 ms 后由于 S_1 断开，电源电流瞬间下降至约 485 A，之后随线圈电流的增大而逐渐增大至 500 A。线圈通电 0.1 s 后，开关 S_2 闭合，S_1 断开，电阻所在的支路开始工作，因而电源电流继续保持在 500 A 左右，而线圈电流则通过续流二极管和大电阻 R_4 快速释放。之后保持此状态直至下一次开关切换。

综上，采用图 8-13 所示的供电回路为线圈供电时，线圈电流可在通电后 4～5 ms 上升至约 490 A，在断电后经过 3 ms 下降至 50 A 以内，满足了系统要求的线圈电流快速上升和切断的需求。同时电源电流始终保持在 485～505 A，防止了电流突变对电源造成的损伤。因此，认为所设计的供电回路能满足系统设计要求。

8.3.3 舞动试验系统一体化仿真计算

依据供电回路仿真结果，线圈电流上升和切断时间均在 5 ms 内，相比于作用时间 100 ms 占比很小，同时由于主回路大电感 L 的存在，衔铁运动速度 v 对线圈电流的影响较小，线圈电流基本保持恒定。因此，为简化电磁力计算，本节假定线圈通电过程中电流始终为额定值，没有上升和下降过程。在线圈电流恒定的情况下，衔铁运动过程中电磁吸力的变化只与衔铁位移相关。因此，本节依据静磁场有限元仿真结果，在电磁力有效作用范围内（0～0.7 m），将不同线圈电流下电磁力 F_Z 与衔铁的位置 δ 进行多项式拟合，获取电磁力的简化表达式，为后续输电线路动力响应计算提供依据。

线圈电流分别取 0.25 kA 和 0.5 kA，采用 MATLAB 曲线拟合工具箱，电磁力与位移的多项式拟合结果如表 8-6 所示。

表 8-6　电磁力与位移的多项式拟合结果

电流/kA	电磁力与位移拟合多项式	决定系数 R	均方差
0.25	$F_Z = -8.057\delta^3 + 65.83\delta^2 - 40.76\delta - 0.6936$	0.9932	0.232
0.5	$F_Z = -20.2\delta^3 + 146.2\delta^2 - 85.53\delta - 4.616$	0.9857	0.765

线圈通流后，衔铁在磁场电磁力作用下带动导线振动。激振过程中导线系统外荷载为电磁引力 $\boldsymbol{F}_Z$ 和导线系统自重 $\boldsymbol{G}$。考虑衔铁自重对导线振动过程中的影响，采用质量等效的方式，在建立导线有限元模型时将衔铁的质量均分到与激振点相连的两导线单元上，修改这两个导线单元的密度属性使其总质量为电枢质量与自身导线单元质量之和。将各节点自重荷载按节点编号顺序组集成列向量 $\boldsymbol{G}$，同时将电磁力 F_z 按节点编号扩展，称为列向量 $\boldsymbol{F}_Z$，可得到激振过程中导线系统动力平衡方程：

$$M\boldsymbol{a} + C\boldsymbol{v} + K\boldsymbol{\delta} = \boldsymbol{F}_Z + \boldsymbol{G} \tag{8-13}$$

将式（8-13）改写为微分形式，则待求微分方程组为

$$\begin{cases} \dot{\boldsymbol{v}} = M^{-1}(\boldsymbol{F}_Z + \boldsymbol{G} - C\boldsymbol{v} - K\boldsymbol{\delta}) \\ \dot{\boldsymbol{\delta}} = \boldsymbol{v} \end{cases} \tag{8-14}$$

式中：电磁引力 $\boldsymbol{F}_Z$ 的计算按表 8-6 拟合表达式进行计算。

令待求列向量为

$$\boldsymbol{Y} = [\boldsymbol{v}\ \boldsymbol{\delta}]^{\mathrm{T}} \tag{8-15}$$

若采用四阶 R-K 法依次循环进行时间积分，则可计算得到每个时间步导线系统各节点的速度和位移等参数。

依据输电线路舞动自适应激振方法，在连续激振下，当激振点位移、速度等满足激振条件时，线圈供电回路图 8-12 中的开关 S_1 闭合，S_2 断开，直流电压源为线圈供电，衔铁在电磁力作用下带动导线端部振动向系统注入正向能量。到达线圈电流切断时间后，电磁

力反向，开关 S_1 和 S_2 状态切换，线圈电流被快速切断，此时导线系统仅受重力作用，导线的振动不受外界干扰。直至下一次开关切换，电磁铁工作。由于放电时间间隔与输电导线系统二阶固有周期相近，在连续激振过程中，导线大部分时间处于自由振动的阶段。

四阶 R-K 法属于显式时间积分算法，该算法无须迭代，适用于求解冲击等高频问题。但其要求步长必须取得很小，计算成本昂贵，耗时较长。因此，对于电磁线圈通流的时间段，电磁力随时间和衔铁位移快速变化，采用显式算法计算较为合理。但线圈电流被切断后，导线系统外荷载只存在重力，外荷载恒定不变，导线系统自由振动，因此在此时段可采用纽马克 β 法进行计算。纽马克 β 法属于隐式时间积分算法，每一时间步都需要 N-R 法迭代，但步长不受限制。依据两种时间积分算法的优劣势，将两种算法结合起来完成电磁铁连续激振下导线振动响应仿真分析，将极大地提高仿真效率，减少计算耗时，具体仿真流程图如图 8-15 所示。

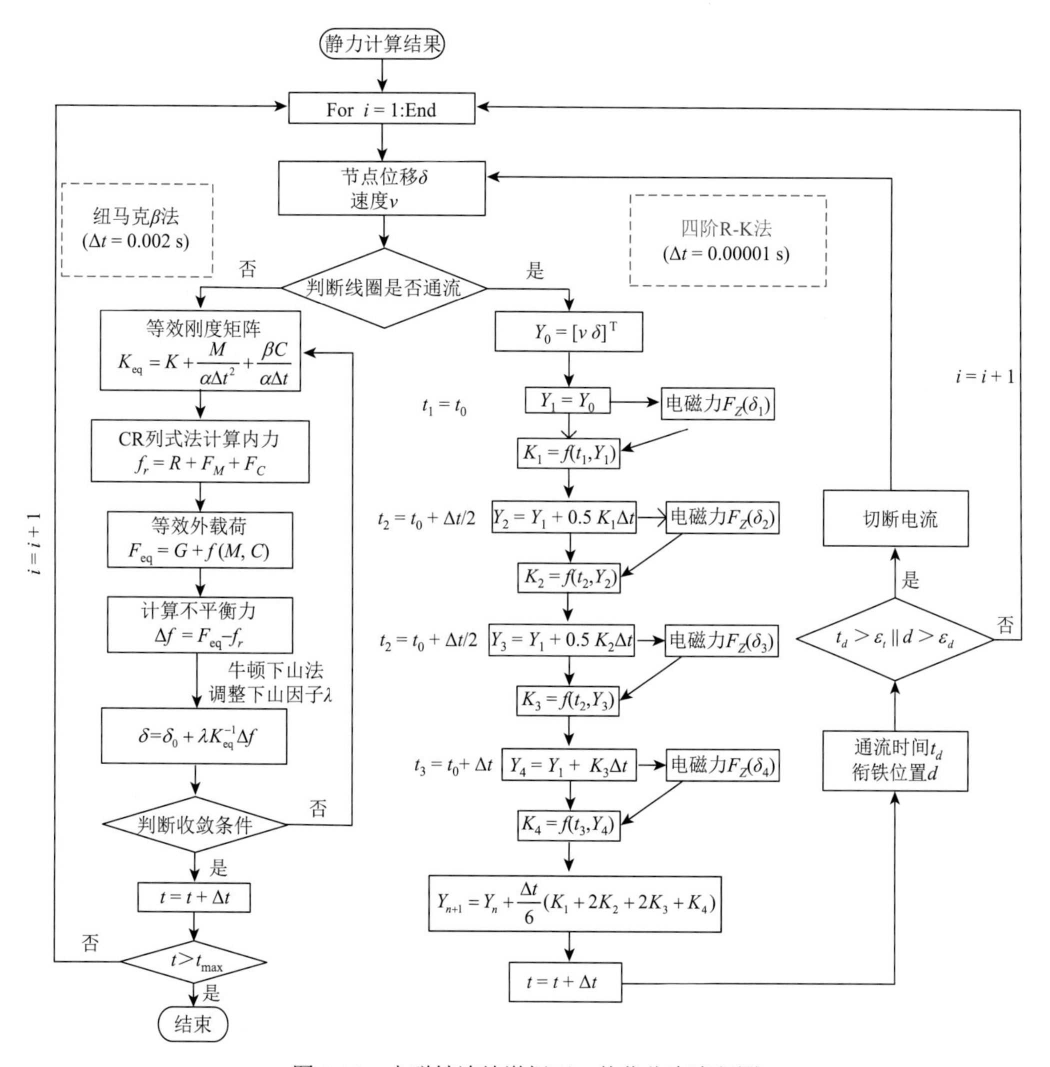

图 8-15　电磁铁连续激振下一体化仿真流程图

基于上述控制过程和仿真算法，当线圈通流、电磁铁正常工作时，采用四阶 R-K 法进行求解计算，此时计算时间步长需设置较小值 10^{-5} s；当判断线圈电流被切断时，转为导线系统自由振动阶段，系统外荷载只有重力荷载 G，设置大时间步长，采用纽马克 β 法求解，采用牛顿下山法改善纽马克 β 法每一时间步迭代计算难以收敛的问题，直至下一次线圈通流。图 8-15 中 ε_t 和 ε_d 分别为通流时间和衔铁位移相关的判据，即当通流时间超过 ε_t 或衔铁位移超过 ε_d 时切断线圈电流，ε_t 取 0.1 s，ε_d 取 0.7 m。

依据表 8-4 所示的螺管式电磁铁相关参数，对河南尖山真型试验线路进行连续电磁激振，模拟试验线路舞动激发过程。激振点位于靠近档端部约 6 m 的位置。考虑到电磁力有效作用范围，初始时衔铁底部置于线圈顶部 0.1 m 位置。为分析线圈电流的变化对导线振动响应的影响，在 0～120 s 内每周期的线圈电流设为 0.25 kA，120～240 s 后线圈电流设为 0.5 kA，240 s 后无电磁力激振过程，在 MATLAB 中编程求解导线系统动力响应，计算总时长 360 s，计算得到电磁力-时间曲线，如图 8-16 所示。

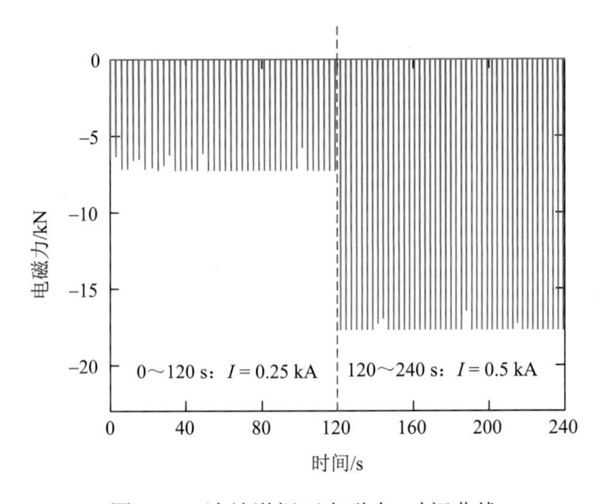

图 8-16　连续激振下电磁力-时间曲线

导线上各典型点的竖向位移-时间曲线如图 8-17（a）～（d）所示，频谱图如图 8-17（e）所示。自适应连续激振下的动拉力系数随时间变化曲线如图 8-17（f）所示。

从各测点位移-时程曲线上看，从 0 s 时刻开始，衔铁在电磁力作用下周期性地带动导线端部使导线振动幅值不断增大，40～120 s 电磁力峰值约为 6.5 kN，档 1/4 位置和档 3/4 位置振动幅度最大，约为 1.6 m，导线 1/2 位置振动幅值约为 0.7 m，激振点振动幅度为 1.3～1.4 m。120 s 后线圈电流变为 0.5 kA，电磁力峰值变为 17 kN 左右，导线各点的振动幅度随着电磁力的增大而迅速增大，160～240 s 档 3/4 位置振动幅度最大，稳定在 3～4 m，最大达到了约 4.8 m，档 1/4 位置振动幅度稳定在 3 m 左右，最大达到了 3.5～4 m，导线 1/2 位置振动幅值约为 2 m，激振点振动幅度约 2.4 m。240 s 后无电磁力作用，导线振动幅度不断减小，320 s 时各点振动幅度已经小于 1 m。

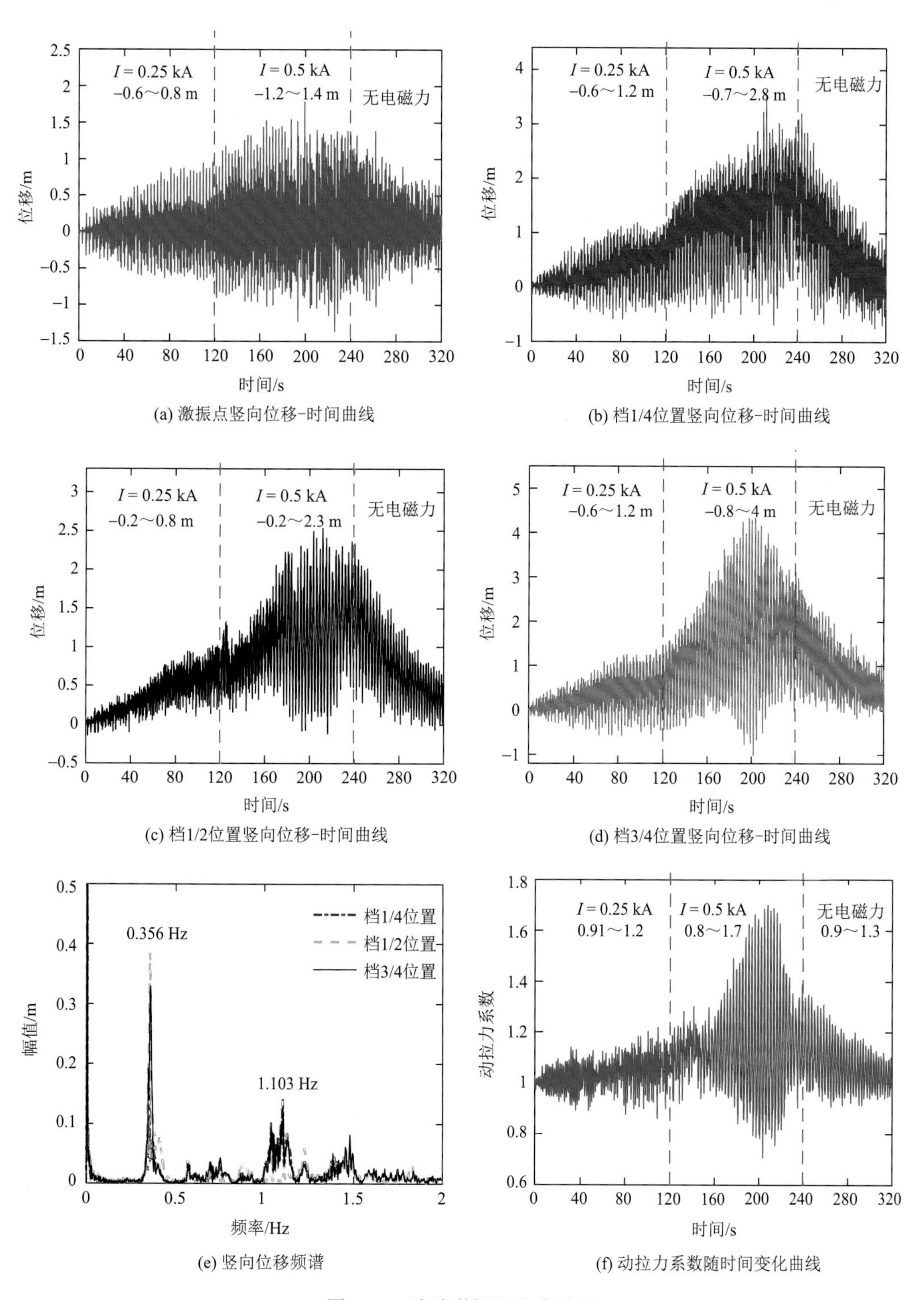

图 8-17 连续激振下仿真结果

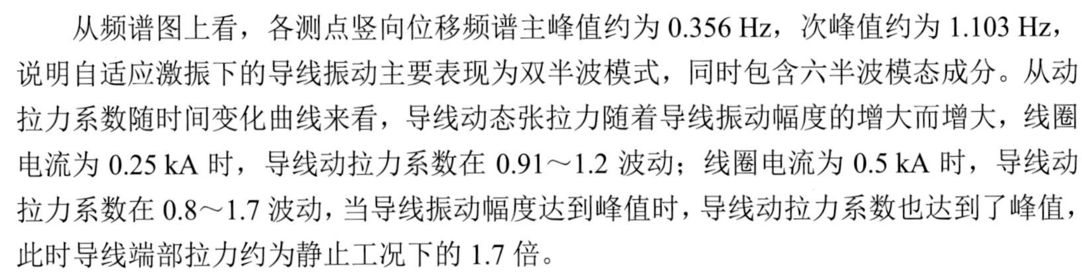

从频谱图上看，各测点竖向位移频谱主峰值约为 0.356 Hz，次峰值约为 1.103 Hz，说明自适应激振下的导线振动主要表现为双半波模式，同时包含六半波模态成分。从动拉力系数随时间变化曲线来看，导线动态张拉力随着导线振动幅度的增大而增大，线圈电流为 0.25 kA 时，导线动拉力系数在 0.91～1.2 波动；线圈电流为 0.5 kA 时，导线动拉力系数在 0.8～1.7 波动，当导线振动幅度达到峰值时，导线动拉力系数也达到了峰值，此时导线端部拉力约为静止工况下的 1.7 倍。

综合来看，所设计的基于引力原理的电磁激振装置能依据前述的端部自适应激振方法，成功模拟实际真型输电导线垂直方向失稳的舞动，并能维持舞动幅度在一定范围内，通过改变每周期线圈电流的大小，可以实现对线路舞动幅值的控制。

8.4　基于缩比理论的小模型舞动试验系统构建

为获取自适应激振下导线实际舞动响应，验证激振方法及自适应电磁激振舞动机电一体化耦合仿真模型的可靠性，本节基于相似理论，以河南尖山真型试验线路为原模型，构建包含绝缘子串和导线的试验线路缩比模型。考虑缩比模型线路与原模型线路振动响应的相似性，依据本章提出的舞动自适应激振方法及电磁激振装置参数制定方法，设计小模型电磁铁用作试验线路激振装置并制作实物机构。依据电磁机构供电回路实际参数，对回路电子元器件和开关等进行选型，设计开关控制模块以及导线振动监测模块，搭建完整的输电线路舞动自适应试验系统软硬件平台。

8.4.1　相似理论

参照 Buckingham 提出的 π 定理，采用量纲分析法与公式分析法相结合来求解模型与原模型的相似关系[50]。但由于覆冰导线动力学公式烦琐且包含多项高阶耦合，使导线缩比模型满足所有相似准则几乎不可能，有必要对模型的参数进行简化，引入修正系数等进行处理。常规的输电线路风洞试验一般从初始条件、气动力、能量三个方面入手，依据现有数学模型计算相似准则，为系统相关物理参数的制定提供指导依据，从而计算获得原模型与实际模型在相关物理量上的相似性[51, 52]。所设计的输电线路舞动激振系统采用电磁力机械激振替代气动力荷载，因而无须考虑气动力的相似。

1. 初始参数相似

架空输电线覆冰导线在风偏平面的方程为

$$y_0 = -\frac{2T_0}{\rho_{\mathrm{m}} g} \operatorname{sh} \frac{\rho_{\mathrm{m}} g x}{2T_0} \operatorname{sh} \frac{\rho_{\mathrm{m}} g (l - x)}{2T_0} \tag{8-16}$$

$$y_0 = -\frac{2\sigma}{h}\mathrm{sh}\frac{hx}{2\sigma}\mathrm{sh}\frac{h(l-x)}{2\sigma} \tag{8-17}$$

式中：T_0——导线的初始拉力；ρ_m——导线单位长度质量；g——重力加速度；l——导线单跨档距；σ——轴向应力；h——导线综合荷载。式（8-16）和式（8-17）分别从宏观和微观两方面表征了覆冰导线在自重下的几何构形以及受力情况，代表了导线舞动的初始条件。

去掉上述两方程中量纲相同的变量，由此可以得到初始条件的关键参数为 T_0、l、ρ_m、σ。

2. 能量相似

在导线的舞动过程中，以面内静平衡位置为能量平衡位置，即势能零点，系统的应变势能为

$$V = \int_0^l \left(T_0 + \frac{1}{2}EA\varepsilon\right)(\mathrm{d}s - \mathrm{d}s_0) \tag{8-18}$$

式中：T_0——导线初始张力；E——导线弹性模量；A——导线横截面积。其中，A 与导线直径 D 有耦合关系，T_0 已在前面选择，为了保证变量独立性，不重复选择，为了确保模型与原模型的能量相似，由能量相似出发选取的系统关键参数为 E 和 D。

根据试验过程及试验原理，有依据地选取相关物理量：初始张力 T_0、档距 l、时间 t、弹性模量 E、材料线密度 ρ_m、导线直径 D、应力 σ。

因此上述重要的 7 个相关物理量包含 4 个基本量纲：质量 M，单位 kg；时间 T，单位 s；轴向长度 L，单位 m；径向长度 D，单位 m。由 π 定理可知，独立的 π 准则个数为 4 个，故有

$$f(\pi_1, \pi_2, \pi_3, \pi_4) = 0 \tag{8-19}$$

每个 π 项中最多有 5 个变量且每个 π 项中均有一个独立的变量是其他 π 项中不具备的，其中 π 的通用形式如下：

$$\pi_i = E^{a_1}\sigma^{a_2}t^{a_3}T_0^{a_4}l^{a_5}D^{a_6}\rho_m^{a_7} \tag{8-20}$$

弹性模量 E 与截面性质共同决定了系统弹性势能，在径向具有绝对影响，其单位为 Pa，即(kg·m)/(s^2/m^2)，因此其量纲为 $\mathrm{MD^{-1}T^{-2}}$；

应力 σ 出现在式（8-17）中，与轴向长度 l 共同决定导线初始条件，因此其量纲为 $\mathrm{ML^{-1}T^{-2}}$；时间 t 的量纲即为 T；初始张力 T_0 出现在初始条件中与 l 同时决定导线初始条件，应选取轴向量纲，因此为 $\mathrm{MLT^{-2}}$；档距 l 为轴向量纲 L；直径 D 为径向量纲 D；导线线密度 ρ_m 为单位长度导线沿轴向的质量，应选取轴向量纲，其量纲为 $\mathrm{ML^{-1}}$。

在一般模型试验时，模型整体与原模型在几何上会使用统一的缩尺比，理论上轴向长度 L 与径向长度 D 的相似比应统一起来，但对于覆冰导线系统，其长细比非常大，正常高压输电线单跨长度在数百米，而其导线直径在厘米量级，几何尺寸一致会对模型制

作、材料选择及结果测量带来较大的困难，所以在进行缩比模型试验时采用不同几何缩尺比例是常见的做法。可利用方向性量纲理论，在长度尺度上分别引入轴向与径向比尺，进行方向上的扩充，在基本量纲中增加了一个维度，即轴向长度与径向长度视为不同的物理量。同时对应方向上的响应相似性分析也进行改变。将系统相关物理量根据其量纲排成量纲矩阵，如表 8-7 所示。

表 8-7　量纲矩阵

量纲	E	σ	t	T_0	l	D	ρ_m
M	1	1	0	1	0	0	1
L	0	−1	0	1	1	0	−1
T	−2	−2	1	−2	0	0	0
D	−1	0	0	0	0	1	0

因此，有下列方程组：

$$\begin{cases} a_1 + a_2 + a_4 + a_7 = 0 \\ -a_2 + a_4 + a_5 - a_7 = 0 \\ -2a_1 - 2a_2 + a_3 - 2a_4 = 0 \\ -a_1 + a_6 = 0 \end{cases} \tag{8-21}$$

上述 4 个式子含有 7 个未知数，因此将所有未知数中的 4 个表达为其余 3 个未知数的函数，先将 a_1、a_2、a_3 的值假设出来，令 $a_1 = 1$，$a_2 = a_3 = 0$，解出对应的 a_4、a_5、a_6、a_7 的值；然后令 $a_2 = 1$，$a_1 = a_3 = 0$，解出对应的 a_4、a_5、a_6、a_7 的值；再令 $a_3 = 1$，$a_1 = a_2 = 0$，解出对应的 a_4、a_5、a_6、a_7 的值，求出三组对应的解，系统各物理量指数可由 $\boldsymbol{\pi}$ 矩阵来表示。依据求解得到的 $\boldsymbol{\pi}$ 矩阵，通过矩阵法可以导出 3 个准则，如下所示：

$$\pi_1 = \frac{ElD}{T_0}, \quad \pi_2 = \frac{\sigma l^2}{T_0}, \quad \pi_3 = \frac{t}{l}\sqrt{\frac{T_0}{\rho_m}} \tag{8-22}$$

根据模型相似理论，只有当模型与原模型 π 项对应相等时，模型才与原模型在某方面达到相似，可以得到相似指标的表达式。由量纲方程得到的准则可以指导试验模型的设计以及解释各物理量与原模型的相关关系。具体来说，上述三个准则分别规定和反映了缩比模型与原模型在三个方面的相似性。π_1 反映了模型初始力学条件的相似性，在缩比模型与原模型的轴向、径向长度相似比确定之后，导线初始张力与所选材料的弹性模量相关，可用于计算导线缩比模型与原模型张力的相似性。π_2 反映了应力与应变上的相似性，即模型轴向应力相似性与径向尺寸无关，只取决于轴向比尺与导线初始张力比尺。π_3 反映了时间尺度的相似性，说明试验线路缩比模型与原模型频率相似性取决于初始张力、轴向长度及导线线密度。

因此，可依据上述准则设计缩比模型试验相关参数。若模型与原模型在导线轴向长度上的比尺为 C_l，径向长度上的比尺为 C_D，弹性模量比尺为 C_E，单位长度质量比尺为

C_ρ，则可依据量纲分析法和上述准则推导出其他参数的比尺，具体推导过程省略，结果如表 8-8 所示。

表 8-8　缩比模型与原模型各物理量比尺

参数描述	比尺	参数描述	比尺
导线轴向长度 l	C_l	初始张力 T_0	$C_E C_l C_D$
导线弹性模量 E	C_E	时间 t	$C_l\sqrt{\frac{C_\rho}{C_{T_0}}}$
单位长度质量 ρ	C_ρ	频率 f	$\frac{1}{C_l}\sqrt{\frac{C_{T_0}}{C_\rho}}$
导线径向长度 D	C_D	响应（导线位移）U	C_l

8.4.2　试验平台搭建

1. 缩比试验导线

原模型输电线路选用河南尖山真型试验线路，依据自重工况下的静态有限元仿真计算结果，无覆冰时该档试验线路端部导线轴向拉力约为 106 kN，导线系统一阶和二阶固有频率分别为 0.163 Hz 和 0.332 Hz。考虑原试验线路为六分裂导线，采用面积等效的原则将分裂导线简化为单根导线，等效直径约为 113.95 mm。

若导线缩比模型的档距选取过小，激振波传递的速度过快，控制系统将难以精确捕捉到激振波传递回激振侧的时刻，对导线激振的自适应控制也就难以实施。为降低控制系统的硬件制作难度，应尽可能地增大导线的档距长度。受试验场地限制，将导线长度缩短为 35 m，即轴向长度 C_l 比尺为 0.123。高压输电线路一般是钢芯铝绞线，为保留绞线的相关特征，选用同样为绞线的 6×19 钢丝绳来对导线进行模拟，直径为 4 mm。原模型试验线路导线等效直径为 113.95 mm，即径向长度比尺 C_D 为 0.035。钢丝绳弹性模量约为 110 GPa，即弹性模量比尺 C_E 为 7.092。实测钢丝绳单位长度质量为 0.065 kg/m，即单位长度质量比尺 C_ρ 为 0.0057。实际缩比模型张拉力与原模型比尺 C_{T_0} 为 0.001 86，实际将缩比模型导线拉至端部拉力约为 200 N。缩比模型与原模型在时间上的相似比 C_t 为 0.2153。输电线路缩比模型相关参数如表 8-9 所示。

表 8-9　试验线路缩比模型相关参数

参数	取值	参数	取值
导线轴向长度 l	35 m	导线直径 D	4 mm
导线弹性模量 E	110 GPa	初始张力 T_0	200N
导线弧垂 h	0.42 m	导线高差	18 cm
绝缘子串长度	8 cm	绝缘子串质量	0.09 kg

原真型输电线路绝缘子串与杆塔挂点之间为铰接，绝缘子串长约 6 m，因此依据缩比模型与原模型在长度上的比尺，采用 8 cm 长的金属线夹来模拟绝缘子串，总质量经测量为 0.09 kg。安装时金属线夹一端固定于圆环上，另一端与导线相连，从而保证金属线夹能在面内自由摆动，以模拟实际输电线路绝缘子串的力学特性。

经过试验测试，缩比模型线路一阶固有频率约为 0.77 Hz，二阶固有频率约为 1.545 Hz。

2. 电磁激振装置

考虑线路缩比模型与原模型线路振动响应的相似性，依据舞动自适应激振方法及电磁激振装置参数制定方法设计小模型电磁铁用作试验线路激振装置，并设计电磁铁供电及开关控制回路，制作了实物模型。

激振力作用下，缩比线路模型与原模型线路导线振动响应的相似性与导线轴向长度相似比有关。真型线路目标舞动幅度在 1～2 m，电磁铁出力有效作用范围按 0.5～0.6 m 设计。按相似性分析，缩比试验系统的导线振动幅度在 12～24 cm，电磁力有效作用范围为 0～7.5 cm。结合导线系统单次激振下的动力有限元仿真分析可知，考虑一定裕度的情况下，机构所需的电磁力为 20～60 N，作用时间在 40 ms 内。为防止电磁力反向，考虑所设计的螺管式电磁铁有效作用范围为 8～10 cm。经过磁场有限元仿真计算，所设计的小模型螺管式电磁铁相关参数如表 8-10 所示。

表 8-10 小模型螺管式电磁铁相关参数

项目	参数	项目	参数
线圈材料	铜	衔铁材料	电工纯铁 DT4C
线圈内径 r_1/mm	12	线圈匝数	120×5
线圈外径 r_2/mm	16.2	衔铁半径 w_1/mm	8
线圈轴向厚度 h_2/mm	100.8	衔铁轴向厚度 h_1/mm	100
线圈导体部分直径/mm	0.8	线圈绝缘部分厚度/mm	0.04

线圈骨架采用绝缘的环氧树脂制作，绝缘骨架固定在圆形底座之上，底座打孔，采用螺栓固定于可调节高度和角度的支架上。线圈制作完成后，实测线圈电阻约为 1.674 Ω，线圈自感约为 2.15 mH，与设计值差别不大。

3. 供电及开关控制回路

缩比模型系统的供电回路与 8.3.2 小节所设计的一致，供电回路如图 8-18 所示。

为防止直流电压源多次经历电流的突变而造成损坏，采用开关 S_1 和 S_2 切换的方式，主回路上串联大电感 L 为线圈供电。为防止突然切断线圈电流时，开关 S_1 承受较大的过电压而造成损坏，采用续流二极管 D 和大电阻 R_1 并联于线圈两侧。当开关 S_1 断开时，线圈电流经续流二极管 D 完全释放于大电阻 R_1 上，既能实现线圈电流快速降至 0，也能避免开关 S_1 承受较大过电压而损坏。电压源采用 48 V 直流可调电压源，最大输出功率为 1536 W。因为电压源内部已经并联有稳压电容，所以在主回路中不再单独并联电容。

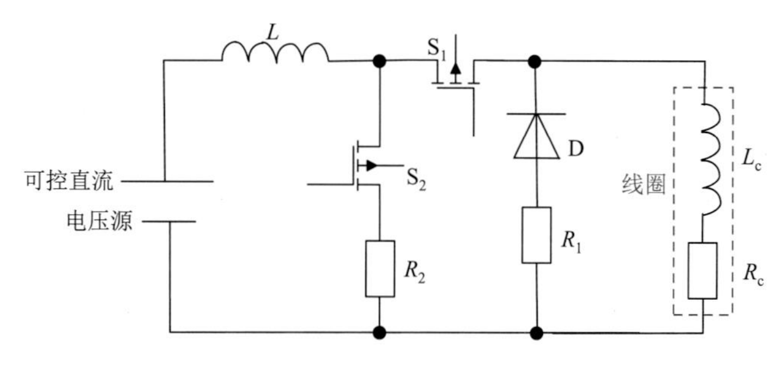

图 8-18　供电回路

实测线圈电阻约为 1.674 Ω，所以 R_2 选用约 1.8 Ω 的波纹电阻，L 选用 10 mH 的铁硅铝磁环电感，R_1 选用约 10 Ω 的波纹电阻。S_1 和 S_2 选用能通过约 30 A 直流的电力电子开关器件，本节选用 MOSFET，型号为 MCAC50N10Y-TP。

由试验系统原理图 8-18 可知，开关 S_1 和 S_2 的通断由采集卡采集到的输电线路振动信号进行处理分析之后，通过数字 I/O 设备输出电压信号进行控制。因此，需要设计相应的开关控制回路实现开关的通断。

开关 S_1 和 S_2 选用的型号为 MCAC50N10Y-TP，由于数字 I/O 设备输出信号不超过 5V，并且输出功率较小，无法直接驱动开关，所以采用驱动芯片 ADUM3223BRZ-RL7，设计如图 8-19 所示驱动电路帮助数字 I/O 设备输出信号驱动开关的开通与关断。

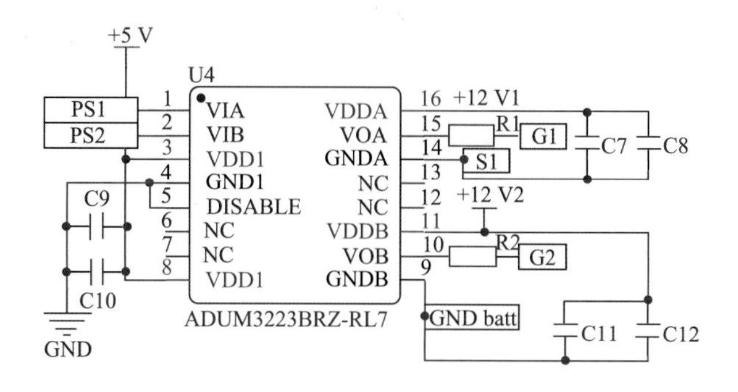

图 8-19　驱动模块电路设计

驱动回路设计的意义在于，采集卡输出的两路脉冲信号 PS（pluse signal）1 和 PS2 经由 ADuM3223 驱动芯片，转变为足够开断 S_1 和 S_2 的电压信号 G1 和 G2，将 G1、G2 分别连接两开关的栅极，从而驱动开关。ADuM3223 是 4A 隔离式半桥栅极驱动器，提供独立且隔离的高端和低端输出，可在很宽的正或负切换电压范围内，可靠地控制IGBT/MOSFET配置的开关特性，满足本试验系统驱动模块的设计需要。

将开关控制模块以及主回路的续流二极管、续流电阻等集成于 PCB 板上，实物图如图 8-20 所示。

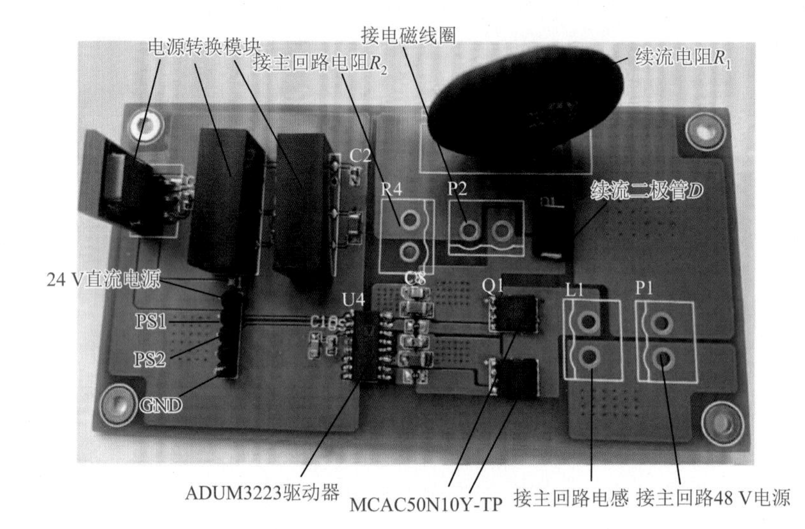

图 8-20　PCB 板实物图及接线说明

4. 信号采集、处理、输出系统

依据输电线路舞动自适应激振方法，试验系统需要对激振后的导线振动状态进行实时监测，依据导线振动监测数据进行判断，输出脉冲电压信号 PS1 和 PS2 对供电回路中的开关进行控制，从而实现导线舞动的模拟。

选用加速度传感器对激振过程中导线的振动进行监测，其测量原理为：将加速度传感器固定于输电线路监测点上，当导线振动时，加速度传感器也随线路振动，其输出的电压信号与加速度成正比。因此，可以通过检测加速度传感器输出的加速度信号，再分别对加速度信号进行二次数值积分即可得到导线振动的位移。依据缩比模型线路动力有限元仿真结果，振动过程中导线加速度变化范围在 0～500 m/s^2，因此选用 CA-YD-1160 压电式加速度传感器对导线上典型点的振动进行监测。用于加速度信号采集的 NI-USB4431 自带恒流源，因而加速度传感器可直接接采集卡，而无须额外电源供电。

线圈电流的监测选用 MIK-DZI-50 A 电流变送器，该传感器基于霍尔（Hall）效应可对直流电流进行监测，量程为 0～50 A 直流，供电电源采用 24 V 直流电源，输出为 1～5 V 电压信号，将输出端接示波器即可对线圈电流进行监测。

采用 NI-USB4431 采集卡对加速度传感器进行供电，同时对监测到的加速度进行采集。采用 LabVIEW 软件编写了“基于电磁激振的输电线路自适应舞动试验系统”分析软件对加速度数据进行了处理分析，实现了加速度、速度、位移的显示功能，以及脉冲电压信号 PS1 和 PS2 的判断功能。脉冲电压信号的输出则由 NI-USB6501 数字 I/O 设备完成。NI-USB4431 和 NI-USB6501 的实物图如图 8-21 所示。

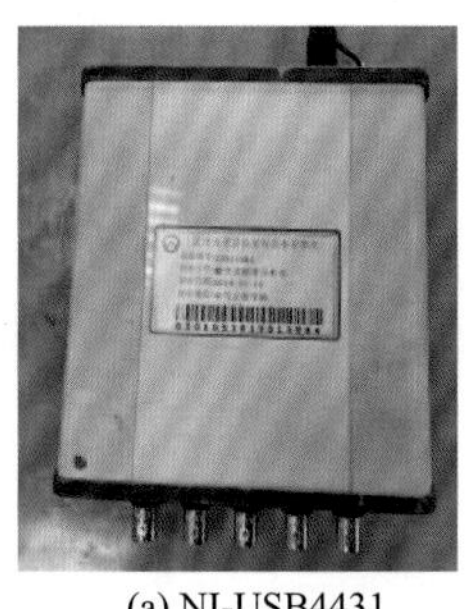

(a) NI-USB4431

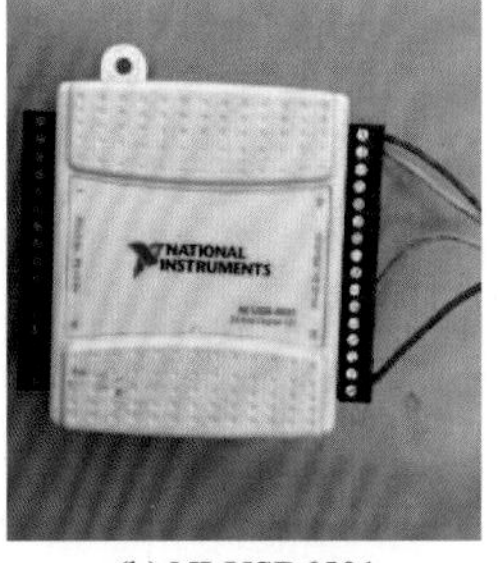

(b) NI-USB6501

图 8-21　采集卡和数字 I/O 设备实物图

所编写“基于电磁激振的输电线路自适应舞动试验系统”分析软件集成了加速度信号采集模块、基于自适应激振算法的判断模块、控制信号输出模块、实时显示模块和数据分析模块。实现加速度传感器电信号到加速度信号的计算、采集功能，针对实时采集到的加速度信号，可依据输电线路舞动自适应激振算法对激振的间隔时间进行自动判断，从而结合 NI-USB6501 数字 I/O 设备输出脉冲电压信号 PS1 和 PS2，以控制供电回路开关的通断状态。同时，分析系统可自动对原始加速度信号进行滤波处理，通过两次时间积分获取监测点的位移数据并实时显示，以及进行相应的后处理等操作。分析系统 LabVIEW 界面如图 8-22 所示。

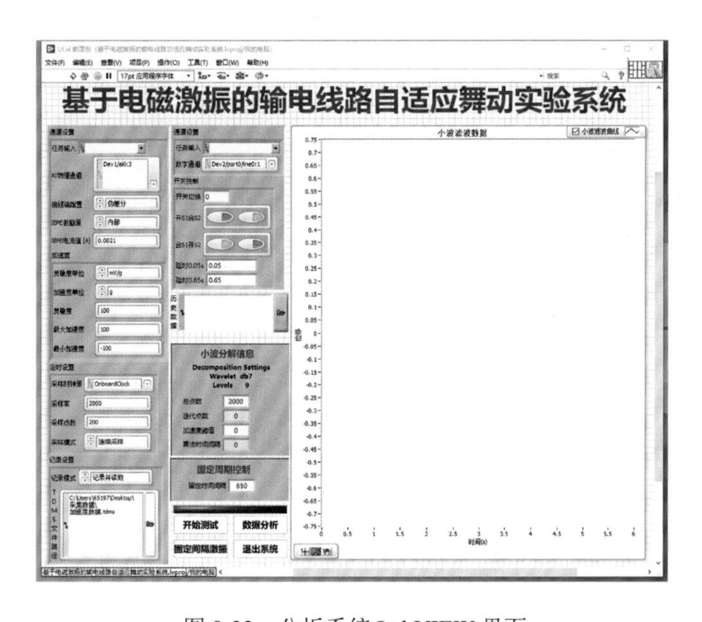

图 8-22　分析系统 LabVIEW 界面

综上，基于电磁激振的输电线路自适应舞动缩比模型试验系统由基于相似理论的缩比模型线路、螺管式电磁铁、供电控制回路，以及信号采集、处理和输出系统构成。完整的缩比模型试验平台实物图如图 8-23 所示。

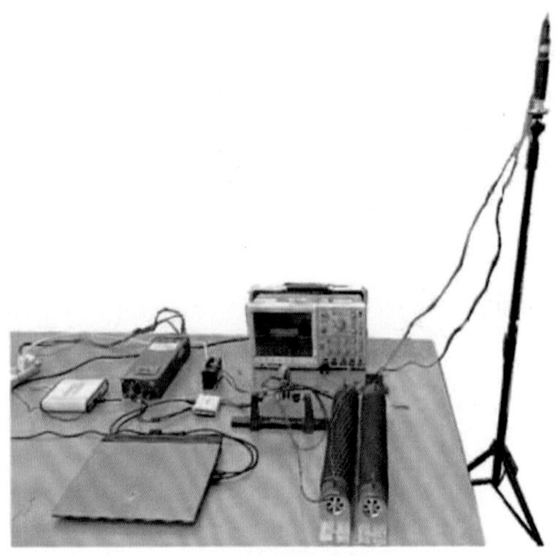

(a) 整体实物图

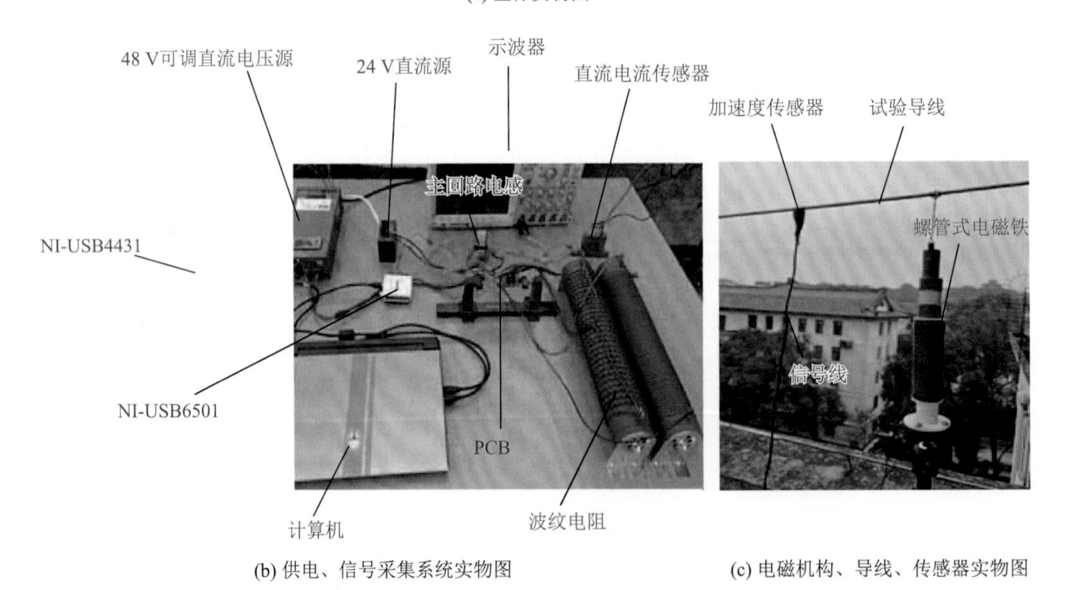

(b) 供电、信号采集系统实物图　　(c) 电磁机构、导线、传感器实物图

图 8-23　缩比模型试验系统整体实物图

8.4.3　试验结果分析

分别采用不同的激振方式以及不同的激振作用力对缩比模型试验线路进行连续的机械激振，试验在无风或微风条件下开展。通过对线路上典型点的加速度监测，采用基于离散小波变换和时间积分的位移计算方法求解试验过程中各监测点的位移变化。通过

对导线振动频谱和振动幅度的分析对自适应激振的方法进行验证。

依据系统的设计原理，所模拟的导线振动属于线路竖向失稳引发的双半波舞动。其特征是振动频率接近系统二阶固有频率，档 1/4 位置和档 3/4 位置振动幅度最大，档 1/2 位置由于形成了驻点，振动幅度往往较小。同时考虑到试验线路的高差较小，试验线路近似关于档 1/2 位置对称，因此试验中采用 3 个加速度传感器对试验导线振动信号进行监测，分别安装于激振点、档 1/4 位置和档 1/2 位置。

1. 激振方式影响分析

为验证自适应激振算法的可靠性，分别采用固定时间间隔的激振方式和自适应激振方式对缩比模型试验线路进行连续激振。激振点位于距导线端部 1 m 位置。

两种方式激振的直流电压源电压均为 20 V，实测每周期线圈电流约为 10.5 A。对于固定时间间隔的激振方式，依据试验线路模态分析结果，设置激振的时间间隔固定为 0.64 s，每次激振的时间为 40 ms。对于自适应激振方式，第一个激振间隔时间为 0.64 s，从第二个激振之后，依据自适应激振方式对开关的开断状态进行实时自适应控制。不同激振方式下试验线路上典型点的加速度、位移实测结果以及振动过程中的频谱分析结果如图 8-24 所示。

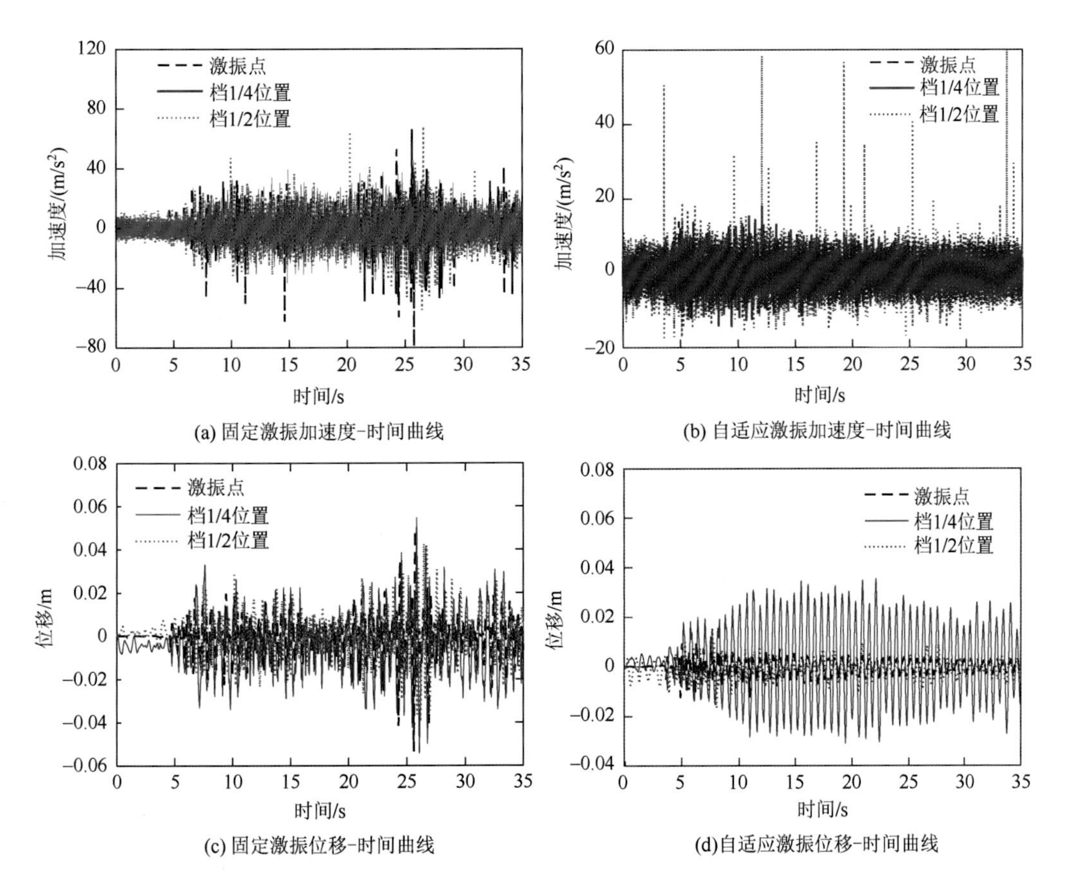

(a) 固定激振加速度-时间曲线　　(b) 自适应激振加速度-时间曲线

(c) 固定激振位移-时间曲线　　(d)自适应激振位移-时间曲线

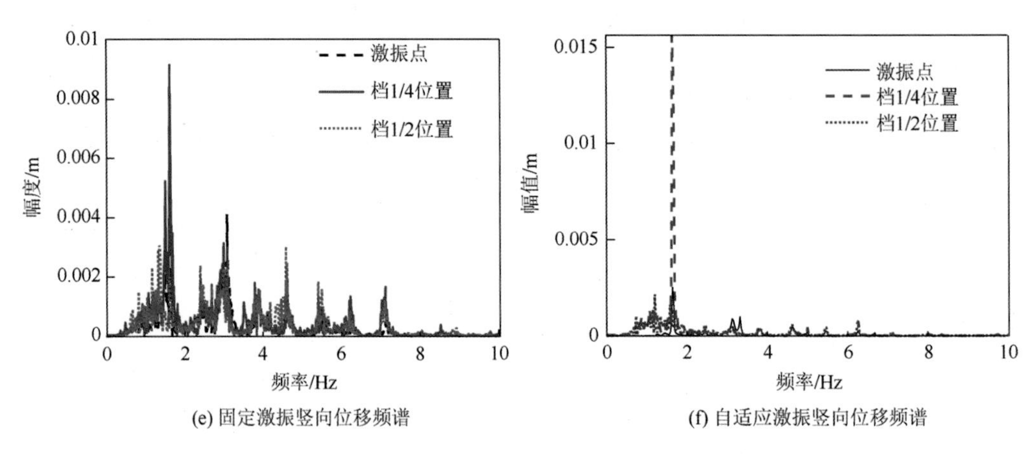

(e) 固定激振竖向位移频谱　　(f) 自适应激振竖向位移频谱

图 8-24　不同激振方式下导线典型点振动响应实测结果

依据实测结果可知，当以二阶固有频率对应的固定时间间隔激振时，导线上各监测点的振动幅度难以稳定在固定范围内。激振开始后，各点振动幅度快速增大，但激振波传递过程中，无法保证每次激振时电磁力都作用于激振点，从最高点落下的过程中，引入了高频振动分量，甚至可能阻碍导线的振动，导致导线的振动幅度无法维持，振动幅度减小。在 10～35 s 时间段内，导线上各典型点实测振动幅度不断保持增大和减小的过程，最大振动幅度超过了 10 cm，最小振动幅度不到 2 cm，振动幅度难以稳定。从竖向位移频谱分析结果来看，虽然频谱图主峰值与系统二阶固有频率接近，但振动中同样包含大量的 4～6 次高频分量，因此难以通过固定时间间隔的方式保持导线振动状态，从而对导线振动幅度进行控制。

当采用本书提出的自适应激振方法对缩比模型线路进行激振时，初期导线上各点振动幅度不断增大，很好地模拟了实际输电线路舞动激发过程。激振 10 s 后，导线上各点振动幅度保持相对稳定。档 1/4 位置振动幅度最大，为 4～6 cm，档 1/2 位置和激振点振动幅度很小，保持在 2 cm 以内。导线的振动形态与实际双半波一致。从频谱分析结果来看，自适应激振下导线各点的频谱图主峰值约为 1.6 Hz，与缩比模型导线系统二阶固有频率接近。而其他阶次的振动分量几乎为 0。

综合上述分析结果，自适应激振下导线振动的频率与系统二阶固有频率接近，档 1/4 位置的振动幅度最大，档 1/2 位置和激振点振动幅度较小。而固定时间间隔激振下导线振动状态难以稳定，频谱分析结果也显示振动中含有大量的高频分量。因此，认为自适应激振下导线振动现象很好地还原了实际输电线路双半波舞动的相关特征，能用于模拟实际线路舞动的激发和维持过程。

2. 线圈电流变化对导线振动的影响

为验证系统对导线振动幅度的控制作用，分别改变直流电压源输出电压为 20 V、25 V 和 30 V，开展试验探究不同线圈电流的变化对自适应激振下导线振动幅度的影响。

在不同电源电压下，实测线圈电流分别为 10.5 A、13 A 和 15.5 A，稍大于理论计算值。导线振动过程中均采用自适应激振间隔判断的方式进行开关的控制，每周期线圈通流的时间恒定为 40 ms。在不同电源电压下，导线上各典型点竖向位移监测结果及频谱分析结果如图 8-25 所示。

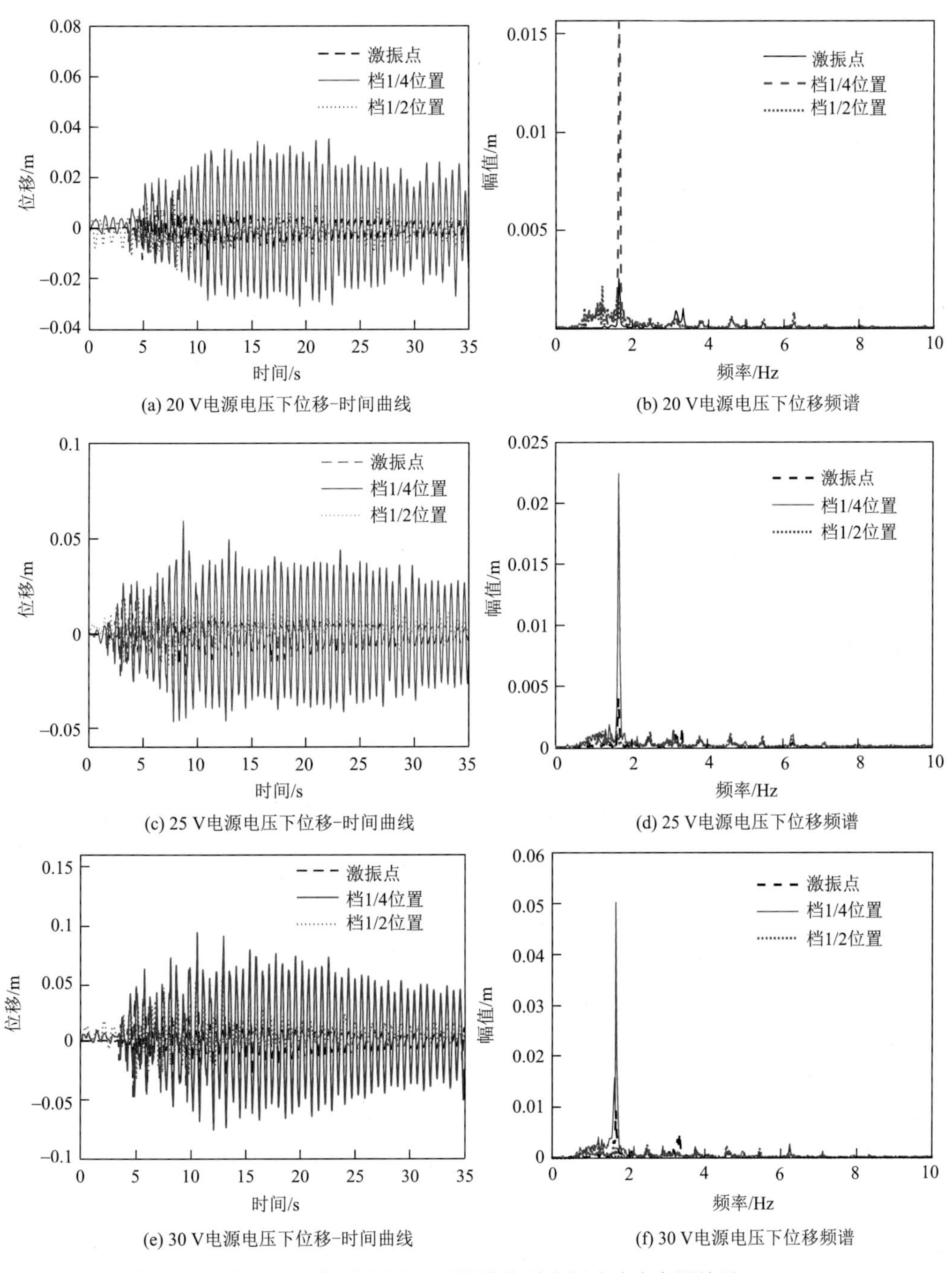

(a) 20 V电源电压下位移-时间曲线

(b) 20 V电源电压下位移频谱

(c) 25 V电源电压下位移-时间曲线

(d) 25 V电源电压下位移频谱

(e) 30 V电源电压下位移-时间曲线

(f) 30 V电源电压下位移频谱

图 8-25　不同电源电压下导线典型点振动响应实测结果

由实测结果可知，无论电源电压是 20 V 还是 25 V 或 30 V，导线上典型点的振动位移-时间曲线与频谱图都表现出了一致性。从位移-时间曲线来看，激振开始后，初期导线上各点振动幅度不断增大，很好地模拟了实际输电线路舞动激发过程。激振 8～10 s 后，导线上各点振动幅度保持相对稳定。档 1/4 位置的振动幅度最大，档 1/2 位置和激振点振动幅度较小。从频谱分析结果来看，不同电源电压下监测点竖向位移频谱峰值均在 1.6 Hz 左右，接近于系统二阶固有频率。因此，试验过程都成功模拟了实际输电线路双半波舞动的激发和维持过程。

当电源电压为 20 V 时，试验导线最大振动幅度为 4～6 cm；当电源电压为 25 V 时，试验导线最大振动幅度为 6～9 cm；当电源电压为 30 V 时，试验导线最大振动幅度为 10～15 cm。随着电源电压增大，每周期通过线圈的电流更大，衔铁受到的电磁力也更大，因而振动稳定后导线振动幅度更大。试验结果表明，导线的振动幅度可以通过线圈电流的变化进行控制。

8.5 本章小结

输电线路舞动严重威胁电网的安全稳定运行。目前，输电线路舞动真型试验仍依赖自然风，试验效率低下，导线的舞动幅度、时间难以控制。因此，为摆脱舞动试验对自然风的依赖，本章介绍了基于可控电磁机械激振的输电线路舞动试验系统，该系统可模拟实际线路舞动激发过程并还原舞动相关特征，通过可控的电磁力实现了线路舞动幅度及持续时间的控制，为输电线路舞动防治、线路部件疲劳失效等研究奠定了基础。

（1）提出的基于导线端部激振的输电线路舞动试验系统，可以还原 Den.Hartog 舞动模式的激发、振动维持过程以及舞动过程中的主要特征，与实际线路舞动具有相似性。持续可控的能量注入方式，可避免由于导线瞬间承受过大的拉力而导致导线断裂、杆塔受损的现象。

（2）采用输电线路舞动动态力学有限元计算模型分析了导线端部单次激振以及不同间隔时间的连续激振下导线的振动特性。单次激振后，激振波沿导线向另一侧传递，传递至另一侧时会反射回来，来回传递一次时间约为 5 s，接近系统一阶固有周期；采用二阶固有周期的固定间隔时间激振能有效模拟实际 Den.Hartog 双半波舞动的激振过程，最大舞动幅度约 1.4 m，但 140 s 后导线上各典型点舞动幅度持续减小。仿真结果表明，固定时间间隔的能量注入方式，可以激发导线舞动，但舞动幅度可控性较差，难以长期维持导线的舞动状态，其主要原因是由于导线舞动运动的几何非线性，激振力注入点的运动状态呈现非周期性，固定周期的能量注入方式无法保证每次能量为正向输入。

（3）提出了基于导线舞动状态监测的自适应激振能量注入方法。相比于固定时间间隔的激振方式，自适应激振下导线振动幅度增大更快，且最大振动幅度为 2.97 m，远大于固定间隔激振下的最大导线振动幅度 1.4 m，并能使导线振动幅度维持在一定范围内。

自适应激振下的仿真结果与实际随机风下试验导线舞动现场记录数据对比结果表明，该方法可保证每次激振力产生的能量对于导线系统为正向输入，模拟了实际双半波舞动的激发过程，有效还原了舞动过程中导线振动的幅度、频率、导线张拉力等相关特征，实现了舞动幅度与持续时间的可控性。

（4）建立了输电线路自适应电磁激振舞动的机电一体化耦合仿真模型，提出了四阶 R-K 法和纽马克 β 法相结合的求解算法，可仿真模拟输电线路舞动的激发过程，为自适应电磁激振舞动系统的优化设计提供了仿真辅助手段。一体化系统仿真结果表明，所设计的螺管式电磁铁及其供电装置能满足舞动试验系统的设计要求，连续激振下导线舞动均表现为双半波模式，舞动频率与系统二阶固有频率接近，可通过线圈电流的改变实现导线舞动幅度的控制。

（5）基于相似理论，以某实际 500 kV 真型舞动试验线路为对象，开发了激振力脉冲幅值、脉宽、时序可控的自适应电磁激振舞动缩比试验系统。试验结果表明：固定激振周期下导线舞动幅度波动较大、可控性较差；自适应激振下导线舞动的频率约为 1.6 Hz，与系统二阶固有频率接近，档 1/4 位置舞动幅度最大，档 1/2 位置和激振点舞动幅度较小，很好地还原了实际输电线路双半波舞动的相关特征，且舞动幅度可以通过线圈电流的变化进行有效控制。

参 考 文 献

[1] 马伦，伍川，张博，等. 基于 3 自由度的新月形覆冰输电线舞动稳定性研究[J]. 力学季刊，2020，41（1）：39-50.

[2] 侯镭. 架空输电线路导线非线性动力特性研究[D]. 北京：清华大学，2008.

[3] 黄健. 输电线路导线覆冰机理及雨凇覆冰模型分析[J]. 质量探索，2016，13（6）：69-70.

[4] 蒋兴良，侯乐东，韩兴波，等. 输电线路导线覆冰扭转特性的数值模拟[J]. 电工技术学报，2020，35（8）：1818-1826.

[5] DIANA G，BELLOLI M. Wind tunnel tests on two cylinders to measure subspan oscillation aerodynamic forces[J]. IEEE Transactions on Power Delivery，2014，29（3）：1273-1283.

[6] KEUTGEN R，LILIEN J L. Benchmark cases for galloping with results obtained from wind tunnel facilities-validation of a finite element model[J]. IEEE Transactions on Power Delivery，2000，15（1）：367-373.

[7] MUHAMMAD B W，TAKASHI I，MUHAMMAD W S. Galloping response prediction of ice-accreted transmission lines[C]. 4th Advances in Wind and Structures（AWAS’08），Jeju，Korea，2008：876-885.

[8] PRICE S J. Wake induced flutter of power transmission conductors[J]. Journal of Sound and Vibration，1975，38（1）：125-147.

[9] PRICE S J，PIPERNI P. An investigation of the effect of mechanical damping to alleviate wake-induced flutter of overhead power conductors[J]. Journal of Fluids and Structures，1988，2（1）：53-71.

[10] LOREDO-SOUZA A M，DAVENPORT A G. Wind tunnel aeroelastic studies on the behaviors of two parallel cables[J]. Journal of Wind Engineering and Industrial Aerodynamics，2002，90（4-5）：407-414.

[11] DYKE P V，LANEVILLE A. Galloping of a single conductor covered with a D-section on a high-voltage overhead test line[J]. Journal of Wind Engineering and Industrial Aerodynamics，2008，96（6-7）：1141-1151.

[12] ALONSO G，SANZ-LOBERA A，MESEGUER J. Hysteresis phenomena in transverse galloping of triangular cross-section bodies[J]. Journal of Fluid and Structures，2012，33：243-251.

[13] 李万平. 覆冰导线群的动态气动力特性[J]. 空气动力学学报，2000，18（4）：414-420.

[14] 李万平，杨新祥，张立志. 覆冰导线群的静气动力特性[J]. 空气动力学学报，1995，13（4）：427-433.

[15] 王昕. 覆冰导线舞动风洞试验研究及输电塔线体系舞动模拟[D]. 杭州：浙江大学，2011.

[16] 张博，陈文礼，潘宇，等. 输电导线风致舞动的风洞试验研究[J]. 地震工程与工程振动，2017，37（2）：117-123.

[17] 吕江. 覆冰导线气动力特性风洞试验及舞动有限元分析研究[D]. 杭州：浙江大学，2014.

[18] 王侠. 覆冰导线空气动力特性风洞试验及数值模拟[D]. 重庆：重庆大学，2012.

[19] 蔡萌琦. 分裂导线气动特性及次档距振动研究[D]. 重庆：重庆大学，2014.

[20] 蔡萌琦，严波，吕欣，等. 覆冰四分裂导线空气动力系数数值模拟[J]. 振动与冲击，2013，32（5）：132-137.

[21] 严波，蔡萌琦，何小宝，等. 特高压八分裂导线尾流驰振研究[J]. 空气动力学学报，2016，34（5）：680-686.

[22] 伍川，严波，张博，等. 变化的气动力和电磁力对覆冰双分裂导线舞动的影响[J]. 应用力学学报，2019，36（2）：364-370.

[23] 周林抒，严波，赵洋，等. 电磁力对双分裂导线舞动的影响[J]. 振动与冲击，2016，35（5）：141-147.

[24] WU C，YE Z，ZHANG B，et al. Study on galloping oscillation of iced twin bundle conductors considering the effects of variation of aerodynamic and electromagnetic forces[J]. Shock and Vibration，2020：6579062.

[25] LU J Z，WANG Q，WANG L，et al. Study on wind tunnel test and galloping of iced quad bundle

conductor[J].Cold Regions Science and Technology，2019，160：273-287.

[26] 曾庆沛. 高压输电线路导线舞动的研究[D]. 天津：天津大学，2012.

[27] 刘天翼，刘习军，霍冰，等. 连续体覆冰导线模型的舞动实验研究[J]. 实验力学，2016，31（2）：186-192.

[28] YUKINO T. Observation results of galloping phenomenon[C]. Proceeding of Cable Dynamics，Tokyo，1997：57-62.

[29] GURUNG C B，YAMAGUCHI H，YUKINO T. Identification and characterization of galloping of Tsuruga test line based on multi-channel modal analysis of field data[J]. Journal of Wind Engineering and Industrial Aerodynamics，2003，91（7）：903-924.

[30] 任永辉. 特高压输电线路舞动及防舞措施研究[D]. 北京：华北电力大学，2017.

[31] 向玲，任永辉，卢明，等. 特高压输电线路防舞装置的应用仿真[J]. 高电压技术，2016，42（12）：3830-3836.

[32] 卢明，任永辉，向玲，等. 500 kV 水平布置输电线路相地间隔棒防舞仿真分析[J]. 高电压技术，2017，43（7）：2349-2354.

[33] MOU Z，YAN B，YANG H，et al. Study on anti-galloping efficiency of rotary clamp spacers for eight bundle conductor line[J]. Cold Regions Science and Technology，2022，193：103414.

[34] 陆小刚. 真型试验线路六分裂导线防舞数值模拟研究[D]. 重庆：重庆大学，2014.

[35] 杨晓辉，陆小刚，严波，等. 六分裂导线试验线路双摆防舞器防舞效果数值模拟研究[J]. 计算力学学报，2013，30（S1）：105-109.

[36] 周林抒，严波，杨晓辉，等. 真型试验线路六分裂导线舞动模拟[J]. 振动与冲击，2014，33（9）：6-11.

[37] 周林抒. 覆冰分裂导线舞动数值模拟及参数分析[D]. 重庆：重庆大学，2015.

[38] CAI M，XU Q，ZHOU L，et al. Aerodynamic characteristics of iced 8-bundle conductors under different turbulence intensities[J]. KSCE Journal of Civil Engineering，2019，23（11）：4812-4823.

[39] ZHOU L，YAN B，YANG X，et al. Galloping simulation of six-bundle conductors in a transmission test line[J]. Journal of Vibration and Shock，2014，33（9）：6-11.

[40] 高林涛. 架空导线面外弓形摆振的理论与实验研究[D]. 北京：华北电力大学，2014.

[41] 刘斌，陆盛叶，黄豪士. 架空导线的舞动与舞动试验机[J]. 电线电缆，2007（4）：42-44.

[42] 杨伦. 覆冰输电线路舞动试验研究和非线性动力学分析[D]. 杭州：浙江大学，2014.

[43] 卢明，傅观君，阎东，等. 河南电网 500 kV 同塔双回线路舞动事故分析计算[J]. 高电压技术，2014，

40（5）：1391-1398.

[44] 夏正春. 特高压输电线的覆冰舞动及脱冰跳跃研究[D]. 武汉：华中科技大学，2008.

[45] HARTOG D. Transmission line vibration due to sleet[J]. AIEE Transmission，1932，51（4）：1074-1086.

[46] NIGOL O，BUCHAN P G. Conductor galloping. 1. Den Hartog mechanism[J]. IEEE Transactions on Power Apparatus and Systems，1981，100（2）：699-707.

[47] NIGOL O，BUCHAN P G. Conductor galloping. 2. Torsional mechanism[J]. IEEE Transactions on Power Apparatus and Systems，1981，100（2）：708-720.

[48] 李奋勇. 高压气体电磁阀设计[J]. 液压与气动，2011（1）：91-93.

[49] 王强. 螺管式电磁铁设计与仿真分析[D]. 湘潭：湖南科技大学，2013.

[50] 刘天翼. 覆冰导线舞动的模型试验研究[D]. 天津：天津大学，2016.

[51] ZHOU A，LIU X，ZHANG S，et al. Wind tunnel test of the influence of an interphase spacer on the galloping control of iced eight-bundled conductors[J]. Cold Regions Science and Technology，2018，155：354-366.

[52] 杨晓辉，楼文娟，陈贵宝，等. 导线舞动对输电杆塔作用的试验技术[J]. 振动、测试与诊断，2015，35（5）：973-976.